国家特色蔬菜产业技术体系
山东省蔬菜产业技术体系 资助

# 山东省特色蔬菜生产技术大全

张自坤 贺洪军 张 超 主编

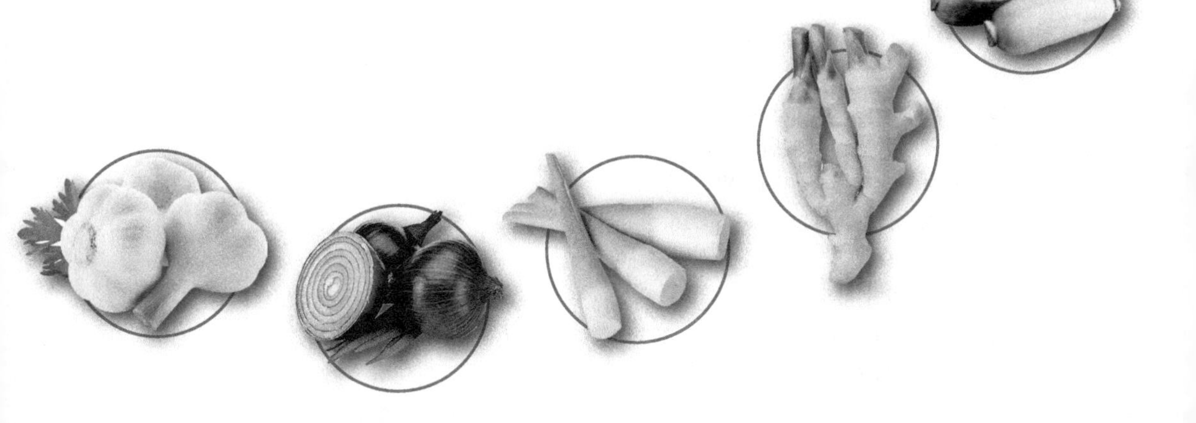

中国农业科学技术出版社

**图书在版编目(CIP)数据**

山东省特色蔬菜生产技术大全 / 张自坤，贺洪军，张超主编．--北京：中国农业科学技术出版社，2022.11

ISBN 978-7-5116-6035-0

Ⅰ.①山… Ⅱ.①张…②贺…③张… Ⅲ.①蔬菜园艺 Ⅳ.①S63

中国版本图书馆 CIP 数据核字(2022)第 225233 号

**责任编辑** 崔改泵
**责任校对** 李向荣
**责任印制** 姜义伟 王思文

**出 版 者** 中国农业科学技术出版社
北京市中关村南大街 12 号 邮编：100081
**电　　话** (010) 82109194 (编辑室) (010) 82109702 (发行部)
(010) 82109709 (读者服务部)
**网　　址** https://castp.caas.cn
**经 销 者** 各地新华书店
**印 刷 者** 北京建宏印刷有限公司
**开　　本** 170 mm×240 mm 1/16
**印　　张** 14
**字　　数** 251 千字
**版　　次** 2022 年 11 月第 1 版 2022 年 11 月第 1 次印刷
**定　　价** 39.00 元

# 《山东省特色蔬菜生产技术大全》

## 编委会


**主　编：** 张自坤　贺洪军　张　超

**副主编：** 李　华　常培培　李腾飞　王静静　段青青

**参　编：** 张绍丽　韩梅梅　张禄祺　王付军　王爱杰

王　璐　卢　玲　付娟娟　朱德辉　刘　春

孙海艳　纪风燕　李　敏　宋孝红　张　娟

张广田　陈　红　邵红梅　林　彬　郑雪芬

赵　刚　郭　伟　董丕举　臧　彦

# 前　　言

特色蔬菜主要包括加工辣椒、葱姜蒜、洋葱、芥菜、韭菜、水生蔬菜等种类。山东省特色蔬菜种类繁多，地域鲜明，布局广泛、区域间产业发展参差不齐。有的特色蔬菜，如金乡大蒜、章丘大葱、莱芜生姜等久负盛名，享誉世界，已经创造了巨大品牌价值。

国家特色蔬菜产业技术体系德州综合试验站、山东省现代农业产业技术体系遗传育种岗位、德州市农业科学研究院蔬菜创新团队在广泛调研基础上编写了《山东省特色蔬菜生产技术大全》。该书在充分吸收特色蔬菜栽培研究成果的基础上，瞄准山东省特色蔬菜生产过程中的突出问题，对各种特色蔬菜生产技术进行凝练，旨在不断提高特色蔬菜的标准化栽培技术水平，助力特色蔬菜增产提质增效和高质量发展，转变农业发展方式，为乡村振兴提供强有力的科技支撑。

本书在编写时注重技术的先进性和实用性，文字通俗简练，具有针对性强、重点突出、内容全面、技术系统等特点，可作为广大菜农和家庭农场、产业园区以及县（乡）农技人员的生产指导用书，也可作为农业院校师生及农业科研单位的参考书。在成书过程中，笔者引用了散见于国内外报刊上的部分文献资料，因体例所限，难以一一列举，在此谨对原作者表示谢意。我国地域辽阔，各地生产条件和种植习惯也不尽相同，对本书所介绍的相关技术，各地应因地制宜，借鉴创新，不断深化和提高。

由于作者水平所限，书中错误、疏漏和不当之处在所难免，敬请专家和读者赐正。

编者

2022 年 8 月

# 目　　录

# 第一章　特色蔬菜概述

## 一、特色蔬菜的经济价值与栽培意义

特色蔬菜主要包括加工辣椒、葱姜蒜、洋葱、芥菜、韭菜、水生蔬菜等种类。特色蔬菜产业在我国蔬菜产业中具有重要地位。2018 年我国特色蔬菜播种面积约9 500万亩（15 亩 = 1hm$^2$，全书同），其中，辣椒3 200万亩、大蒜1 300万亩、生姜 400 万亩、大葱 900 万亩、洋葱 300 万亩、芥菜1 500万亩、韭菜 600 万亩、水生蔬菜1 300万亩，约占蔬菜总面积的 30%，其中辣椒已成为我国第一大单品蔬菜，加工辣椒产业快速发展功不可没。

特色蔬菜在我国农产品贸易中贡献最大。2017 年，我国蔬菜出口总额 155 亿美元，大蒜、辣椒、洋葱、生姜均位居前列。其中，大蒜出口额 31.89 亿美元，占比 20.6%，位居出口蔬菜第一位，占大蒜生产总量的 10.2%；在干制蔬菜和蔬菜加工制品出口贸易中，生姜、辣椒、大蒜的贡献率超过 80%。

特色蔬菜产业扶贫效应明显。特色蔬菜主产区与贫困县在空间布局上高度契合，2017 年、2018 年约有 200 个国家级贫困县以特色蔬菜作为扶贫主导产业。例如，安徽省岳西县将辣椒、茭白产业作为扶贫支柱产业，2018 年实现了提前脱贫目标。江西省广昌县白莲种植面积达 11 万亩，带动2 682户10 728人实现了脱贫目标，户均增收 1.9 万元。

特色蔬菜面临特优区建设重大机遇。2017 年、2018 年由农业农村部、国家林业和草原局等九部门组织开展创建的 15 个蔬菜类中国特色农产品优势区（总计 146 个）中有 12 个属于特色蔬菜。随着我国城乡居民消费的升级，特色蔬菜逐渐从区域性消费转为全国性消费，从少数群体消费转为全民性消费，从季节性消费转为全年性消费。在我国农业供给侧结构性改革背景下，特色蔬菜将在满足消费者日益增长的多样化、功能化需求方面面临较好的发展机遇，土特产和小品种有望做成带动农民增收的大产业。

## 二、山东省特色蔬菜产业发展现状

山东省特色蔬菜种类繁多、地域鲜明、布局广泛，有的特色蔬菜，如金乡大蒜、章丘大葱、莱芜生姜等已经创造了巨大品牌价值。

### 1. 金乡大蒜

金乡县是中国大蒜之乡，大蒜产业是金乡县的支柱产业。金乡大蒜经过多年努力，现已实现种植规模化、生产标准化、经营产业化、产品外向化、服务网络化，成为世界独一无二的大蒜经济。常年种植面积 60 万亩，并带动其周边地区常年种植大蒜 200 万亩。金乡县大蒜出口量占全国的 70%以上，年创汇 3 亿多美元，现已成为全球大蒜种植加工中心、流通出口中心和价格形成中心。

金乡县地处鲁西南，是闻名遐迩的孔孟之乡、礼仪之邦。境内平原广阔，水域纵横，资源丰富，气候宜农，物产富庶，堪称“诚信之都”“生态水城”。金乡县辖 10 镇 2 个街道办事处和 1 个省级经济开发区，总面积 886km²，人口 63 万人，其中，农业人口 53 万人，耕地面积 94.45 万亩，是典型的农业大县。

金乡县属暖温带半湿润、半干旱季风大陆性气候，具有冬夏季风气候特点，四季分明，雨热同期，风寒双至，光照充足，雨量充沛。日照总时数平均2 377.7h，降水量平均 694.5mm，气温平均 13.8℃，最冷的 1 月平均气温-1.2℃，最热的 7 月平均气温 27.7℃，无霜期平均 212d。金乡县的气候特征造就了金乡大蒜生育期长、干物质积累多、产量高、品质好。

金乡县属黄泛平原，成土母质以冲积物为主，土壤类型为潮土，土壤质地为壤土，土层深厚，质地疏松，沙黏适中，养分协调，富含钾钙；并属淮河流域，南四湖水系，境内大小河流 24 条，县内总长度 306.47km，总流域面积 790km²，全年水的蓄积量1 421万 m³，地下水可供开发量约 1.1 亿 m³，常年地下水位不到 5m。金乡县的地域特征非常有利于大蒜的生长和膨大，是世界最佳大蒜优生区之一。

金乡大蒜个头大，大蒜直径一般在 5.5cm 以上，单头重 60g 以上，亩产1 200kg 以上，出口合格率 90%以上，目前创造的吉尼斯纪录是直径 10cm、重 320g。金乡大蒜外形美，外观扁圆，皮厚，有光泽，瓣与瓣之间无明显沟。金乡大蒜口感好，汁鲜味浓，辣味纯正、适中，口感嫩脆。金乡大蒜纤维含量低，一般 70mg/g。金乡大蒜营养高，蛋白质含量 4.0%以上、维生素 C 30mg/kg 以上、硒 0.01mg/kg 以上、铁 2.0mg/kg 以上、钙 5.0mg/kg 以上、磷 600mg/kg 以上。

金乡大蒜以营养丰富、肉黏味香、辣味适中、蒜头大、瓣匀、不破碎、耐贮藏等优点而享誉中外。金乡大蒜富含人体所需的硒、铁、钾等 20 多种微量元素，其中，硒元素在全国大蒜产品中含量最高，被专家称为最好的天然抗生素食品和抗癌食品，广泛应用于食品、饮料、制药、日用化工等领域。

### 2. 苍山大蒜

兰陵县（2014 年 1 月，原苍山县更名为兰陵县，作为国家地理标志产品“苍山大蒜”沿用至今）大蒜种植历史悠久。清朝乾隆《郯城县志》记载，明朝万历年间，神山镇和庄一带，就已形成了大蒜集中产区。苍山大蒜起源于西域，并由东汉李恂从中原引入苍山，逐步形成蒜区，在蒜区的特定生态环境条件下，经过长期的自然选择和人工定向培育而形成了“苍山大蒜”。

多年来，苍山大蒜作为苍山特色的支柱产业之一，历届县委、县政府都高度重视，特别是我国加入 WTO 以后，国内外大蒜市场竞争日趋激烈，为此兰陵县委县政府采取了有力措施，出台了一系列激励政策，提供了优良的投资环境和优惠的招商条件，加大了资金、科技的投入，苍山大蒜的标准化生产和系列产品的深加工得到迅速发展。

兰陵县被国家列为优质大蒜生产基地县、优质大蒜出口基地县。2014 年，“苍山大蒜”获批农业部农产品地理标志登记认证。苍山大蒜及其加工产品在 1999 年昆明世博会上获银奖。

独特的地理环境、优良的品种、先进的栽培技术和先进的加工工艺，造就了苍山大蒜独特的品质。据食用苍山大蒜的消费者评价：“用蒜臼捣蒜，捣锤能把蒜臼粘起来”，形象地表现出了苍山大蒜黏辣的独特品质。

苍山大蒜主要有糙蒜、蒲棵、高脚子 3 个主栽品种，是头、薹并重的品种，头、薹的产量都较高，蒜头都具有头大瓣匀、皮薄洁白、黏辣郁香、营养丰富等特点。其中糙蒜为代表性品种，每头蒜 4～6 瓣，具有皮白、头大、瓣大、瓣少、瓣开的特点；蒲棵为主栽品种，每头蒜一般 4～8 瓣，外皮薄、白色，瓣内皮稍呈紫红色；高脚子多为 6～8 瓣，瓣大、瓣高、瓣齐、皮白。

苍山大蒜品质优良，富含维生素、氨基酸、蛋白质、大蒜素和碳水化合物。经农业部食品质量监督检验测试中心（济南）对苍山大蒜品质进行化验分析，其含有丰富的有机营养成分与矿物质营养元素，而且含量都比较高。苍山大蒜不仅有很高的食用价值，还有着重要的药用价值，俗称药用植物，为保健型蔬菜。苍山大蒜之所以药用价值高，主要是其含有的大蒜素、蒜制菌素、大蒜油、锗、硒等元素高于其他同类产品，大蒜素、蒜制菌素等能降低人体内的亚硝酸盐，具有较强的抗肿瘤作用。据调查统计，兰陵县是长江以北 10 万人口以上县中胃癌发病率最低的一个，常食大蒜是主要原因之一。目前利用苍山大蒜已研制出来多种高档药品。

苍山大蒜之所以品质优良，与其得天独厚的优越自然生态环境条件是分不开的，在其他地方引进苍山大蒜栽培的，无论是品质和色泽都比不上在苍山栽培的大蒜。苍山大蒜产区气候属暖温带季风区半湿润大陆性气候，四季分明，光照充足，极利于大蒜生长。苍山大蒜每年 9 月底至 10 月上旬播种，翌年 6 月收获，生育期 240 多天，经历秋、冬、春 3 个季节。苍山大蒜生长期平均气温为 9.1℃，比全年平均气温（13.2℃）低 4.1℃。降水量 266mm，占全年降水量的 29.6%。光照时数为 1 696.8h，为年日照时数 2 487.8h的 68.2%，日照率 58.3%（全年日照率 56%）。苍山大蒜生长期空气平均相对湿度 65.8%。无霜期 200 多天，冻土日数 69.7d。由于温度、降水量、光照、湿度等气候条件适宜，十分有利于大蒜的生长发育。

兰陵县大蒜主产区多为砂姜黑土。砂姜黑土物理性状良好，属偏碱性土壤，有机质丰富，含钾量高，含氮亦相对高，土壤的 pH 值为 7.7~8.0、有机质 1.2%、碱解氮 1 135.79mg/kg、速效磷 31.18mg/kg、速效钾 223.8mg/kg。微量元素钙、镁、钠、速效锰、铁、锌、铜等含量都较高。产区土壤有效养分和微量元素的含量不仅高，而且养分全面，能够有效地供给大蒜的正常生长发育，这直接影响到单位面积产量和产品品质。

全县拥有 365 家大蒜加工企业，345 座恒温库，年储藏加工能力 100 多万吨。苍山大蒜及加工产品销往全国各地，并出口日本、韩国、欧美、东南亚、澳大利亚、中东等 50 多个国家和地区。全县大蒜及加工产品出口 12 万多吨，出口金额 1 亿多美元。经过多年的发展，“苍山大蒜”已走上了产加销、贸工农一体化的道路，创造了良好的经济效益和社会效益。

### 3. 章丘大葱

章丘大葱，因产于山东省济南市章丘区而得名，是山东省著名特产之一。章丘大葱“名”“特”“优”三字兼备，被誉为“葱中之王”。正宗章丘大葱产于山东省济南市章丘绣惠街道、宁家埠街道、枣园街道、龙山街道等。章丘大葱是章丘区乃至全省的一张亮丽名片，栽培历史悠久，全区大葱种植总面积达到12万亩，实现年产值20多亿元，成为拉动区域经济发展、带动农民增收致富的支柱产业，章丘大葱的品牌价值达到140.44亿元。

章丘大葱的原始品种于公元前681年由中国西北传入齐鲁大地，已有3 000多年的历史。早在公元1552年，其葱就被明世宗御封为“葱中之王”。明代，在女郎山西麓一带（今乔家、马家、石家、高家村等地）栽培已很普遍。章丘大葱有高、长、脆、甜的突出特点。高：章丘大葱的植株高大魁伟，是当今国内外所有大葱品种中的佼佼者；长：章丘大葱的葱白很长、很直，一般50~60cm，最长80cm左右，备受人们喜爱；脆：章丘大葱质地脆嫩，味美无比；甜：章丘大葱的葱白甘芳可口，很少辛辣，最宜生食，熟食亦佳。

章丘大葱之所以品质上乘、名扬海内外，与其生产地自然条件密不可分。大葱产区地处中纬度，属暖温带季风大陆性气候，四季分明，雨热同季，热量适宜，雨量次之。春季干旱多风，夏季雨量集中，秋季温和凉爽，冬季雨雪少干冷。年均气温13℃，≥0℃积温4 900~5 000℃·d；年降水量为600~625mm。产区地势平坦、气候适宜、土壤肥沃，土壤有机质含量17.7g/kg、全氮127g/kg、碱解氮57mg/kg、有效磷24.4mg/kg、速效钾108mg/kg。因此，土质较好，肥力较高，十分适宜章丘大葱的种植和发展，同时，主产区水资源丰富，并且水利设施完善，灌溉便利。

章丘区把发展特色品牌农业，作为农民增收的一项重要措施，以挖掘章丘大葱的品牌优势为突破，在做活大葱产业、推动区域经济发展上动脑筋、做文章。1999年7月“章丘大葱”商标注册成功，成为中国蔬菜类第一件原产地证明商标。同时，加强对大葱生产规范化管理，建立生产示范区，在种子、土壤、灌溉、施肥等方面推行标准化生产技术，实行统一供种、统一施肥、统一收获、统一销售。这些举措进一步提升了章丘大葱的内在质量，增强了市场竞争优势。靠着“金字招牌”和过硬的质量，章丘大葱销售价格连年翻番，葱农的经济收入成倍增长，章丘大葱已逐步实现了从“本地特产”向“知名品牌”转变。“章丘大葱”地理标志经过多年的使用、管理、培育和发展，基本实现了种植标准化、营销多元化、管理规范化的现代农业目标，同时还带动了运输、餐饮等相关产业的发展。

### 4. 安丘大葱

安丘大葱，山东省安丘市特产，全国农产品地理标志产品。安丘大葱假茎紧实，葱白长40cm左右，肉质细脆，商品性好。管叶浓绿色，坚挺，耐热，耐寒，抗病性强。生长速度快，上市早，产量高，硒、锌、铁等微量元素含量高，适合加工和鲜食。“安丘大葱”维生素C含量大于154mg/kg，糖度高，干物质含量大于9%，硒、锌、铁等微量元素含量高，铁含量是规范规定值的2倍，锌、硒等微量元素含量远超规范规定值，因此安丘大葱素有保健大葱之说。2011年12月15日，中华人民共和国农业部正式批准对“安丘大葱”实施农产品地理标志登记保护。2020年7月20日，安丘大葱入选中欧地理标志首批保护清单。

安丘市土地总面积为1 710km$^2$，其中耕地126万亩，占49.1%；园地10万亩，占3.9%；林地21万亩，占8.2%；水域6.5万亩，占2.5%。全市土壤平均有机质11.72g/kg、全氮0.54%、碱解氮103.55mg/kg、速效磷（纯P）51.53mg/kg、速效钾142.10mg/kg。以湿潮土、褐土为主，褐土是市内面积最大、分布最广的一个土壤类型，面积76.9万亩，占可利用土地面积的61.1%，多数集中在中、北部丘陵区，适宜种植安丘大葱。

安丘市属暖温带季风大陆性半湿润气候，气候温和，四季分明，冬季寒冷，夏季炎热多雨，气温年较差大，春季风大干燥、失墒快，秋季清爽。光照资源充足，年平均日照时数为2 587.5h，平均气温12.1℃，历年最低气温为1968年1月的-18.7℃，历年最高气温40.1℃，0℃以上积温4 635℃·d，无霜期186d，雨量充沛，平均年降水量700mm，历年最大降水量为1974年的1 027.0mm。

安丘市境内大小河流50余条，多在东、北、南部，均系潍河水系。较大的有潍河、汶河、渠河、洪沟河、史角河5条，流域面积1 884km$^2$，为全县总面积的93.7%。汶河在县内有大盛河、鲤龙河、温泉河、凌河、小汶河、墨溪河6条支流，流域面积1 076km$^2$。汶河是安丘的“母亲”河。全长58km的南水北调工程，将市内5座水库连为一体，可灌溉面积近70万亩。

安丘大葱种植历史悠久，最早种植的是传统地方品种辉渠香葱，后随着大葱产业化的发展和效益的提高，种植面积逐年增加，演变为出口日本的安丘大葱品种。2016年前后，安丘市推进大葱等农产品的标准化、规模化种植，通过13家镇土地流转服务中心，共实现流转土地42.8万亩，培育了

1 500多家农民专业合作社和306家农产品加工龙头企业，培育了40万亩姜、葱、蒜优质蔬菜产业带。

### 5. 莱芜生姜

莱芜生姜，山东省济南市莱芜区和钢城区（原莱芜市）特产，全国农产品地理标志产品。莱芜市属暖温带大陆性半湿润季风气候，年平均气温12.5℃，无霜期191d，年平均降水量760.9mm，年光照时数2 629.2h，适宜种植生姜。莱芜生姜，个大皮薄，丝少肉细，色泽鲜艳，辣浓味美，营养丰富，耐贮藏。莱芜生姜含有丰富的糖类、蛋白质、脂肪、纤维素、维生素和微量元素。据测定，莱芜生姜干物质含量≥8%、粗纤维≤1.8%、维生素C≥50mg/kg、铁≥12mg/kg、锌≥2.5mg/kg、钙≥120mg/kg、挥发油≥12mg/kg。生姜精油约有400多种芳香成分，主要有姜酚、姜烯、柠檬醛、姜醇等。还含有胡萝卜素、硫胺素、抗坏血酸、叶酸、钙、镁、磷、铁等矿质元素及多种维生素。莱芜生姜既是调味佳品，又是除湿、祛寒、消痰、健胃、发汗的良药。李时珍在《本草纲目》中也说："姜可蔬、可和、可果、可药，其利博也。"民间有"冬夏吃生姜，不劳医生开药方"之说。2017年12月22日，中华人民共和国农业部正式批准对"莱芜生姜"实施农产品地理标志登记保护。

莱芜区和钢城区北、东、南三面环山，中部为低缓起伏的平原，西部开阔，整个地形像一个向西倾斜的大簸箕。地表面积中，山地占59.89%、丘陵占20.34%、平原占19.77%。生姜主产区高庄、杨庄、寨里、大王庄、羊里等镇为平原地区、长埠岭及丘陵地带，成土母质多为石灰岩风化的坡积、洪积物，土层深厚，剖面发育完全，熟化度高。这种土壤表层沙黏适中，土质疏松，耕性、透气性良好，有利于作物幼苗生长及根系发育。土壤下层保水保肥性好，营养充足，其有机质含量1.172%、含氮0.067%、磷0.1%、碱解氮100.9mg/kg、速效磷8.8mg/kg、速效钾51.0mg/kg、pH值6.8，并富含各种微量元素，非常有利于生姜生长后期根茎膨大充实。

莱芜区和钢城区东高西低的特殊地势，造就了我国最大的倒流河景观：大汶河自东向西"倒流"，横贯全境，经莱芜、新泰、泰安、肥城、宁阳、汶上、东平等县市，经东平湖流入黄河，全长208km。大汶河支流众多，长度在5km以上的有120多条，其中的浯汶河、瀛汶河、北汶河、柴汶河被统称为"五汶"。"五汶"中除柴汶河在泰安境内外，其余"四汶"均在莱芜区和钢城区境内。"汶河倒流"的独特走向，使莱芜生姜生产地处于灌溉用水的上游，河水清澈、甘甜无污染，且富含矿物质，对莱芜生姜优良品质的形成奠定了坚实的基础。

莱芜区和钢城区属暖温带大陆性半湿润季风气候，年平均气温12.5℃，无霜期191d，年平均降水量760.9mm，年光照时数2 629.2h，冷暖适宜，四季分明，无霜期长，光照充足，光、热、水资源时序变化与作物生长期匹配良好，雨热同期，无严重旱、涝、冻、雹等自然灾害，特别是9—10月，秋高气爽，光照充足，昼夜温差大，正是生姜形成产量的关键时期，气候条件非常有利于生姜的生长发育。

莱芜区生姜常年种植面积10万亩，总产量30万t，产值15亿元以上。钢城区生姜常年种植面积5万亩，总产量15万t，产值8亿元以上，是我国最大的商品姜生产、加工、出口基地。生姜是两区主要农业经济收入来源之一，约占农民人均纯收入的35%，被誉为农民致富增收的“摇钱树”。

莱芜区、钢城区以生姜为主的农产品冷藏及加工企业达100多家，其中国家级农业产业化龙头企业2家，省级龙头企业19家，市级龙头企业35家。年加工能力80万t，开发出“食、药、卫、健”4个字号100余种产品，姜制品率达到30%以上。注册了“姜老大”“头道菜”“泰山”“孔之道”“四季风”“西留生姜”等商标。万兴公司的“姜老大”牌生姜成为2008年北京奥运会全国唯一生姜专供产品和山东省首批百强企业产品品牌，连续7年蝉联全国生姜出口第一大户。加工链条不断延伸，加工产品已从以往的保鲜姜块、腌渍姜块（姜片）、姜芽，逐渐发展到脱水姜片、姜粉、姜油、姜酒、姜茶等附加值较高的品种，涵盖保鲜、腌渍、脱水、深加工四大系列。生姜系列产品先后通过ISO 9000、ISO 22000认证，GAP、BRC及犹太食品认证，FDA（备案），QS认证，HACCP、OU认证，HALAL认证等多项国内、国际认证，销售的产品均达到了“绿色食品”要求，备受外商青睐，远销欧美、日韩、中东等100多个国家和地区。

### 6. 武城辣椒

武城辣椒，山东省德州市武城县特产，全国农产品地理标志产品。中国十大名椒之一。辣椒是武城农业的特色产业，也是传统种植作物，在武城有着悠久的种植历史，是武城的支柱产业。武城县土壤质地特别适合辣椒种植，武城辣椒具有形优、味好、营养价值高的特征，又因其辣椒红色素含量高的特点，深受国际市场客户喜爱。“武城辣椒”据文字记载已有近200年的历史，在武城县志（始于明嘉靖已酉年经屡次修缮，今日善本为清道光末修订编制）蔬之属十一中便有记载，记有“番椒，色红、鲜、味辣”，且清光绪戊申九月县志也有记载“辣椒”一词。经过世代的精心栽培，凭借武城县优良的土质和协调的水、肥、气、热、光资源，逐渐形成独特风味的“武城辣椒”。

武城辣椒品种植株直立，株高 80cm 左右，开展度 80cm 左右。生长势强，抗病性好，抗旱。果实羊角形，果长 8~10cm，横径 3.5~4.0cm，干椒单果重 3.5g 以上，单株结果数 20~30 个。果实生理成熟后，内外果皮都呈紫红色，果皮厚，平整光滑。武城辣椒皮薄、肉厚、色泽紫红、辣度适中、口感清香无异味。武城辣椒含有多种营养成分和微量元素，如蛋白质、粗纤维、维生素 C、钙、磷、铁等。

武城县地处鲁西北，属典型的华北冲积平原，由于黄河以及京杭大运河的冲积，形成了大面积的沙壤土，粒细层深、质地松散、透气性好，易于排水。武城县地区属暖温带半湿润季风气候，特点是冷热、干湿区别显著，四季分明，光照资源丰富，日照时数长，光照强度大，日照率 58%。无霜期平均 200d 以上，在辣椒生长期雨量适中，光照充足，利于辣椒的生长。

武城辣椒以皮薄、肉厚、色鲜、味香、辣度适中，营养物质丰富而享誉国内外，产品畅销全国各地并出口韩国、日本、东南亚、墨西哥、印度、美国等 20 多个国家和地区，成为全县人民引以为豪的产业。2002 年被中国特产之乡组委会命名为“中国辣椒之乡”和“中国辣椒第一城”，2010 年武城县辣椒制品研发检测服务中心申请注册“武城辣椒”地理标志证明商标；2020 年和 2021 年被中国蔬菜流通协会评为“全国十大名椒”和“全国辣椒产业十强县”称号；山东省辣椒协会在武城落地挂牌；武城辣椒获批山东省特色农产品优势区。目前辣椒常年种植面积在 15 万亩左右，成为全县农民致富增收的重要产业之一。

品牌化经营快速发展，形成了“武城辣椒”区域公用品牌，2019 年被纳入山东省知名农产品区域公用品牌，2020 年被中国蔬菜流通协会评为“全国十大名椒”，2021 年武城辣椒获批山东省特色农产品优势区，2021 年在第六届贵州·遵义国际辣椒博览会暨首届中国辣椒产业品牌大会上武城县荣获“全国辣椒产业十强县”荣誉称号，山东多元户户食品有限公司“谭英潮”头像品牌荣获“全国辣椒产业最具影响力品牌”。2022 年武城辣椒入选第一批“好品山东”品牌名单。武城辣椒加工产品涵盖了辣椒食品、辣椒红色素、鲜椒酱等五大系列 100 多个产品，成功打造了“英潮”“辣贝尔”“多元户户”“东顺斋”“虎邦”等多个品牌，其中“英潮”“东顺斋”

牌商标被评为山东省著名商标，“辣贝尔”牌麻辣花生被认定为山东名牌产品。“虎邦牌鲜椒酱”成为2019年度网络畅销产品，产品品质和质量得到消费者的广泛认可。

武城县与山东省发改委联合编制辣椒价格指数。辣椒价格指数涵盖8个省12个辣椒专业市场19个品种，设立了100余个辣椒采价点。2018年8月武城辣椒价格指数被列入全省价格指数体系并在山东省价格指数平台上发布运行，成为全国唯一一只辣椒价格指数。2020年“中国·武城英潮辣椒价格指数”在国家发改委价格监测中心平台同步发布，增强了武城辣椒抵御市场价格风险的能力，提升了武城辣椒市场的影响力和武城辣椒的市场竞争力，武城辣椒市场已成为中国辣椒价格的晴雨表，武城辣椒价格已成为中国辣椒价格的风向标。

### 7. 金乡辣椒

金乡辣椒，山东省济宁市金乡县特产，中国十大名椒之一。2011年，金乡县种植辣椒面积12 000余亩，主要集中在鸡黍镇张寨村、刘楼村、李古堆村、李庄村等地；2012年，由于种植优势突出和效益明显，全县13个乡镇均有种植，面积迅速扩大到6.8万亩；2013年，随着辣椒产业化水平的提高，辣椒面积发展迅速，种植规模达12.3万亩；2014年，由于棉花行情的低迷，辣椒种植规模扩大到27.8万亩；2015年，由于辣椒行情的推动以及种植模式的成熟，种植规模发展到42.0万亩；近年来种植面积基本稳定在45万亩左右。

金乡县境内属暖温带季风大陆性气候，四季分明，光照充足，为典型的中国北方气候，年平均气温为13.8℃，年平均地温16.3℃，10℃以上积温4 359.4℃·d，空气相对湿度年平均为68%，光照时间年平均为2 384.4h，年日照率54.4%。年平均降水量为780mm，降水较为充沛。无霜期长，全年无霜期210d左右，非常有利于辣椒的生长。

### 8. 微山湖水生蔬菜

微山湖主要位于山东省济宁市微山县境内，处于暖温带，是天然动植物物种基因库。南四湖资源量居全国大型湖泊之首，水生植物约有74种，水生蔬菜莲藕（白莲藕）、芡实、菱角（特别是南四湖小野菱）等远近闻名。微山县浅水藕种植面积5万亩、子莲0.3万亩、芋头（含水芋和旱芋）0.3万亩、荸荠（含人工管理采集的自然生长面积）300亩、菱角（含人工管理采集的自然生长面积）0.1万亩、芡实0.7万亩、其他300亩。浅水藕种植50%面积为莲藕龙虾共生模式。

近年来，通过“三品认证”的企业和产品有山东微山利民现代渔业科技有限公司的莲藕，微山县红荷绿源果蔬有限公司的芡实，北京睿特环有机农业技术研究院在微山的公司的莲藕，微山县远华湖产食品有限公司的菱米、芡实和莲子。微山县微山湖经济开发促进会成功注册国家地理标志证明商标“微山湖莲藕”“微山湖菱角”“微山湖芡实”和“微山湖莲子”。微山县德道源食品有限公司生产“莲藕汁”，微山县远华湖产食品有限公司、山东微山湖经贸实业有限公司、微山县对外贸易湖产品加工厂等加工生产荷叶茶、菱米、莲子、芡实米，产品销往全国各地，鲜莲子主要销往安徽、广东、上海等南方城市，部分干菱米、芡实产品出口到日本、韩国等国家。

# 第二章　加工辣椒栽培技术

全世界辣椒发展历史悠久，不同地区的人们都有食辣习惯，当今食辣已成为一种潮流。据统计，全世界食辣人口已超过30亿人。全世界辣椒生产分布不均匀，其中亚洲占据优势地位，印度和中国是世界上辣椒生产大国，两国辣椒种植面积和产量占世界的3/4左右。除中国、印度外，东盟各国辣椒产业也具有一定的规模，而日本、韩国虽栽培面积不大，但生产水平较高，单产居世界领先水平。

山东省辣椒常年种植面积200万亩左右，年产量达到580万t左右，居全国第6位。山东省目前已发展成为全国最大的辣椒集散地，是全国最大的辣椒生产、加工、出口基地，全国80%的出口干鲜辣椒生产、加工在山东。山东省加工型辣椒种植主要集中在济宁、菏泽、聊城、德州等地。济宁、菏泽以大蒜—辣椒种植模式为主，辣椒品种以一次性采收的簇生朝天椒为主；德州、聊城以小麦—辣椒种植模式为主，辣椒品种有三樱朝天椒、北京红、英潮红、羊角红等。山东省拥有全国最大的辣椒进出口交易市场——胶州于家屯市场，此外，还有金乡凯盛、武城后玄干椒、尚庄鲜椒等多个大市场，年交易量在千万吨以上，是辣椒产业的“高地”，但近年来在辣椒定价方面缺乏话语权，多是被动跟价交易，辣椒加工链条较短，精、深加工龙头企业偏少。“中国·武城英潮辣椒价格指数”是中国唯一在全国布点的辣椒价格指数，极大地增强了山东省在全国辣椒行业中的话语权，有力地助推了山东省辣椒产业大数据的发展。

## 一、加工辣椒植物学特征

### 1. 根

辣椒属浅根性作物，根系不发达，再生能力弱，不易发生不定根。辣椒的初生根垂直向下，向四周延伸形成根系，根系多分布在地表30cm的土层内。侧根上着生有大量的根毛，主要分布在地表5~10cm的土层内，根毛条数多而长。辣椒主要依靠根毛的吸收功能从土壤中吸收生长发育所必需的水分和养分，然后通过侧根输送到辣椒的茎、枝、叶、花、果实等各个部位。辣椒主根和侧根的木栓化程度较高，主要起输导和支撑的作用。当辣椒受到外界伤害造成侧根或者主根断裂时，恢复能力弱或不能恢复，因此，在栽培上应培育强壮根系及注意保护根系。直播植株，主根向下生长较为发达；育苗移栽的植株，因主根被切断，或者穴盘育苗主根不发达，所以残留的主根和根茎部发生许多侧根，菜农称之为“鸡爪根”。根具有趋水性，土壤水分适宜时，根系发育强壮，数量多而密，分布广泛且比较均匀；土壤含水量较低时，根向土壤深处生长，从深层土壤中吸收水分，以维持植株正常的生长发育；土壤水分过多时，根系发育不良甚至造成沤根，因此在栽培上要保持土壤水分适宜，做到旱能灌、涝能排。根具有趋肥性，土壤肥力适宜时，根系生长良好，数量多而根白嫩，分布均匀；当土壤贫瘠缺肥，根系就趋向于肥源生长，造成根系分布不均，且根系短小，颜色发褐，吸收能力下降。

2. 茎

辣椒的茎为木质茎，直立生长。辣椒的茎基部木质化，比较坚韧，皮黄绿色且有深绿色纵纹，也有的为紫色。不同辣椒品种的茎高不同，一般在30~80cm，有的辣椒品种茎高可达150cm以上。子叶以上，分枝以下的直立圆茎为主茎，主茎是全株的躯干，起着支持和输送水分、养分的作用。主茎以上的茎称为枝，分枝的形状多为“Y”形，枝是植株结果主要部位及其水分、养分输送渠道。

辣椒分枝力强且有规律，植株主茎生长点形成花芽后，在花芽下部的2~3个侧芽迅速生长、成枝，隔1~2片叶，顶端又形成花芽。如此向上生长，植株成为双杈或者三杈分枝。花和果实着生于分杈处，有规律地分杈、开花。根据坐果方式，将主茎分杈处的果实叫作门椒，二次分杈处的果实称为对椒，以后依次分枝处的果实称为四母斗、八面风，五级分枝以后的果实统称为满天星。

同一植株上各枝条之间的生长势强弱差异较大，主要受空间和光照的限制。门椒和对椒处的分枝生长势均匀，四母斗之后的分枝不均匀，靠近外侧的枝生长势强，内侧的生长势弱，这样就形成了辣椒植株的主茎结构。一般节间腋芽萌发力弱，但茎基部（门椒以下）的腋芽成枝力较强，品种之间腋芽成枝力也存在差异。

植株的株型与节间长度随温度、营养水平以及光照水平、植株分枝级数升高而自动调节。植株生长发育协调的株型及株态表现为：结果部位以上有适宜的枝叶层，一般为15~20cm，茎粗壮，节间适宜。徒长株株型及株态表现为：节间长、果实以上的枝叶层过厚，花器发育小，质量差，易落花落果。僵株株型及株态表现为：节间短、门椒以上枝叶层较少，株幅小，根系发育差。

辣椒的分枝可分为无限分枝型和有限分枝型两类。无限分枝型：一般品种为双杈分枝或三杈分枝，即主茎长至8~14片真叶，主茎顶端形成花芽，下部由2~3个侧芽萌发形成2~3个分枝继续生长，在植株生长期如果环境条件适宜，分枝无限延续下去。这类品种一般生长茁壮，植株高大，单株产量高。一般尖椒型品种和线椒型品种属此类，单花，果实多下垂生长。有限分枝型：主茎长至一定叶数时，顶端发生花簇封顶，形成多数果实。花簇下腋芽抽生分枝，分枝的腋芽又可发生副侧枝，侧枝和副侧枝又都仍由花簇封顶，但大多不结果。以后植株不再分枝生长。这类品种植株矮小，生长势弱，果实小，果柄、果实向上直立。朝天椒类型品种均属此类。

茎是植株开花结果的主要空间，根据栽培茬口、营养水平，可以采取相应栽培技术措施来调整植株生长势和结果部位、结果量等，从而达到高产、优质的目的。

### 3. 叶

辣椒叶分为子叶和真叶。子叶是种子贮藏养分的场所，在种子发芽过程中供给所需的能量和养分。子叶的形状为长披针形，但不同品种之间略有差异。子叶在辣椒出土后呈黄色，以后逐渐转绿。子叶在此期间进行光合作用，制造光合产物以满足辣椒幼苗生长发育的需要，因此，子叶对辣椒幼苗的正常生长发育具有极其重要的作用，在育苗过程中必须保护好子叶，避免子叶被土或基质掩埋或者人为损伤。

辣椒真叶为单叶，互生，卵圆形、长卵圆形或披针形。叶片先端渐尖、全缘。叶面光滑，稍有光泽，也有少数品种叶面密生茸毛。通常甜椒叶片较辣椒叶片稍宽，主茎下部叶片比主茎上部叶片小。叶片颜色一般来说，北方栽培品种叶片绿色较浅，而南方栽培品种叶片颜色较深。有研究表明，辣椒叶片大小、色泽与辣椒果实的大小和表皮色泽有相关性。

辣椒叶片的长势和色泽可作为辣椒植株营养和健康状况的指标。正常生长的辣椒叶片呈深绿色（因品种而异），大小适中，稍有光泽。当土壤肥力不足时，辣椒全株叶色变得黄绿。土壤干旱，水分不足时，辣椒植株基部个别叶片颜色全黄，但大部分叶片颜色浓绿。

辣椒叶片的主要功能是进行光合作用，制造植株生长发育所必需的营养物质。除此之外，叶片的另一项重要功能是蒸腾作用。辣椒从根部不断吸收水分，叶片通过气孔不断蒸腾水分，同时无机养分随水运输，这样就能供应辣椒植株所需要的水分和无机养分。辣椒蒸腾作用的大小因品种而异，还与外界环境条件有很大的关系，气温、湿度和风速都严重影响植株的蒸腾作用，气温高、湿度低、风速快，蒸腾作用就大，反之蒸腾作用就小。而当外界温度过高时，叶面上的气孔会自动关闭进行自我保护。耐热辣椒品种，蒸腾作用大，水分随蒸腾作用散失，同时带走大量热量，从而降低植株温度，提高其耐热性能。

叶片还可以直接吸收无机养分。在辣椒生长后期，土壤施肥不便时，可通过叶片喷施叶面肥及生长调节剂。这些物质通过叶片吸收后，可输送到植物体的各个部位发挥作用，在短时间内可使植株生长得更加旺盛，叶片颜色更加浓绿，叶面积增大，叶片增厚，植株新陈代谢加快，延缓植株衰老及延长叶片功能期。

### 4. 花

辣椒花为完全花，单生、丛生（1~3 朵）或簇生。花冠白色、绿白色或紫白色，花萼基部连成钟形萼筒，尖端 5 齿，花冠基部合生，尖端 5 裂，基部有蜜腺。雄蕊 5~6 枚，基部联合花药圆筒形、纵裂，花药浅紫色或黄色。一般品种花药与雌蕊柱头等长或柱头稍长，营养不良时易出现短柱花，短柱花常因授粉不良而导致落花落果。辣椒属于常异交作物，虫媒花，天然杂交率约为 10%。

### 5. 果实

辣椒的果实为浆果，果实的大小形状因品种类型的不同而差异显著，果实形状有圆球形、倒卵圆形、长圆形、扁圆形、长角、羊角、线形、圆锥、樱桃等。果实表面光滑，常具有纵沟、凹陷和横向皱褶。有纵径 30cm 以上的线椒、羊角椒，有横径 15cm 以上的甜椒，也有小如稻谷的小米椒。青熟果有深绿色、绿色、浅绿色、淡黄色、紫色、白色等多种颜色，老熟果有红色、黄色、紫色等颜色。辣椒的胎座不是很发达，形成较大的空腔，食用的部分为果皮，果肉厚0.1~0.8cm（鲜果），单果重0.5~400g。辣椒果实多向下垂直生长，少数品种向上直立生长，如朝天椒类型等。果实发育，从受精到商品椒长成需30~35d，红熟则需要50~65d。

辣椒果实中含有较高的番茄红素和较浓的辣椒素。一般大果型甜椒品种不含或微含辣椒素，小果型辣椒则辣椒素含量高，辛辣味浓，加工型辣椒均为辣椒素含量高的品种。未成熟的果实辣椒素含量较少，成熟的果实辣味较浓，辣椒素含量较高。

辣椒不同基因型间的果实颜色有很大差异，同一品种在生长过程中果实颜色也有很大变化。辣椒果实颜色是由不同种类的生物色素（类胡萝卜素）引起，加工型辣椒的红果中主要含有辣椒红素和胡萝卜素。据德州市农业科学研究院的研究报道，随着辣椒果实的发育，β-胡萝卜素和番茄红素含量呈现先升后降，而后又升高的趋势，在生理成熟期（花后60d），其含量处于较高水平，早熟品种含量高于晚熟品种。叶黄素含量随果实的发育，其含量逐渐降低，在花后55d达到最低值，而后逐渐上升，早熟品种其含量上升速度高于晚熟品种。花后30d内，在辣椒果实中未能检测到辣椒红素。自花后30d始，辣椒果实中的辣椒红素含量逐渐升高，在花后40~50d，早熟品种辣椒红素含量急剧上升，而晚熟品种辣椒红素急剧上升期则在花后50~55d。

### 6. 种子

辣椒种子近圆形、扁平，表面微皱，淡黄色或金黄色，稍有光泽。辣椒种子主要着生在胎座上，少数种子着生在心室隔膜上。辣椒种子的千粒重4.5~8.0g，发芽力一般2~3年。有研究表明，经充分干燥的种子，如果密封包装在-4℃条件下则可贮存10年，其发芽率仍可达76%。室温下密封包装贮存5~7年，其发芽率可达50%~70%。

## 二、辣椒工厂化育苗技术

工厂化育苗又叫穴盘育苗或快速育苗，是运用一定的设施及设备条件，人为控制催芽出苗、幼苗绿化等育苗中各阶段的环境条件，在较短的时间内培育出大批量、高质量的适龄壮苗的一种育苗方法，与传统的育苗方式相比，具有占地面积小、便于管理、用种量少、苗龄短、病虫害发生轻、成本低、可以周年生产等优点。对于规模较大的辣椒产业园区和生产基地，一般采用工厂化育苗方式。

### 1. 工厂化育苗的设施及关键设备

根据育苗流程的要求和作业性质，可将育苗设施分为基质处理车间，填盘装钵及播种车间，发芽、绿化及幼苗培育设施和嫁接车间等。

工厂化育苗必需的关键设备主要有基质消毒机、基质搅拌机、育苗穴盘、自动精量播种系统、恒温催芽设备、育苗设施内肥水供给系统、$CO_2$增施机等。

### 2. 播前准备工作

（1）温室准备

在辣椒育苗前2~3周，对育苗床架进行清理，并对温室进行全面消毒，以降低辣椒幼苗在生长过程中的发病概率。具体做法是可用80%~85%敌百虫液喷洒温室地面、墙壁、育苗床架，尤其是温室入口处及温室角落进行全面消毒，再采用不同种的广谱型杀菌剂分次进行喷洒消毒，尽量将育苗棚发生病虫害的可能性降低。

（2）育苗基质的选择

基质总体理化指标要求为：容重0.5~0.8g/$cm^3$，总孔隙度60%~90%，pH值6.0~7.0，无毒无害。主要采用轻型基质，辣椒穴盘育苗主要采用草炭、蛭石、珍珠岩、炉渣、河沙等。基质材料可单独使用，但最好是按比例将2~3种基质混合使用，配制成的复合基质通气性、保水性好，营养均衡。最常用的复合基质配方是草炭、蛭石按体积比1：1或2：1混合。

（3）基质的配制

将草炭、蛭石、珍珠岩按照6：3：1（夏季）或者6：2：2（冬季）的比例混合，每1 000kg基质中加入腐熟鸡粪36.5kg、硫酸铵4kg、硫酸钾3kg、硫酸镁1kg、硫酸锌0.5kg等，使基质混合均匀。因草炭大多为酸性基质（pH值为3.0~6.5），而辣椒生产需要微酸性环境（pH值5.5~7.0），基质酸度过大则会导致辣椒幼苗生长不良。因此，在采用草炭作基质进行育苗时，需要对基质的酸碱度进行调配，一般每立方米基质可加白云石灰石3~6kg，可有效调配基质酸碱度。配制好基质后，进行消毒处理，可有效杀死基质中携带的病残菌。可采用99%噁霉灵原粉进行处理，具体方法：按照99%噁霉灵1g兑水3~4kg的比例配制药液，并均匀喷洒在基质上。

（4）配制营养液

蔬菜工厂化育苗多是采用混合基质，营养液是作为补充营养，一般不要用过高的浓度。喷洒的营养液浓度过高，蒸发量过大时，幼苗叶缘容易受害，穴盘基质中也容易积累过多的盐分，从而影响幼苗正常生长发育。常用的营养液配方如下。

日本山崎的甜椒营养液配方：四水硝酸钙 354mg/L，硫酸钾 607mg/L，磷酸二氢铵 96mg/L，七水硫酸镁 185mg/L，乙二胺四乙酸铁钠盐 20～40mg/L，七水硫酸亚铁 15mg/L，硼酸 2.86mg/L，硼砂 4.5mg/L，四水硫酸锰 2.13mg/L，五水硫酸铜 0.05mg/L，七水硫酸锌 0.22mg/L，钼酸铵 0.02mg/L。

山东农业大学的辣椒营养液配方：四水硝酸钙 910mg/L，硫酸钾 238mg/L，磷酸二氢钾 185mg/L，七水硫酸镁 500mg/L，硼酸 2.86mg/L，四水硫酸锰 2.13mg/L，五水硫酸铜 0.08mg/L，七水硫酸锌 0.22mg/L，钼酸铵 0.02mg/L。

以上配方为蔬菜无土栽培成株所用的配方，工厂化育苗所用浓度为成株栽培浓度的 1/2 时，对幼苗生长无影响。

### 3. 基质装盘及播种

辣椒工厂化育苗一般采用 72 孔塑料穴盘。播种前先将调配好的基质喷湿，至手捏成团即可装入穴盘，表面用木板刮平。而后，将装好基质的穴盘叠放在一起，用双手摁住最上面的育苗盘向下压，这样上边穴盘的底部会在其下面穴盘基质表面的相应位置压出深约 0.5cm 的凹穴。在育苗盘中播种多采用单粒点播，即每个播种穴播 1 粒有芽的种子。播种后覆上一层 0.5cm 左右干基质并轻轻压紧。大型育苗企业工厂化穴盘育苗多采用气吸式精量播种机播种，可大幅度降低劳动强度。籽粒分布均匀、深度一致、出苗整齐。

### 4. 苗期管理

出苗后及时除去覆盖物，防止幼苗徒长。及时间苗，如果将来采用单株定植方式，每穴只留 1 株幼苗，多余的幼苗用剪刀从茎基部剪断；如果采用双株定植方式，每穴留 2 株健壮幼苗。

（1）温度管理

工厂化育苗采用温度自动控制系统，辣椒育苗不同生育阶段掌握不同的温度，具体指标为，播后出苗前：白天气温 25～28℃，地温 20℃左右，6～

7d 即可出苗，温度低时必须充分利用各种增温、保温措施，务求苗齐苗全。出苗后到子叶展平：白天 23~25℃，夜间 10~15℃。子叶展开至 2 叶 1 心，温度控制在白天 25℃上，夜温 20℃左右，夜温可降至 15℃，但不能低于 12℃，有条件的可在 3 叶 1 心前进行补光，有利培育壮苗。定植前 2 周左右逐步降低温度，白天 15~20℃，夜间 8~10℃，以便幼苗移栽时能较好适应露地环境。

（2）水分管理

采用自走式悬臂喷灌系统可机械设定喷洒量与喷洒时间，洒水无死角、无重叠区，并可加装稀释定比器配合施肥作业，解决人工施肥难的问题。种子萌发期，基质相对湿度维持在 95%~100%，供水以喷雾粒径 15~18μm 为佳；子叶及展根期，水分供给应稍减，基质相对湿度降至 80%左右，增加基质通气量，以利于根部生长；至真叶生长期，供水应随苗株生长而增加；炼苗期，应限制给水以健壮植株。此外，在实际操作中还应注意：阴雨天日照不足且湿度较高时不浇水；15：00 以后不浇水；穴盘边缘植株易失水，应及时补水。

（3）施肥管理

萌芽期施肥浓度要低，多次喷施 25~75mg/kg 的硝酸钾；在子叶及展根期可施用浓度为 50mg/kg 的复合肥（20-20-20）；真叶生长期（3~4 叶期）若发现叶面呈黄绿色，出现脱肥现象，可增至 125~350mg/kg；为培育壮苗，成苗期应减少施肥。

（4）矮化技术

培育矮化健壮的幼苗是穴盘育苗的目标，一般采用温、光、水、肥等因子加以调控。

光照：植株在强光下节间会短缩，在弱光下节间易伸长而导致徒长。因此，在穴盘育苗生产上，虽考虑成本不提倡补光，但温室覆盖物应选择透光率高的材料。

温度：在适宜的温度范围内，育苗阶段应尽可能降低夜间温度，加大昼夜温差。

水分：适当地限制供水可有效矮化植株，并使植物组织紧密，轻微缺水可缩短节间长度，增加根部养分含量，利于穴盘苗移栽后恢复生长。

肥料：降低氮肥用量，尤其是铵态氮肥的用量，可酌量追施硝态氮肥。钾、钙、硅肥则能有效增加幼苗的硬度，增强抗病能力。

生长调节剂：常用的生长调节剂有矮壮素、多效唑、烯效唑等。适量施用抑制剂可有效矮化植株，培育壮苗，防止徒长。一般情况下，烯效唑使用浓度为多效唑的一半。上述生长调节剂如果超量使用，会造成幼苗生长矮缩，发育期推迟而影响其产量。

5. 炼苗

穴盘苗移出温室定植前适当控水，以增强幼苗对缺水的适应能力。夏季育苗，移栽前增加光照，尽可能创造与田间一致的环境条件。早春育苗，移栽前将幼苗置于较低的温度环境下炼苗 3~5d。在确定移栽前 15d 左右对辣椒幼苗进行低温、通风、适度控水锻炼。多数育苗基地建有炼苗大棚，将穴盘移入炼苗大棚中，温度锻炼可将夜间温度降低到 9℃左右，从而增强幼苗的抗冷性；水分、湿度管理要及时通风降湿，以达到培育壮苗的目的。辣椒壮苗标准为株高 15~20cm，茎粗 0. 5~0. 8cm，6 叶 1 心，叶色浓绿，并略显紫色，根系发达，无病虫害。

6. 病虫害防治

辣椒工厂化育苗主要病虫害是猝倒病、立枯病和蚜虫。防治上主要以预防为主，通过培育壮苗、挂设防虫网、诱虫板等手段杜绝各种传染途径。防治猝倒病和立枯病的一般措施：播种前基质消毒，控制浇水，浇水后放风以降低空气湿度。发病初期喷施多菌灵或代森锌 800 倍液。蚜虫的防治一般在育苗车间张挂黄色诱虫板或用 10%烟碱乳油 500~1 000倍液喷洒 1 次，低毒、低残留、无污染，成本较低。

## 三、辣椒漂浮育苗技术

漂浮育苗是将草炭、蛭石和珍珠岩等基质按照一定比例配制后放入聚苯乙烯育苗盘作为种子和植株的载体，再将育苗盘放入育苗设施内的营养液池中进行漂浮式育苗的一种育苗方式。漂浮育苗与常规育苗相比，具有以下优点：占地面积小，育苗效率高；幼苗生长快，育苗周期短；根系较发达，秧苗素质好；易成活、易运输等。漂浮育苗技术 20 世纪初开始应用在辣椒上，此后推广面积逐渐增加，已成为辣椒育苗的一种重要方式。

1. 育苗设施的建造

（1）苗床场地的选择

选择避风向阳、地势平坦、地下水位低、远离建筑物、靠近水源的场地建棚。育苗用水可用自来水、清泉水，不可用未经消毒处理的塘、沟、田中的水。

（2）育苗棚的制作

育苗棚按形状大小可分为连体棚、独体棚、大棚、中棚、小棚等。根据育苗需要及地形情况，可自行安排棚的大小。外形规格、棚架材料可根据实际情况自行决定但要求棚架牢固，棚膜用无滴膜，门窗易于开启，且可满足通风降温要求，有条件的可加装 40 目防虫网、遮光率为 70%～80%的遮阳网。

（3）育苗池的建造

可根据大棚实际情况设计漂浮池的长度，宽度根据各地育苗盘的规格而定。池埂采用红砖、空心砖或土坯做成，宽 50cm 为宜。用黑色尼龙塑料薄膜或 0.010～0.012mm 的厚膜铺底，膜的边缘要盖在池埂上。最好能在薄膜一侧做个标尺，这样便于以后掌握灌水高度和施肥浓度。苗床做好后，于播种前 1 周灌水，盖上薄膜以提高水温，并检查是否漏水，如发现渗漏应及时更换薄膜或彻底补好漏洞。育苗池中每吨水撒入 10g 左右的粉末状漂白粉进行消毒，然后关闭棚膜对大棚进行增温，2d 后适当搅动育苗池水使消毒过程中产生的氯气自动逸出，以待播种。

## 2. 育苗前准备

（1）育苗盘的选择

漂浮育苗盘规格 68cm×34cm，育苗盘孔径 2.5cm、深 0.8cm，向下呈“V”形，盘底部有一圆孔，根系可通过圆孔深入育苗池，单盘 200 穴。新购的漂浮盘可直接使用，不需消毒；用过后的必须消毒。清除盘内杂物后用 1%的生石灰水浸泡 1d 左右；或用 15%次氯酸钠溶液喷洒或浸泡，用塑料薄膜密封 1d；或用 0.05%～0.10%高锰酸钾溶液喷洒或浸泡 1h，清水冲洗干净后备用。

（2）基质的选择

基质质量是漂浮育苗成功的关键，基质要求具有良好的物理性能、通透性好、化学性质稳定，最好选用配制好的专用基质。基质也可自行配制，其主要原料为草炭、珍珠岩、蛭石，比例为 2∶1∶1。基质都需要添加杀菌剂，可选用 50%多菌灵可湿性粉剂。

（3）装盘

首先，将基质喷水，使基质湿润，达到手握成团、碰之即散时装盘，边装边轻敲育苗盘边缘使孔内基质松紧适度。装填中避免拍压基质，如果装填过于紧实，苗穴基质透气性差，根系活力降低，会生成很多螺旋根；另外，装填量过大，苗盘入水过深，盘面过湿，绿藻容易滋生。要调整好基质水分含量；基质不能过于干燥，装填不实，苗穴底部中空，使基质不能与营养液接触而干穴，种子不能萌发。将基质均匀装满漂浮盘后刮平，再用木板轻拍浮盘四边或墩盘 1～2 次，墩盘高度 8～10cm，使基质充分接触，并自然形成约 0.5cm 的孔穴深度，用食指和中指轻按形成孔穴的方法最实用。有配套播种器的，可采用或制作相应的压穴板压穴，确保适宜的播种深度。

（4）播种

适时播种。育苗过早，气温低导致烂种；过晚，苗龄小，栽后成活率低。每穴播种 1～2 粒。将竹筛装入少量基质，在播好种的盘上来回筛盖，以不现种子即可，不可将基质盖得过厚，以免种子难以出苗。装盘播种盖种后，清理盘四周及底部的基质。将盘放入水中并覆盖地膜，育苗盘放入育苗池 1h 左右，基质可充分湿润。要让其自然吸水，切勿用力下沉育苗盘试图加快吸水，避免基质流失。

（5）营养液添加

可直接购买营养全面的育苗专用营养液肥，也可自行配制。自行配制时选用复合肥（氮磷钾比例为 1∶1∶1），浓度为 0.01%。育苗池前期不需要添加营养液，当幼苗真叶长出时添加 1 次。施肥前先将池内水加深到 10～15cm，计算出育苗液的体积，再根据营养液的浓度（苗期一般采用 0.01%）计算需要肥料量。然后充分溶解肥料，再将育苗盘取出，将营养液倒入育苗池搅拌均匀后，再将育苗盘放入池中。以后可根据幼苗的生长情况判断是否缺肥，适当添加营养液，保证幼苗健壮。

### 3. 苗床管理

（1）棚内温湿度的管理

辣椒种子发芽适宜温度 25～30℃，发芽需要 5～7d，低于 15℃或高于 35℃时种子均不发芽。苗期要求温度较高，白天 25～30℃，夜晚 15～18℃最好，幼苗不耐低温，要注意防寒。育苗棚应经常通风排湿，保持空气相对湿度小于 90%（即干湿球温度差大于 1.5℃）。在整个育苗阶段的前 15d 以调控温度促出苗整齐为主，中间的 25d 以调控温度促根为主，后 25d 以调控温度蹲苗为主。从出苗到真叶出现，以保温为主，棚内温度低于 15℃时，应及时采取保温措施。而高于 30℃，应及时采取通风、换气、遮阴、喷水等方法降温，防止高温烧苗，下午及时盖膜。采用小棚育苗的，要在拱棚两侧对称剪开高约 10cm、宽约 20cm 的扁圆形通风孔，每隔 50cm 开启一对，从而避免出苗时晴天升温过快而对小棚幼苗造成不利的影响。

（2）水肥管理

当育苗池中的水因蒸发低于固定水位 2cm 时，及时补水至固定水位，以保持营养液正常浓度。在育苗过程中，若发现水位短时间内较快下降，应检查水池薄膜是否漏水。若是薄膜漏水，应及时更换薄膜。

（3）间苗和定苗

当幼苗达 1~2 片真叶时，及时间苗定苗，保证每穴一苗，使幼苗均匀整齐。

（4）炼苗

炼苗是提高幼苗抗逆性和移栽成活率的重要措施之一。移栽前 7~10d，根据苗情，每天晚上将苗盘从苗池中取出，放在苗床边或用竹竿架于池埂两边将苗盘托起断水，次日早晨再将苗盘放入苗池中。移栽前 3d，从营养液中取出育苗盘，大棚两侧昼夜大通风。炼苗程度以幼苗中午发生萎蔫、早晚能恢复为宜。一般要求长出新根、叶色淡绿时才能移栽。

### 4. 辣椒漂浮育苗常见问题及防治

（1）辣椒猝倒病

猝倒病是辣椒漂浮育苗生产中的主要病害，苗床卫生是防病的最主要措施，苗床通风排湿、加强光照能有效减少发病。建立无病苗床，新漂浮盘不用消毒，旧盘要消毒。用 70%甲基硫菌灵可湿性粉剂 500 倍液对苗池消毒；预防可用 80%克菌丹 20g+1 000亿/g 枯草芽孢杆菌 30g 兑水 15kg 喷雾，治疗可用 80%克菌丹 20g+32%甲霜·噁霉灵 5g 喷雾。

（2）辣椒灰霉病

辣椒灰霉病是苗期最常见又易发生的一种病害，如果发病，比较难控制。用 40%嘧霉胺 25g 兑水 30kg 或 50%啶酰菌胺 10g 兑水 15kg 进行喷雾，每隔 7d 防治 1 次。

（3）冷害

早春育苗，由于气温不稳定，有时会出现持续寒流，棚温夜间陡降，发生冷害。冷害发生后，幼苗叶片边缘内卷或舌状伸展，舌状叶和心叶的颜色发白或浅黄色，甚至出现幼苗畸形，生长停止。一般经过 4~5d 连续的温暖条件，幼苗可自行恢复生长。

（4）盐害

高温、低湿和过度的空气流动都可促使基质表面水分的大量蒸发，导致苗穴上部肥料中盐分的积累。盐分积累主要在基质上部 1.3cm 处，严重时能造成幼苗死亡。出苗至根系从基质透入营养液期间，是易于发生盐害的阶段。发生盐害时，苗盘可见基质表面发白，有盐分析出，通过喷水淋溶，即可消除盐害。

（5）虫害

危害漂浮育苗生产的害虫主要有蚜虫、蛞蝓、潜叶蝇等，可用 90% 敌百虫1 000倍液、万灵3 000~4 000倍液等防治。

（6）绿藻

苗床空气湿度过大、采用腐熟不充分的秸秆为基质材料、水面直接受光照时易产生绿藻。因此，在制作苗池时，依照苗盘的数量确定苗池的大小，尽可能使苗盘摆放后不暴露水面，若有露出水面的地方，宜用其他遮光材料将其覆盖。用浓度为 0.025% 的硫酸铜可在 24h 内有效灭杀绿藻。

（7）螺旋根

螺旋根是呈螺旋状或扭曲呈不规则形状的、不产生侧根的僵化根系。避免螺旋根的主要措施：一是基质的有机质含量不宜过高，装盘疏松，否则通气不良，易产生螺旋根；二是低温寡照天气；三是确保基质不漏失；四是避免成苗期接受过强的光照。

（8）烧苗

若棚内温度超过 30℃，需注意揭开棚的两头和中间通风，以防止烧苗。

## 四、苗情诊断

培育适龄健壮的幼苗是育苗的目的。壮苗的育成与育苗过程中每项措施都紧密相连。因此，熟悉并掌握壮苗的标准，了解幼苗生长的异常表现及其发生原因，并采取相应的措施加以管理和调整，是育苗者不可缺少的知识。

### 1. 壮苗标准与壮苗指数

（1）壮苗标准

加工型辣椒种子实生苗的壮苗标准：品种纯度≥98%，幼苗子叶完整、6 叶 1 心，茎秆粗壮，节间短，叶片深绿、厚实、舒展，根系发达，侧根白，无病虫害。一般株高 15~20cm，茎粗 0.5~0.8cm，苗龄 60d 左右。

（2）壮苗指数

壮苗指数是衡量幼苗素质的数量指标。它与辣椒的优质、丰产有密切关系。壮苗指数的计算方法有多种，但以“壮苗指数=（茎粗/株高+根干物质量/地上干物质量）×全株干重”这种计算方法应用较多。

### 2. 幼苗的异常表现、原因及解决办法

辣椒的苗期性状多为数量性状，辣椒不同环境条件下的幼苗形态不同，如果幼苗生长环境相对较差，容易发生病害、生理性病害和其他问题，影响幼苗质量。

（1）种子不出苗

播种 10d 后不出苗，应及时检查苗床种子状况，如种胚呈白色且有生气，则可能是由于苗床条件不适，如床温太低、床土过干等，造成不出苗。对温度低的要设法提高床温，对床土过干的要适当浇水。如果种胚已变色腐烂，在湿度、温度过高的情况下是“沤种”表现，如苗床温度和湿度正常，说明是种子本身不发芽，为陈年种子，应及时补播。

应对措施：一是浸种催芽。育苗前浸种催芽是保证种子出苗整齐的关键技术，避免了种子发芽率低的损失。可先温水浸种 7~8h，浸种后在 25~30℃条件下催芽，70%左右种子露白即可播种。二是保湿。播种前先在整平的床面上浇足底水，标准为 8~12cm 内土层湿润，播种后均匀覆土 0.5~1.0cm，在苗床上覆盖地膜。三是保温增温，出苗温度以 25~30℃为宜，地温不应低于 15℃。如果气温和地温达不到要求，应通过增加覆盖物等措施解决。

（2）种子出苗不整齐

种子出苗不齐是辣椒育苗中常见的问题之一，常见的有整栋育苗棚、育苗棚内不同育苗床、同一育苗床不同位置出苗不齐这 3 种现象。整栋大棚全部苗床出苗不齐，可能是种子质量问题；大棚内不同育苗床出苗有差异，可能是温度、湿度不均匀的问题；同一苗床出苗不齐，可能是湿度和覆盖土不匀的问题。

应对措施：播种前浸种催芽，将不同发芽势和发芽率高的种子分开播种，区别对待，加强管理；大棚内不同部位温度不同，两边和中央育苗床温度有差异，特别是夜间温度差异更大，气温较低时，靠大棚外侧的育苗床加盖一层草帘或其他覆盖物保温，电热线铺设时，计算好长度和功率，两边苗

床铺线密度比中间稍密；保持棚膜完整，平整苗床，浇足底水、均匀覆土，使苗床各部位温度、湿度、透气性一致。

(3) 幼苗“带帽”

辣椒育苗时，会出现辣椒幼苗出土后种皮不脱落，夹住子叶的现象，称为“顶壳”或“带帽”。“顶壳”的子叶不能展开，妨碍光合作用，使幼苗生长不良，发育迟缓而形成弱苗，部分幼苗由于长时间不能将种皮顶开而死亡。主要原因：覆土太薄，种皮受压太轻；覆土后未用薄膜覆盖，底墒不足，种皮干燥发硬不易脱壳；种子质量差、生活力弱等引起“戴帽”现象。

应对措施：苗床浇透底水，覆土均匀，厚度适当；及时覆盖薄膜，保持土壤湿润；表土过干，可适当喷洒清水，使土表湿润和增加压力，帮助子叶脱壳；当有80%左右种子出苗时，揭开地膜，并适量喷水保湿；少量“戴帽”苗可在适当喷水湿润后人工去帽。

(4) 僵苗

早春辣椒育苗期间，由于管理不到位，造成床土过干、苗床温度过低，营养不足，苗龄过长等；经常出现“僵苗”现象。幼苗表现为生长缓慢或停滞、根系老化生锈、茎秆矮化、节间短、叶片小厚、颜色深暗无光，老化苗定植后生长缓慢，开花结果迟，结果期短，容易衰老。原因：床土过干，床温过低，用育苗钵育苗时，因与地下水隔断，浇水不及时而造成土壤严重缺水，加速了秧苗老化。

应对措施：加强温度管理，如果地温低于10℃时间超过5d，则容易出现“僵苗”，可通过加温保证育苗期间适宜温度；加强水分管理，前期由于温度较低，空气湿度大，可加强苗床水分控制，当幼苗正常生长所需的水分要求不能满足时，可选择适当时机和方法补充土壤水分；推广以温度为支点、控温不控水的育苗技术；蹲苗要适度，低温炼苗时间不能过长，水分供应适宜，浇水后及时通风降湿；发现“僵苗”后，除注意温湿度的正常管理外，可以在“僵苗”上喷洒10~30mg/kg的赤霉素或喷施叶面宝等，也可用0.2%活力素液+0.5%磷酸二氢钾液+0.2%尿素混合液叶面喷洒，或用保得土壤接种剂叶面喷洒等。

(5) 幼苗徒长

徒长苗即“高脚苗”，具体表现为茎秆细长、节稀、叶薄、色淡、组织柔嫩、须根少等。徒长苗定植后缓苗慢，生长慢，容易落花落果，抗逆和抗病性均较差，比壮苗开花结果要晚，不易获得早熟高产。原因：光照不足，夜温过高，氮肥和水分过多；播种密度过大，苗相互拥挤而徒长；苗出齐前后，温度管理不善，床温过高。

应对措施：选择背风向阳、地势较高、棚外无建筑物或大树的地方建棚，一般采用新膜或把旧膜清洗干净，提高透光率，增强光照；播种量适宜，出苗较多时要及时间苗；及时通风，严格控制温度；加强肥水控制，合理追肥和浇水，避免氮肥和水分过量；如有徒长现象可用生长抑制剂叶面喷雾。可用200mg/kg矮壮素苗期喷施2次，控制徒长、增加茎粗，促进根系生长。矮壮素喷雾宜在上午10：00前进行，处理后可适当通风，禁止喷后1~2d内向苗床浇水。也可喷2 000~4 000mg/kg的比久。

（6）沤根

具体表现为根部生锈，严重时根系表皮腐烂，不长新根，幼苗易枯萎。原因：床土温度过低，湿度过大。

应对措施：合理配制营养土，保证育苗期幼苗生长所需要的营养和通气要求；根据天气状况适量浇水，连续阴天时选择适当时机少量浇水；连续低温多雨天气，选择适当时机通风换气，降低空气湿度；出现沤根，加强通风排湿，增加蒸发量；勤中耕松土，增加通透性，撒草木灰加3%的熟石灰或1：500倍的百菌清干细土等。

（7）烧根

具体表现为幼苗根尖发黄，不长新根，但不烂根，地上部分生长缓慢，矮小脆硬，不发苗，叶片小而皱，易形成小老苗。造成烧根的主要原因有以下几种：化肥浓度过大；有机肥未经充分腐熟；追施促苗肥过量或方法不当；土壤干燥，土温过高。

应对措施：选用充分腐熟的有机肥配制营养土，追肥少用化肥，控制施肥浓度，严格按规定使用；适当浇水，保持土壤湿润；温度过高时，及时通风降温；发现烧根苗时，适当多浇水，降低土壤溶液浓度，并视苗情增加浇水次数。

（8）闪苗和闷苗

幼苗生长后期温度变化幅度大，内外温差大，如果通风口过大，幼苗不能适应温、湿度的剧烈变化，很容易失水，造成叶缘干枯、叶色变白，甚至叶片干裂，发生闪苗。通风不及时，由于长时间在低温高湿、弱光下生长，幼苗营养消耗过多、抗逆性差，幼苗不适应大棚内外的温、湿度变化，容易出现凋萎，发生闷苗。原因：前者是猛然通风，苗床内外空气交换剧烈引起床内湿度骤然下降。后者是低温高湿、弱光下养分消耗过多，抗逆性差，久阴雨骤晴，升温过快，通风不及时而不适应。

应对措施：及时通风，从背风面开口，通风口由小到大，时间由短到长；阴雨天气尤其是连续阴天应选择时机揭帘揭膜，增加光照；用磷酸二氢钾等对叶面和根系追肥，促进幼苗生长。穴盘育出苗后温度过高时，应及时遮阳通风降温，也可在中午日照太足时用报纸等遮在穴盘上，防止灼伤幼苗。

（9）冷害和冻害

冷害和冻害一般在极端低温情况下发生，因而容易被忽视。育苗过程中遇到轻微低温，出苗时间过长，幼苗会产生黄色花斑，生长缓慢；若遇到0℃左右的天气可发生冷害，叶尖、叶缘出现水渍状斑块，叶组织变成褐色或深褐色，后呈现青枯状；遇到0℃以下温度可发生冻害，幼苗的生长点或上部真叶受冻，叶片萎垂或枯死。

应对措施：改进育苗方法，利用人工控温育苗方法，如电热温床和工厂化育苗等是解决秧苗受冻问题的根本措施；增强秧苗抗寒力，低温寒流来临之前，应尽量揭去覆盖物，让苗多见阳光和接受锻炼。在连续低温阴雨期间，若床内湿度大，秧苗易受冻害，因此要控制苗床湿度。床内过湿的可撒一层干草木灰。天气转晴时，应使气温缓慢回升，使秧苗解冻，恢复生命力；如果升温太快，秧苗的细胞组织易脱水干枯，造成死苗；增施磷钾肥，苗期使喷布0.5%~1.0%的红糖水或葡萄糖水，可增强秧苗抗寒力，3~4叶期喷施0.5%的氯化钙溶液2次（每次间隔7d），也可增强秧苗的抗寒性；寒潮期间要严密覆盖苗床，只在中午气温较高时可以短时间通风换气，但要防止冷风直接吹入床内而伤苗。

### 3. 苗期主要病害

（1）猝倒病的识别与防治

猝倒病是辣椒苗期的主要病害之一，其症状有烂种、死苗和猝倒。表现为幼茎基部出现水渍状暗斑，湿度大时病苗附近地面常密生白色棉絮状菌丝，发病较重时，幼苗茎部腐烂，迅速匍匐倒地，即为“猝倒”，营养土未消毒或消毒不彻底，苗床过湿，幼苗过密，间苗不及时，有利于病原菌的发生和蔓延；施用未腐熟的有机肥，连续阴雨，光照不足，长时间低温，通风不良等也容易引发猝倒病。

防治措施：加强苗床管理，根据苗情适时通风，避免低温高湿；苗期喷施磷酸二氢钾500~1 000倍液，提高抗病力；药剂防治可用75%百菌清粉剂800倍液、或64%杀毒矾可湿性粉剂500倍液、或甲基托布津1 000倍液等喷雾，隔 7~10d 喷 1 次，连续用药 2~3 次。

（2）立枯病的识别与防治

立枯病是辣椒苗期的主要病害之一。小苗和大苗均能发病，刚出土的幼苗易感染。病苗基部变褐，病部缢缩，病斑绕茎 1 周后幼苗多站立凋枯死亡；病部初为椭圆形暗褐色斑，有同心轮纹，可见淡褐色蛛丝状霉。防治措施：加强苗床管理，提高地温，根据苗情适时通风，避免苗床高温高湿；喷施辣椒植宝素 75~90 倍液或 0.1%~0.2%磷酸二氢钾，提高幼苗抗病能力；药剂防治采用 50%速克灵可湿性粉剂 1 500倍液、或 20%甲基立枯磷乳油 1 200倍液、或 36%甲硫菌灵水剂 500 倍液等喷雾，间隔 7~10d 喷 1 次，连续用药 2~3 次。

（3）灰霉病的识别与防治

灰霉病是辣椒苗期的主要病害之一。在辣椒幼苗后期发生，幼苗染病多在叶尖开始腐烂，由叶缘向内呈“V”形向四周蔓延，叶片病部腐烂后长出灰色霉层；茎上染病后可见水渍状不规则斑，绕茎 1 周，其上部茎叶蔫死，病部表面有灰白色霉状物。

防治措施：控制温湿度，严防低温高湿，加强通风透光，降低苗床湿度，避免浇水后遭遇阴雨天，防止叶面结露；减少氮肥施用量；药剂防治采用 50%多菌灵可湿性粉剂 500 倍液，或 50%速克灵可湿性粉剂 2 000~2 500 倍液，或 50%扑海因可湿性粉剂 800 倍液等喷雾，每隔 7~10d 喷 1 次，连续用药 2~3 次。

（4）辣椒疫病的识别与防治

辣椒疫病在苗期发生，茎基部出现暗绿色水渍状缢缩，病斑近似圆形，棚内环境湿热时扩展很快，几天后发病处出现软腐，是一种发病周期短，流行速度快的毁灭病害。

防治措施：种子消毒、床土消毒；加强育苗期管理，通过加温和通风等措施调节大棚内温度和湿度，幼苗密度过大时及时清除弱苗；发现病情，立即拔除中心病株，并用 800~1 000倍的 75%百菌清、50%多菌灵或 65%代森锰锌喷施，每隔 7~10d 喷 1 次，连喷 2~3 次。

## 五、加工辣椒绿色高产栽培技术

加工型辣椒是我国出口创汇的主要蔬菜作物之一，在我国的陕西、四川、贵州、湖南、湖北、新疆、内蒙古、山东、辽宁、吉林、河南等地均有大面积种植。加工型辣椒多为露地栽培种植，生产成本低、技术较易掌握，产品易贮藏运输，种植加工型辣椒已成为广大农民致富的重要途径。据调查，加工型辣椒一般每 667m$^2$可产鲜红椒2 000～3 000kg，可产干椒 250～400kg；高产田块的鲜椒、干椒每 667m$^2$ 产量分别达到4 000kg 和 500kg，效益十分可观。

### 1. 栽培季节与栽培制度

（1）栽培季节

加工型辣椒生育期较长，一般为 150～200d，在国内各主要产区均为一年栽培一季，而且生产上以采收鲜红辣椒和晒制干椒为目的，绝大部分产品为“订单辣椒”，主要供应辣椒加工企业，常年销售价格波动不大，保持相对稳定，因此，加工型辣椒主要是露地栽培，一般不需要进行春提早或秋延迟设施栽培。

各地辣椒栽培季节的确定，主要根据辣椒生长发育对环境条件的要求如温度、光照等，以及当地的土壤、气候和农业生产条件等而定，一般掌握的原则：尽量将辣椒的生育期，尤其是产品器官形成期（结果期），安排在当地最适宜或比较适宜的季节或月份进行栽培，以获得优质和高产。

辣椒属于喜温类蔬菜，其生长发育的最适温度为 20～30℃，最低温度为5℃，发芽出苗的最适温度为 25～30℃，最低温度为 10℃。辣椒果实发育成熟期要求光照充足，降水较少，昼夜温差大。综合上述要求，南方地区干红椒多在夏秋季节栽培，而北方地区均在春夏季栽培。

以黄淮海地区辣椒栽培为例，一般春季当地 10cm 地温稳定在 12℃以上，且安全渡过当地终霜期后，辣椒等喜温类蔬菜可以播种或定植。山东、河北等地 4 月中下旬为辣椒适宜的播种或定植期。生产上为了充分利用最适宜的栽培季节，提早收获，延长结果期，提高产量，各地广泛应用各种育苗设施进行早春育苗，适时定植。辣椒从播种到长至 5～6 片真叶需 50～60d，因此，辣椒育苗移栽适宜的播种期为 2 月中下旬至 3 月上旬。

（2）栽培制度

栽培制度是指蔬菜的茬口安排及轮作和间套作等制度设计。加工型辣椒在全国各地种植均为一年一大茬，南方多为夏秋茬栽培，8 月上中旬播种或定植，10 月上旬开始收获，12 月上旬拔秧；北方多为春秋茬栽培，4 月中下旬播种或定植，8 月下旬开始收获鲜红辣椒，10 月上旬拔秧，集中晾晒干红辣椒。

辣椒不耐连作，长期连作会破坏土壤养分的平衡，使土壤肥力下降，某些矿物质元素缺乏，恶化土壤理化性状，其根系分泌物影响土壤酸碱度，且连作对土壤结构也有不良影响；导致根腐病、黄萎病等土传病害发生严重。辣椒连作2年以上，往往就会植株生长不良、病害加重，产量明显下降，果实变小，品质变劣。

辣椒的轮作年限主要根据当地栽培面积大小和其他主栽作物种类多少而定，同时还与养地作物后效长短、人均土地多少及当地的自然环境条件等因素有关。辣椒的轮作年限一般是需间隔2~3年。如果当地倒茬轮作确有困难，辣椒连作也不能超过2年。

实践证明，不同生态型的作物间换茬效果较好，而同科作物由于易感染相同的病虫害，换茬效果较差。一般生产上辣椒多与小麦、玉米、水稻等粮食作物或葱蒜类作物轮作，效果较好，有条件的地区最好采取水旱轮作。

辣椒生育期较长，根系较浅，喜温耐阴，特别是辣椒田播种或定植前及收获后，田间有5个多月的休闲时间，因此，辣椒是非常适合间作套种的作物。为了充分利用地力和光能，各地也在不断探索、实践辣椒与其他蔬菜和粮食作物的间作套种模式，各种立体种植模式不断涌现，已成为“椒—菜”“椒—粮”双扩双增、增加复种指数、提高单位面积产量、促进农民增收的一条重要途径。

根据各地研究及生产实践表明，辣椒合理地间作套种，可以建立田间合理的群体结构，使田间群体的受光面积由平面变为波浪式受光面，构建合理的作物复合群体，满足不同作物对光照强度的不同要求，提高光能利用率；充分利用土壤地力，提高土壤中各种营养元素的利用率，还便于维持土壤溶液中的离子平衡，保证作物的正常生长发育；改善田间小气候，改善群体叶层内的温度、湿度及二氧化碳的分布状况，有利于群体光合生产率的提高和作物抗逆性的增强，从而减轻某些病害的发生。据调查，辣椒与玉米间作时，由于玉米的遮阳及诱集作用，辣椒果实的日烧病及田间棉铃虫、蚜虫等害虫危害明显减轻。

辣椒间作套种组合方式的原则和经验：植株高矮搭配、根系深浅搭配、生长期长短搭配，喜光和耐阴搭配。山东省德州市农业科学研究院多年来开展了包括辣椒在内的立体种植的研究与开发工作，目前在辣椒上推广应用的主要模式有“小麦—辣椒—玉米”“大蒜—辣椒—玉米”“洋葱—辣椒—玉米”等。有关技术要求在下一部分有专门的章节介绍。

### 2. 品种选择

加工型辣椒栽培为越夏露地栽培，应选择耐热性强、抗病性突出、产量高、品质好的中晚熟品种；同时考虑品种的加工特性，要求果实颜色鲜红、加工晒干后不褪色，有较浓的辛辣味，果实色价高，果肉含水量小、后期自然脱水速度快，干物质含量高等特点。目前生产上普遍选用的普通椒品种有德红1号、英潮红4号、世纪红、金椒、干椒3号、干椒6号、益都红、北京红、鲁红系列、金塔系列辣椒品种等，朝天椒品种有日本三樱椒、天宇系列、红太阳系列辣椒品种等。

### 3. 整地与施肥

辣椒栽培要求土壤疏松通气，因此最好在年前秋冬季前茬作物收获后，及时清洁田园，深翻土地（深30~40cm），冻垡风化，通过深耕冻化能提高土壤的通透性。辣椒定植前30d左右进行第2次深翻（20cm）。在进行第2次深翻整地时，底土不宜整得过小过细，一般底层土块要求大如手掌，可增大底层土壤的孔隙度，以利于辣椒根系的呼吸；而表层土壤要整细整平，以利于定植后辣椒根系与土壤的结合，促进幼苗的成活和根系的生长发育，同时也有利于农事操作，中耕除草。

加工型辣椒生长期比较长，因此必须施足基肥，保证生育期间辣椒植株能够获得足够而均衡的养分，减少因追肥不及时而造成的落花落果现象。结合第2次深翻整地时，每667$m^2$施腐熟有机肥5~6$m^3$，同时每667$m^2$施氮磷钾复合肥（15-15-15）50kg。

北方地区一般采用平畦栽培，后期培土的种植方式。如想提早定植，可采用地膜覆盖栽培方式，即整平垄面后覆盖地膜，按照平均行距60cm计算，两行扣一幅宽1.2m的地膜，地膜要拉紧压实，紧贴地面，1周后即可定植。南方夏季雨水较多，为方便农事操作、排水和沟灌，一般采用窄畦或高垄，按1.5~2.0m开沟起垄，垄面宽1.0~1.5m。整好地后按中熟品种（0.4~0.5）m×0.5m，晚熟品种0.6m×（0.6~0.8）m的参考株行距挖定植穴。

### 4. 辣椒育苗

参见“辣椒工厂化育苗技术”部分。

## 5. 辣椒定植

加工型辣椒的定植时间主要取决于露地的温度情况，各地宜在晚霜期过后，当10cm深处土壤温度稳定在15℃左右即可定植，一般来说，露地栽培定植期应比地膜覆盖栽培晚5~7d。应根据当地气候条件，适时及早定植，可使辣椒植株在高温季节（7—8月）到来之前，充分生长发育而有足够大的营养体，为开花坐果打下基础。如果定植过晚，在高温到来之前，植株营养体不够大，还未封垄，裸露的土壤经太阳直射，致使土温过高，会影响根系生长，吸收能力减弱，进而影响地上部的生长，致使植株生理失调，诱发病毒病，严重影响辣椒产量。

辣椒定植宜选在晴天进行，晴天土壤温度高，有利于辣椒根系的生长，促进缓苗发棵，虽然晴天定植辣椒幼苗容易出现萎蔫，但这只是植物的一种保护性的适应现象，只要辣椒幼苗健壮，定植后出现某种程度的暂时萎蔫是正常的生理现象。阴雨天定植，植株虽然不发生萎蔫，但土壤温度低，不利于辣椒幼苗发根，成活率低，缓苗慢。辣椒种植密度与品种、土质及肥力水平有着密切的关系。一般早熟品种和朝天椒类型品种密度较大，而尖椒、线椒类型的中晚熟品种密度较小；土壤肥力较好的地块密度宜小，土质较为瘠薄的地块密度宜大一些。有些地区菜农在辣椒种植上有贪多图密的现象，造成单株结果少，病害偏重发生，影响辣椒产量和品质。据研究，在中等肥力条件下，尖椒、线椒类型辣椒每667$m^2$种植4 000~5 000株，朝天椒每667$m^2$种植6 500~7 000株。移栽时按既定密度，在地膜上按照28~30cm株距扎定植穴，尖椒、线椒类型辣椒单株定植，朝天椒类型品种双株定植。辣椒茎部不定根发生能力弱，不宜深栽，栽植深度以不埋没子叶为宜。栽苗时大小苗要分级，剔除病弱苗、老化苗。定植后要立即浇定植水，以利于促进根系复活，随栽随浇。干旱地区可用暗水稳苗定植，即先开一条定植沟，在沟内灌水，待水尚未渗下时，将幼苗按预定的株距轻轻放入沟内，当水渗下后应及时掩埋，覆平畦面。

近几年，随着农业机械化及其自动化程度的不断提高，移栽机在辣椒定植过程中逐步得到推广应用，其功能也越来越完善。移栽机可将垄体深松、成穴、施口肥、栽苗、注水等作业环节一条龙式地完成，辣椒移栽效率提高了10倍以上，每667$m^2$可降低人工成本200元以上。

### 6. 辣椒直播

在辣椒集中产区、辣椒规模种植园区以及种植大户，因采用育苗移栽用工较多，或持续时间较长，生产上多采用直播的方式。直播前土壤要深翻细耙，使土壤细碎平整，以便于播种和出苗。常见的有人工点播和机械条播2种方式。

（1）人工点播

整地施肥后，按带宽120cm作畦，垄面宽90cm，垄沟宽30~40cm，垄沟深15~20cm，在垄面播2行辣椒。4月上旬进行播种。采用挖穴直播方式，在垄面上按行距60~70cm、株距25~30cm挖穴，为防止辣椒出苗后遇到低温天气使幼苗受到冷害，采用深开穴浅覆土播种法。穴深5~6cm，每穴播种4~5粒，覆土1.0cm左右。如果播种时土壤墒情不好，要采取坐水播种法。覆土后将多余的土向穴的四周摊均匀，整平垄面，此时注意防止土溜进穴窝内，盖上薄膜后，在膜上每隔2m压一土堆，以防大风揭膜。

当辣椒出苗后即将顶住地膜时，选晴天下午或阴天及时放苗，放出苗后要将膜口向下按，使其贴紧穴底，用土封严膜口。放苗时一并疏苗，每穴留3株。当苗高达到15cm时，按照辣椒品种特性进行定苗。

（2）机械条播

辣椒播种机械一般选择小麦播种机。辣椒要求行距较大，因此在辣椒播种作业前，要对稻麦条播机做适当调整，可以通过间隔封堵排种箱内的排种口，在行距调节板上移动播种部件的位置，把行距调整为60cm；由于辣椒种子籽粒较小，顶土力较弱，播深调至0.5~1.0cm为宜。

由于辣椒的颗粒小且播量少，播种量难以控制，因此不能将辣椒种单独加入种箱，种子需根据品种的不同按1：（5~10）的比例配比炒熟的废旧辣椒种子，以控制播量。每667m²用种量400~500g，随播随覆盖地膜。

辣椒出苗后，要及时进行间苗。间苗时要按照“四去四留”的原则，即：子叶期去密留稀，棵棵放单；2~3叶期去小留大，叶不搭叶，留苗数为定苗数的1.5倍左右；5叶期去弱留强，去病留健。

直播的辣椒常因为播种不匀造成断垄缺苗现象，在4~5叶期应及时进行补苗。补栽苗可利用定苗时拔出的健壮、未伤根的幼苗。将苗打穴栽好后浇水，再用土盖住湿土以保墒，为提高成活率，在高温天气补苗时，可拔取田间杂草盖苗遮阳，避免叶片失水而萎蔫或干枯。

（3）机械精量播种

由于辣椒杂交种价格昂贵，为降低种子成本，应精量播种。根据不同辣椒品种的株距及每穴种子量的要求，用精量营养条带种子加工机制定相应的辣椒种子带。在多功能棉花覆膜播种机基础上，改装辣椒种子带以及打药机具，实现播种、除草、施肥、覆膜一体化机械播种。机具要保证辣椒种子带覆土厚度在1.0~1.5cm，种子带顺直，辣椒种子带中间的滚动轴要提前检查好，保证良好运转。调整施肥机具，使种肥深度在种子带下10cm左右。幼芽出土后，待苗与地膜接触时，及时破膜引出幼苗，防止膜内高温烤苗。

### 7. 田间管理

（1）水分管理

刚定植的幼苗根系弱，外界气温低，地温也低，浇定植水量不宜过大，以免降低地温，影响缓苗。浇水后，要及时中耕松土，增加地温，保持土壤水分，促进根系生长。缓苗后至开花坐果期，应适当控制水分，促使根系向土壤深处生长，达到根深叶茂。土壤水分过多，既不利于深扎根，又容易引起植株徒长，降低坐果率。当土壤含水量下降到20%时，应及时浇水，然后中耕。

辣椒坐果后长时间不灌水，就会造成土壤干旱，植株生长矮小，甚至会引起落花、落果，导致减产，因此露地辣椒灌水期一般在门椒长到最大体积时进行，早熟品种的灌水期可适当提前。进入盛果期，辣椒已枝繁叶茂，叶面积大，此时外界气温高，地面水分蒸发和叶面蒸腾多，要求有较高的土壤湿度，理想的土壤相对含水量为80%左右，每隔10~15d浇水1次，以底土不见干、土表不龟裂为准。辣椒进入红果期应控制浇水，一般进入8月中下旬后不再浇水，以免辣椒“贪青”而影响辣椒果实上色及品质的形成。

辣椒浇水前要除草、追肥，避免浇水后辣椒田发生草荒和缺肥。浇水前要多关注天气预报，看准天气，以免浇水后降雨，产生涝害，造成根系窒息，引起沤根和诱发病害。在发生辣椒病害的地块，不宜大水漫灌，以免引起辣椒病害传染流行的发生。

（2）追肥

应根据辣椒不同生长发育阶段的需肥特点进行追肥。遵循“轻施苗肥，稳施花肥、重施果肥、早施秋肥”的原则进行。

轻施苗肥：辣椒苗定植大田后到辣椒开花前这一阶段，施肥的作用主要在于促进植株生长健壮，为开花结果打好基础，一般在辣椒定植后7~10d，幼苗开始恢复生长，即可追施人粪尿等粪肥稳苗，肥液浓度要低。这一时期忌单施氮肥，防止植株徒长，延迟开花时间。如果大田底肥施入量充足，苗期可不用追肥。

稳施花肥：辣椒开花后至辣椒第一次采收前，施肥的主要作用是促进植株分枝、开花、坐果。一般每667$m^2$可施入氮磷钾复合肥15~20kg，不宜追肥太多，以免导致辣椒植株徒长，引起落花。如此时土壤缺肥，将严重影响辣椒植株的分枝、开花和坐果。

重施果肥：从第一次采收至立秋之前，植株进入结果盛期，是整个生育期中需肥量最大的时期，因此要多施肥，一般每667$m^2$追施氮磷钾复合肥25~30kg，必要时加尿素10kg。追肥要与浇水灌溉相结合，一般是开沟施肥后结合浇水或顺垄沟撒施肥料后马上浇水，要控制好肥料浓度，以免土壤肥料溶液浓度过高，引起落花、落果、落叶或全株死亡。

早施秋肥：秋肥可以提高加工型辣椒后期产量，增加秋椒单果重。可在立秋或处暑前后，每667$m^2$追氮磷钾复合肥20kg，促进辣椒发新枝，增加开花坐果数，秋肥追施过晚，气温下降，不利于辣椒开花坐果，肥效难以发挥作用，还会造成辣椒贪青晚熟。

（3）中耕培土

由于浇水施肥及降雨等因素，造成土壤板结，定植后的辣椒幼苗茎基部接近土表处容易发生腐烂现象，应及时进行中耕。中耕一般结合田间除草进行。辣椒生长前期进行中耕能提高地温，增加土壤的透气性，促进辣椒幼苗长出新根，促进辣椒根系的吸水吸肥能力。中耕的深度和范围随辣椒植株的生长而逐渐加深和扩大，以不伤根系和疏松土壤为准，一般中耕3~4次。辣椒植株封垄前进行一次大中耕，土坨宜大，便于透气爽水，以后只进行除草不再中耕。露地加工型辣椒一般植株高大，结果较多，要进行培土以防辣椒倒伏，在封垄之前，结合中耕逐步进行培土，一般中耕1次培土1次，田间形成垄沟，辣椒植株生长在垄上，使根系随之下移，不仅可以防止植株倒伏，还可增强辣椒植株的抗旱能力。

（4）植株调整

整枝可以促进辣椒果实生长发育，提高其产量和品质。门椒现蕾时应及时去除，同时，把门椒以下的侧枝要及时打掉。整枝应遵循“抓早抓小，芽不过指，枝不过寸”的原则，发现不结果的无效枝要及时打掉。

朝天椒的产量主要集中在侧枝上，主茎上产量仅占10%~20%，而侧枝上的产量却占80%~90%。朝天椒的主茎长到14~16片叶时顶端就会开花，这时侧枝还没有发足，只有中下层 3~5 条侧枝伸张开来，主枝顶端开花坐果后，营养供应中心就集中在顶端，并过早转入生殖生长，使中下部侧枝发育不良，侧枝数少，侧枝上果小、果少总产量就会降低，同时导致果成熟不一，因此主茎长到 14~16 片叶未开花即主茎现蕾（大约在 5 月底至 6 月初）时必须进行人工摘心，摘除主茎花蕾，限制主茎生长促进侧枝发育，提高辣椒产量。注意打顶后结合浇水，每 667$m^2$追施尿素 5~10kg，促进侧枝发育。

### 8. 辣椒“三落”的发生与防治

辣椒的落花、落果与落叶（“三落”）现象对产量影响很大。落花率一般可达 20%~40%，落果率达 5%~10%，温度过高或过低，辣椒授粉、受精不良是引起落花的主要原因。春季早期落花的主要原因是一方面，低温阴雨、光照不足，影响了授粉、受精的正常进行；另一方面，栽培管理不善，如施肥过多，植株徒长，栽植过密，通风透光不良或氮、磷缺乏等，也会引起落花、落果。土壤水分失调，过湿、过干或涝渍，妨碍根系生长，易引起落果、落叶。此外，一些病害、虫害，也会引起辣椒的“三落”。预防辣椒“三落”，要培育壮苗，增施有机肥、平衡施肥，加强辣椒植株调整，积极预防辣椒旱涝灾害，同时科学预防病虫危害，选择安全、高效的农药品种及正确的施药方法。

### 9. 辣椒主要病虫害的防治原则

辣椒病虫防治应“预防为主，综合防治”，以农业防治为基础，积极应用物理、生物防治方法，化学防治要掌握正确施药方法，减少化学农药用量，执行农药安全使用标准，使辣椒果实中农药残留不超标，确保符合无公害生产技术标准。对于出口加工产品有明确技术要求的，应严格按照相关技术规程进行。

### 10. 采收晾晒

辣椒果实作为鲜椒出售的，在 8 月底至 9 月初，成熟果达到 1/4 以上时开始采摘，以后视红果数量陆续采摘。采收时要摘取整个果实全部变红的辣椒，去除病斑、虫蛀、霉烂和畸形果后出售。

出售干椒的，可在霜前 7~10d 连根拔下在田间摆放。摆放时根朝一个方向，每隔 7~10d 上下翻动 1 次。在田间晾晒 15~20d 后，拉回码垛。椒垛要选地势高燥、通风向阳的地方。垛底用木杆或作物秸秆垫好，码南北向单排垛，垛高 1.5m 左右，垛间留 0.5m 以上间隙，每隔 10d 左右翻动 1 次。雨天用塑料膜或防雨布遮盖，雨停后撤去遮盖物，保证通风良好。晾晒翻动时不要挤压、践踏，不能用钢叉类利器翻动，以免损伤辣椒果实而造成霉烂。当辣椒逐渐干燥，椒柄可折断、摇动时有种子响动声、对折辣椒有裂纹、果实含水量17%左右时，即可进行采摘，分级销售。

在采摘、包装、运输、销售过程中，应注意减少破碎、污染，以保证辣椒品质。

## 六、大蒜—辣椒—玉米高效栽培模式

采取辣椒/大蒜套种的形式，大蒜根系分泌的二硫基丙烯气体能够有效抑制辣椒病害发生，辣椒产量高、品质好，辣味纯。而且大蒜、辣椒产量不受影响，加上玉米，“双辣一粮”效益十分可观。

### 1. 种植茬口安排

大蒜：10 月 5—10 日播种，次年 5 月下旬收获。

辣椒：2 月下旬至 3 月上旬小拱棚育苗，4 月中下旬定植，8 月底至 9 月初收获鲜椒出售，9 月底收获干椒。

玉米：玉米于 6 月中旬播种，9 月底收获。

### 2. 栽培管理技术

（1）大蒜

①品种选择。选择当地适宜种植品种，金乡蒜和苍山蒜均可。

②播种期及播种量。山东省大蒜适宜播期为 10 月 5—10 日，晚熟品种、小蒜瓣、肥力差的地块可适当早播；早熟品种、大蒜瓣、肥沃的土壤可适当晚播。另外，还应注意播种与施肥的间隔时间，以防烧苗，一般间隔时间不要少于 5d。大蒜种植的最佳密度为每 667$m^2$种植22 000～26 000株，重茬病严重地块、早熟品种、小蒜瓣、沙壤土可适当密植，晚熟品种、大蒜瓣、重壤土可适当稀植。每 667$m^2$用种量约 150kg。

③播种方式。为便于下茬作物辣椒的套种应预留套种行，一般播种行 18cm、套种行 25cm，每种 3 行大蒜留一套种行。开沟播种，用特制的开沟器或耙开沟，深 3～4cm。株距根据播种密度和行距来定。种子摆放上齐下

不齐，腹背连线与行向平行，蒜瓣一定要尖部向上，不可倒置，覆土1.0~1.5cm。

栽培畦整平后，每667$m^2$用37%蒜清二号EC兑水喷洒。喷后及时覆盖0.004~0.008mm厚的透明地膜。降解膜能够降温散湿，改善根际环境，防止重茬病害，提升大蒜质量，具有增产效果。建议使用降解膜。

④田间管理。

出苗期：一般出苗率达到50%时，开始放苗，以后天天放苗，放完为止。破膜放苗宜早不宜迟，迟了苗大，不仅放苗速度慢，而且容易把苗弄伤，同时也易造成地膜的破损，降低地膜保温保湿的效果。

幼苗期：及时清除地膜上的遮盖物，如树叶、完全枯死的大蒜叶、尘土等杂物，增加地膜透光率，对被损坏的地膜及时修补，使地膜发挥出其最大功能。用特制的铁钩在膜下将杂草根钩断，杂草不必带出，以免增大地膜破损。

花芽、鳞芽分化期：在翌年春天气转暖，越冬蒜苗开始返青时（3月20日左右），浇1次返青水，结合浇水，每667$m^2$追施氮肥5~8kg、钾肥5~6kg。

蒜薹伸长期：4月20日左右浇好催薹水。蒜薹采收前3~4d停止浇水。结合浇水每667$m^2$追施氮肥3~4kg、钾肥4kg左右。4月20日前后的“抽薹水”，既能满足大蒜的水分需求，又利于4月下旬辣椒的定植，提高其成活率，促苗早发；也可以先辣椒定植再浇水，既是“催薹水”，也是“缓苗水”，做到“一水两用”。玉米播种后，根据辣椒、玉米的生长需要及降雨情况进行的浇水，也是“一水两用”。

蒜头膨大期：蒜薹采收后，每5~6d浇1次水，蒜头采收前5~7d停止浇水。蒜头膨大初期，结合浇水每667$m^2$追施氮肥3~5kg、钾肥3~5kg。4月上旬的大蒜“催薹肥”及4月20日前后的大蒜“催头肥”，也为辣椒、玉米的苗期生长提供了足够的营养元素，同时为辣椒、玉米高产稳产打下坚实基础，达到“一肥三用”的效果。

⑤收获。蒜薹顶部开始弯曲，薹苞开始变白时应于晴天下午及时采收。植株叶片开始枯黄，顶部有2~3片绿叶，假茎松软时应及时采收。大蒜收获时，尽量减少地膜破损，以免造成水分蒸发、地温降低，影响辣椒的正常生长，也为玉米播种创造良好的土壤墒情。

⑥病虫防治。

大蒜叶枯病：发病初期喷洒50%抑菌福粉剂700~800倍液或50%扑海

因800倍液或50%溶菌灵、70%甲基托布津500倍液，每隔7~10d喷1次，连喷2~3次。均匀喷雾，不同的药剂应交替轮换使用。

大蒜灰霉病：发病初期喷洒50%腐霉利可湿性粉剂1 000~1 500倍液；或50%多菌灵可湿性粉剂400~500倍液；25%灰变绿可湿性粉剂1 000~1 500倍液，每隔7~10d喷1次，连喷2~3次。均匀喷雾，不同药剂应交替轮换使用。

大蒜病毒病：发病初期喷洒20%病毒A可湿性粉剂500倍液；或1.5%植病灵乳剂1 000倍液；或用18%病毒2号粉剂1 000~1 500倍液，每隔7~10d喷1次，连喷2~3次。均匀喷雾，不同药剂应交替轮换使用。

大蒜紫斑病：发病初期喷洒70%代森锰锌可湿性粉剂500倍液；或30%氧氯化铜悬浮剂600~800倍液，每隔7~10d喷1次，连喷2~3次。均匀喷雾，不同药剂应交替轮换使用。

大蒜疫病：发病初期喷洒40%三乙膦酸铝可湿性粉剂250倍液；或72%稳好可湿性粉剂600~800倍液；或72.2%宝力克水溶剂600~1 000倍液；或64%噁霜灵可湿性粉剂500倍液，每隔7~10d喷1次，连喷2~3次。均匀喷雾，不同药剂应交替轮换使用。

大蒜锈病：发病初期喷洒30%特富灵可湿性粉剂3 000倍液；或20%三唑酮可湿性粉剂2 000倍液，每隔7~10d喷1次，连喷2~3次。

葱蝇：成虫产卵时，采用30%邦得乳油1 000倍液；或2.5%溴氰菊酯3 000倍液喷雾或灌根。

葱蓟马：采用20%莫比朗1 000倍液；或2.5%三氟氯氰菊酯乳油3 000~4 000倍液；或40%乐果乳油1 500倍液，喷雾。

（2）辣椒

①品种选择。加工型辣椒应选择耐热性强、抗病性突出、产量高、品质好的中晚熟品种；同时考虑品种的加工特性，要求果实颜色鲜红、加工晒干后不褪色，有较浓的辛辣味，果肉含水量小、干物质含量高等特点。目前，生产上普遍选用的普通椒品种有德红1号、英潮红4号、世纪红、金椒、干椒3号、干椒6号、鲁红系列、金塔系列等，朝天椒品种有日本三樱椒、天宇系列、红太阳系列等。

②育苗。辣椒的苗龄一般为50~60d，华北地区最佳育苗期为2月下旬至3月上旬。可在麦田就近采用阳畦育苗。育苗地点选择：在地势开阔、背风向阳、干燥、无积水和浸水、靠近水源的地方，苗床土要求肥沃、疏松、富含有机质、保水保肥力强的沙壤土。准备育苗土：土壤和腐熟有机肥比例

为6∶4，每1m³育苗土加入草木灰15kg、过磷酸钙1kg，经过堆沤腐熟后均匀撒在苗床上，厚度1~2cm，然后整细整平。播种前，将种子用55℃的温水浸泡15min，并不断搅动，水温下降后继续浸泡8h，捞出漂浮的种子。将浸种完的种子，用湿布包好，放在25~30℃条件下，催芽3~5d。当80%的种子“露白”时即可播种。播种时浇1遍水，播种要求至少3遍，以保证落种均匀。覆土要用细土，厚度为5~10mm。为便于掌握，可在床面上均匀放几根筷子，然后覆土，至筷子似露非露时即可。覆完土后盖地膜，接着覆盖棚膜，膜上加盖草苫。

于10d左右后，出苗达50%时及时揭掉棚膜。育苗期，每天太阳出来后及时揭苫，日落前盖苫。选择无风、温暖的晴天，利用中午时间拔除杂草。定植前10d左右逐步降温炼苗，白天15~20℃，夜间5~10℃，在保证幼苗不受冻害的限度下尽量降低夜温。苗床干时需浇小水，幼苗叶色浅黄时，可酌情施用磷酸二氢钾等叶面肥，育苗后期需放风降温和揭膜炼苗，定植前两天浇透苗床，以利移苗。育苗期间注意防治猝倒病、立枯病，可用72.2%普力克水剂400~600倍液，72%克露可湿性粉剂500~800倍液防治，也可在苗床喷洒安克。

③定植。定植应于10cm地温稳定在15℃左右时及早进行，一般在4月中下旬。在预留的套种行内定植（隔3行大蒜种1行辣椒），朝天椒每穴2株，穴距25cm，密度为每667m² 7 500株左右；普通加工型辣椒每穴1株，株距25cm，密度为每667m² 4 000株左右。

定植时选用辣椒壮苗，辣椒壮苗的标准：苗高20~25cm，茎秆粗壮、节间短，具有6~8片真叶、叶片厚、叶色浓绿，幼苗根系发达、白色须根多，大部分幼苗顶端呈现花蕾，无病虫害。辣椒茎部不定根发生能力弱，不宜深栽，栽植深度以不埋没子叶为宜。栽苗时大小苗要分级，剔除病弱苗、老化苗。定植后要立即浇定植水，随栽随浇。

④田间管理。

定植后管理：定植后浇缓苗水。浇水后，要及时中耕松土，增加地温，保持土壤水分，促进根系生长。缓苗后，适当控制水分，促使根系深扎，达到根深叶茂。蹲苗的时间长短，要视当地气候条件而定。

定植后到结果期前的管理：此时管理的重点是发根。生产上，除增施有机肥、经常保持适宜的土壤含水量外，灌水及降水后，应及时中耕破除土壤板结。

结果初期管理：当大部分植株已坐果，开始浇水。此时植株的茎叶和花果同时生长，要保持土壤湿润状态。一般不追肥。选用朝天椒类型的品种应在盛花期过后，追施高 N、高 K、低 P 的水溶性复合肥 20～30kg，随水冲施。

盛果期管理：为防止植株早衰，应及时采收下层果实，并要勤浇小水，保持土壤湿润，每 10～15d 追施 1 次水溶性复合肥 10～20kg，以利于植株继续生长和开花坐果。

徒长椒田管理：盛花后用矮丰灵、矮壮素等药喷洒，深中耕，控徒长。

植株调整：门椒现蕾时应及时去除，同时，把门椒以下的侧枝及时打掉。发现不结果的无效枝也要及时去掉。当朝天椒植株长有 12～14 片叶时，摘除朝天椒的顶芽。也可在椒苗主茎叶片达到 12～13 片时，摘去顶心，促使辣椒早结果，多结果，结果一致，成熟一致。

培土成垄：在雨季到来、植株封垄以前，应对辣椒植株进行培土。培土时要防止伤根。培土后及时浇水，促进发秧，争取在高温到来之前使植株封垄。

高温雨季管理：重点是要保持土壤湿润，浇水要勤浇、少浇。浇水宜在早晨或傍晚进行。在雨季来临之前，要疏通排水沟，使雨水及时排出。进入雨季，浇水要注意天气预报，不可在雨前 2～3d 浇水，防止浇水后遇大雨。暴晴天骤然降雨，或久雨后暴晴，都容易引起植株萎蔫。因此，雨后要及时排水，增加土壤通透性，防止根系衰弱。

后期管理：9 月以后，进入辣椒果实成熟期，可适当喷施叶面肥。喷施叶面肥的时间应选在上午田间露水已干或下午 16：00（或 17：00）之后（注：天气炎热时应在 17：00 之后，全书同），以延长溶液在叶面的持续时间。喷洒叶面肥时从下向上喷，喷在叶背面，以利于其吸收，提高施肥效果。

⑤收获。辣椒果实作为鲜椒出售的，在 8 月底至 9 月初，成熟果达到 1/4 以上时开始采摘，以后视红果数量陆续采摘。采收时要采摘整个果实全部变红的辣椒，去除病斑、虫蛀、霉烂和畸形果后出售。

出售干椒的，可在霜前 7～10d 连根拔出在田间摆放。摆放时将辣椒根部朝一个方向，每隔 7～10d 上下翻动 1 次。在田间晾晒 15～20d 后，拉回码垛。椒垛要选地势高燥、通风向阳的地方。垛底用木杆或作物秸秆垫好，码南北向单排垛，垛高 1.5m 左右，垛间留 0.5m 以上间隙，每隔 10d 左右翻动 1 次。雨天用塑料膜或防雨布遮盖，雨停后撤去遮盖物，保证通风良好。晾晒翻动时不要挤压、践踏，不能用钢叉类利器翻动，以免损伤辣椒果实，造成霉烂。当辣椒逐渐干燥，椒柄可折断、摇动时有种子响动声、对折辣椒有裂纹、果实含水量17%左右时，即可进行采摘，分级销售。在采摘、包装、运输、销售过程中，应注意减少破碎、污染，以保证辣椒品质。

（3）玉米

①品种选择。玉米品种选择边行效应明显、喜肥水、抗病性强的高产品种，如登海605、登海618、郑单958等。为提高种植的综合经济效益，玉米品种也可选用鲜食的优良糯玉米品种。

②播期。6月中旬播种。

③播种方式。播种于畦埂两侧，株距15cm，双行玉米间距30cm，辣椒行与玉米行间距50cm。

④田间管理。

拔除弱株，中耕除草：个别地块密度过大，有小弱株，既占据一定空间，影响通风透光，消耗肥水，又不能形成经济产量，因此，应及早拔除小弱株，确保田间密度适宜，以提高群体质量。

穗期一般中耕1~2次：小喇叭口期应深中耕，以促进根系发育，扩大根系吸收范围。小喇叭口期以后，中耕宜浅，以保根蓄墒，一般可结合辣椒除草进行。

重施穗肥：玉米穗期是果穗分化期，也是追肥最重要的时期。穗期追肥应以速效氮肥为主。追肥时间为大喇叭口期（12~13片展开叶），每667$m^2$追尿素20kg左右。中低产田穗肥占氮肥总追施量的40%左右。追肥应距玉米植株一侧8~10cm，条施或穴施，深施10cm左右。覆土盖严，减少养分损失。

及时排涝或灌溉：玉米穗期阶段，要确保大喇叭口前后和抽雄前后的土壤墒情充足。抽雄前后，地面应见湿不见干，墒情不足，应进行灌溉。宜涝地块还应在穗期结合培土挖好地内排水沟，积水时应及时排涝。

追施粒肥，科学浇水：粒肥是防治后期玉米早衰的重要措施，对玉米前期施肥量少或表现有脱肥迹象的田块，应在吐丝期追施速效氮肥，每667$m^2$施用尿素5~8kg。玉米抽雄开花期需水强度最大，对干旱的反应最敏感，是玉米需水“临界期”，此期如果缺水将会导致玉米花期不遇，不能正常授粉结实，极易造成秃尖、缺粒甚至空秆现象；灌浆至成熟期也是玉米需水的重要时期，这个时期干旱对产量的影响仅次于抽雄期，此期若缺水则会直接导致玉米千粒重下降。生产上有“开花不灌、减产一半”“前旱不算旱、后旱减一半”等说法。在玉米生长后期要根据天气、墒情灵活掌握，使农民做到遇旱浇水。

⑤收获。玉米成熟的标志是玉米苞叶干枯松散，籽粒变硬发亮，乳线消失，黑层出现即达到完熟期，此时收获千粒重最高。实践证明，玉米每早收1d，千粒重就会减少3~4g。因此，在不影响适时种麦的前提下，应尽量推迟玉米收获期，确保玉米在完熟期收获。

糯玉米可根据成熟度适时收获。

⑥病虫防治。夏玉米主要虫害有玉米螟、黏虫等。玉米螟可用3%辛硫磷颗粒剂每667$m^2$ 250g或Bt乳剂100~150ml加细沙5kg施于心叶内防治。二代黏虫和蓟马可用50%辛硫磷1 000倍液喷雾防治。

## 七、小麦—辣椒—玉米高效栽培模式

小麦行间套种辣椒，能充分发挥土地、光、热、劳动力、生产资料和资源的利用率，小麦套种辣椒的田块改变了原来的光、热、水、气等气候环境条件，前期以小麦植株作为屏障，对辣椒有很好的挡风防寒作用，有利于辣椒提早上市。辣椒与玉米间作能使作物高矮成层，相间成行，有利于改善作物的通风透光条件，提高光能利用率，充分发挥边行优势的增产效应。辣椒与玉米间作可以适当遮阳，有利于植株生长，抑制辣椒果实日灼现象，能有效防止蚜虫传播病毒，从而达到减少“三落”、增加产量的目的，特别是在辣椒集中产区，连作病害严重，采用辣椒‖玉米间作，利用相互间的抑制和促进作用，可有效减轻辣椒的病虫害。

### 1. 种植茬口安排

小麦：10月10—20日播种，次年6月上旬收获。

辣椒：2月下旬至3月上旬小拱棚育苗，4月中下旬定植，8月底至9月初收获鲜椒出售，9月底收获干椒。

玉米：玉米于6月中旬播种，9月底收获。

### 2. 栽培管理技术

（1）小麦

①品种选择。小麦选用经过国家和各地品种审定委员会审定，经试验、示范，适应当地生产条件、单株生产力高、抗倒伏、抗病、抗逆性强的冬性或半冬性品种。在中产水平条件下，宜选用分蘖成穗率高、稳产丰产的品种；在华北地区高产水平条件下，宜选用耐肥水、增产潜力大的品种。如良

星99、济麦22、济麦20（强筋）、鲁原502、烟农19（强筋）、烟农24等为主。

②播期及播量。小麦播种时间为10月10—20日，每667m$^2$播种量为10kg左右。

③播种方式。小麦/辣椒套种方式为4：2，即133cm的套种带幅内播4行小麦，栽植2行辣椒，该套种的特点是利用小麦与辣椒2个月左右的共生期，相互间无不利影响。小麦种植时留有辣椒套种行，辣椒移栽在套种行内，而且是宽窄行种植，可充分利用边行效应，通风透光良好，植株生长健壮，所以辣椒产量不受影响，还增加一季小麦的收入。

播种前每667m$^2$施优质农家肥4~5m$^3$，或者鸡粪1 000kg以上，或者饼肥200~300kg，在此基础上，每667m$^2$底施磷酸二铵20kg、尿素20kg、硫酸钾25kg，或三元复合肥、小麦专用肥50kg。

用小麦精播机或半精播机播种，行距21~23cm，播种深度3~5cm。用带镇压装置的小麦播种机械，在小麦播种时随种随压；没有浇水造墒的秸秆还田地块，播种后再用镇压器镇压1~2遍，保证小麦出苗后根系正常生长，提高小麦的抗寒、抗旱能力。

④田间管理。

查苗补种：小麦出苗后及时查苗补种，对有缺苗断垄的地块，选择与该地块相同品种的种子，开沟撒种，墒情差的开沟浇水补种。

防除杂草：于11月上中旬，小麦3~4叶期，日平均温度在10℃以上时及时防除麦田杂草。阔叶杂草：每667m$^2$用75%苯磺隆1g或15%噻磺隆10g防治，抗性双子叶杂草：每667m$^2$用5.8%双氟磺草胺悬浮剂10ml或20%氯氟吡氧乙酸乳油50~60ml，兑水30kg喷雾防治。单子叶杂草：每667m$^2$用3%甲基二磺隆乳油30ml，兑水30kg喷雾防治。野燕麦、看麦娘等禾本科杂草：每667m$^2$用6.9%精噁唑禾草灵水乳剂60~70ml或10%精噁唑禾草灵乳油30~40ml，兑水30kg喷雾防治。

浇越冬水：在11月下旬，日平均气温降至3~5℃时开始浇越冬水，夜冻昼消时结束，每667m$^2$浇水40m$^3$。浇过越冬水，墒情适宜时要及时划锄。对于造墒播种，越冬前降雨，墒情适宜，土壤基础肥力较高，群体适宜或偏大的麦田，也可不浇越冬水。

划锄镇压：小麦返青期及早进行划锄镇压，增温保墒。

化控防倒：旺长麦田或株高偏高的品种，应于起身期每667m$^2$喷施壮丰安30~40ml，兑水30kg喷雾，抑制小麦基部第一节间伸长，使节间短、粗、壮，提高抗倒伏能力。

追肥浇水：在高产条件下，分蘖成穗率低的大穗型品种，在拔节初期（基部第一节间伸出地面1.5~2.0cm）追肥浇水；分蘖成穗率高的中穗型品种，在拔节初期至中期追肥浇水。在中产条件下，中穗型和大穗型品种均在起身期至拔节初期追肥浇水。每667$m^2$浇水40$m^3$。

⑤收获。为了缩短小麦和辣椒的共生期，小麦要在蜡熟末期至完熟初期用联合收割机收获，麦秸还田。优质专用小麦单收、单打、单贮。

⑥病虫防治。

小麦条锈病：每667$m^2$用15%三唑酮可湿性粉剂80~100g，或20%戊唑醇可湿性粉剂60g，兑水50~75kg，喷雾防治。

小麦赤霉病：每667$m^2$用50%多菌灵可湿性粉剂或50%甲基托布津可湿性粉剂75~100g，兑水稀释1 000倍，于开花后对穗喷雾防治。

小麦白粉病：每667$m^2$用40%戊唑双可湿性粉剂30g，或20%三唑酮乳油30ml，兑水50kg，喷雾防治。

麦蚜：每667$m^2$用10%吡虫啉10~15g，或50%抗蚜威可湿性粉剂10~15g，兑水50kg，喷雾防治。

小麦红蜘蛛：每667$m^2$用20%甲氰菊酯乳油30ml，或40%马拉硫磷乳油30ml，或1.8%阿维菌素乳油8~10ml，兑水30kg，喷雾防治。

小麦吸浆虫：在抽穗至开花盛期，每667$m^2$用4.5%高效氯氰菊酯乳油15~20ml或2.5%溴氰菊酯乳油15~20ml，兑水50kg，喷雾防治。

叶面喷肥：灌浆期叶面喷施0.2%~0.3%磷酸二氢钾+1%~2%尿素，延长小麦功能叶片光合高值持续期，提高小麦抗干热风的能力，防止早衰。

一喷三防：为提高工效，减少田间作业次数，在孕穗期至灌浆期将杀虫剂、杀菌剂与磷酸二氢钾（或其他的预防干热风的植物生长调节剂、微肥）混配，叶面喷施，一次施药可达到防虫、防病、防干热风的目的。山东省小麦生育后期常发生的病虫害有白粉病、锈病、蚜虫，“一喷三防”的药剂可为每667$m^2$用15%三唑酮可湿性粉剂80~100g、10%吡虫啉可湿性粉剂10~15g、0.2%~0.3%磷酸二氢钾100~150g，兑水50kg，叶面喷施。

（2）辣椒

①品种选择。加工型辣椒应选择耐热性强、抗病性突出、产量高、品质好的中晚熟品种；同时考虑品种的加工特性，要求果实颜色鲜红、加工晒干后不褪色，有较浓的辛辣味，果肉含水量小、干物质含量高等特点。目前，

生产上普遍选用的普通椒品种有德红 1 号、英潮红 4 号、世纪红、金椒、干椒 3 号、干椒 6 号、鲁红系列、金塔系列等，朝天椒品种有日本三樱椒、天宇系列、红太阳系列等。

②育苗。辣椒的苗龄一般为 50~60d，华北地区最佳育苗期为 2 月下旬至 3 月上旬。可在麦田就近采用阳畦育苗。育苗地点选择在地势开阔、背风向阳、干燥、无积水和浸水、靠近水源的田块，苗床土要求肥沃、疏松、富含有机质、保水保肥力强的沙壤土。准备育苗土：土壤和腐熟有机肥比例为 6∶4，每 $1m^3$ 育苗土加入草木灰 15kg、过磷酸钙 1kg，经过堆沤腐熟后均匀撒在苗床上，厚度 1~2cm，然后整细整平。播种前，将种子用 55℃ 的温水浸泡 15min，并不断搅动，水温下降后继续浸泡 8h，捞出漂浮的种子。将浸种完的种子，用湿布包好，放在 25~30℃ 条件下，催芽 3~5d。当 80%的种子“露白”时，即可播种。播种时浇 1 遍水，播种要求至少 3 遍，以保证落种均匀。覆土要用细土，厚度为 5~10mm。为便于掌握，可在床面上均匀放几根筷子，然后覆土，至筷子似露非露时即可。覆完土后盖地膜，接着覆盖棚膜，膜上加盖草苫。

播种 10d 左右后，出苗达 50%时及时揭掉棚膜。育苗期，每天太阳出来后及时揭苫，日落前盖苫。选择无风、温暖的晴天，利用中午时间拔除杂草。定植前 10d 左右逐步降温炼苗，白天 15~20℃，夜间 5~10℃，在保证幼苗不受冻害的条件下尽量降低夜温。苗床干时需浇小水，幼苗叶色浅黄时，可酌情施用磷酸二氢钾等叶面肥，育苗后期需放风降温和揭膜炼苗，定植前 2d 浇透苗床，以利移苗。育苗期间注意防治猝倒病、立枯病，可用 72.2%普力克水剂 400~600 倍液，或 72%克露可湿性粉剂 500~800 倍液防治，也可在苗床喷洒安克防治。

③定植。当地温稳定在 12℃，气温稳定在 15℃ 以上时为定植适期。华北地区定植时间在立夏前后，即 4 月底到 5 月初定植。定植沟深 6~8cm，穴距 25cm，尖椒、线椒类型辣椒品种每穴 1 株，密度每 $667m^2$ 定植 4 000株左右；朝天椒品种穴距 30cm 左右，每穴 2 株，密度每 $667m^2$ 定植 6 500~7 000株。

刚定植的幼苗根系弱，外界气温低，地温也低，浇定植水量不宜过大，以免降低地温而影响缓苗。浇水后，要及时中耕松土，增加地温，保持土壤水分，促进根系生长。

定植时选用辣椒壮苗，辣椒壮苗的标准：苗高 20~25cm，茎秆粗壮、节间短，具有 6~8 片真叶、叶片厚、叶色浓绿，幼苗根系发达、白色须根多，大部分幼苗顶端呈现花蕾，无病虫害。辣椒茎部不定根发生能力弱，不宜深栽，栽植深度以不埋没子叶为宜。栽苗时大小苗要分级，剔除病弱苗、老化苗。定植后要立即浇定植水，随栽随浇。

④田间管理。

定植后管理：定植后浇缓苗水。浇水后，要及时中耕松土，增加地温，保持土壤水分，促进根系生长。缓苗后，适当控制水分，促使根系深扎，达到根深叶茂。蹲苗的时间长短，要视当地气候条件而定。

定植后到结果期前的管理：此时管理的重点是发根。生产上，除增施有机肥、经常保持适宜的土壤含水量外，灌水及降水后，应及时中耕破除土壤板结。

结果初期管理：当大部分植株已坐果，开始浇水。此时植株的茎叶和花果同时生长，要保持土壤湿润状态。一般不追肥。选用朝天椒类型的品种应在盛花期过后，追施高 N、高 K、低 P 的水溶性复合肥 20～30kg，随水冲施。

盛果期管理：为防止植株早衰，要及时采收下层果实，并要勤浇小水，保持土壤湿润，每 10～15d 追施 1 次水溶性复合肥 10～20kg，以利于植株继续生长和开花坐果。

徒长椒田管理：盛花后用矮丰灵、矮壮素等药喷洒，深中耕，控徒长。

植株调整：门椒现蕾时应及时去除，同时，把门椒以下的侧枝及时打掉。发现不结果的无效枝也要及时去掉。当朝天椒植株长有 12～14 片叶时，摘除朝天椒的顶芽。也可在椒苗主茎叶片达到 12～13 片时，摘去顶心，促使辣椒早结果，多结果，结果一致，成熟一致。

培土成垄：在雨季到来、植株封垄以前，应对辣椒植株进行培土。培土时要防止伤根。培土后及时浇水，促进发秧，争取在高温到来之前使植株封垄。

高温雨季管理：重点是要保持土壤湿润，浇水要勤浇、少浇。浇水宜在早晨或傍晚进行。在雨季来临之前，要疏通排水沟，使雨水及时排出。进入雨季，浇水要注意天气预报，不可在雨前 2～3d 浇水，防止浇水后遇大雨。暴晴天骤然降雨，或久雨后暴晴，都容易引起植株萎蔫。因此，雨后要及时排水，增加土壤通透性，防止根系衰弱。及时防治辣椒病虫害。

后期管理：9 月以后，进入辣椒果实成熟期，可适当喷施叶面肥。喷施叶面肥的时间应选在上午田间露水已干或下午 16：00（或 17：00）之后，以延长溶液在叶面的持续时间。喷洒叶面肥时从下向上喷，喷在叶背面，以利于其吸收，提高施肥效果。

⑤收获。辣椒果实作为鲜椒出售的可在 8 月底至 9 月初，成熟果达到 1/4 以上时开始采摘，以后视红果数量陆续采摘。采收时要采摘整个果实全部变红的辣椒，去除病斑、虫蛀、霉烂和畸形果后出售。

出售干椒的可在霜前 7~10d 连根拔下在田间摆放。摆放时将辣椒根部朝一个方向，每隔 7~10d 上下翻动 1 次。在田间晾晒 15~20d 后，拉回码垛。椒垛要选地势高燥、通风向阳的地方。垛底用木杆或作物秸秆垫好，码南北向单排垛，垛高 1.5m 左右，垛间留 0.5m 以上间隙，每隔 10d 左右翻动 1 次。雨天用塑料膜或防雨布遮盖，雨停后撤去遮盖物，保证通风。晾晒翻动时不要挤压、践踏，不能用钢叉类利器翻动，以免损伤辣椒果实，造成霉烂。当辣椒逐渐干燥，椒柄可折断、摇动时有种子响动声、对折辣椒有裂纹、果实含水量 17%左右时，即可进行采摘，分级销售。在采摘、包装、运输、销售过程中，应注意减少破碎、污染，以保证辣椒品质。

（3）玉米

①品种选择。玉米品种选择边行效应明显、喜肥水、抗病性强的高产品种，如登海 605、登海 618、郑单 958 等。为提高综合经济效益，玉米品种也可选用鲜食的优良糯玉米品种。

②播期。6 月中旬播种。

③播种方式。玉米‖辣椒的套种方式 4：1，即每 4 行辣椒间作 1 行玉米，玉米株距 30cm，一穴双株，密度为 1 850 株/667m$^2$，这样既改变了田间小气候又防治了辣椒的日烧病，为辣椒的高产奠定了基础，同时在收获辣椒前可以先行收获玉米，增加了种植收入。

④田间管理。

拔除弱株，中耕除草：个别地块密度过大，有小弱株，小株、弱株，既占据一定空间，影响了田间的通风透光，消耗肥水，又不能形成经济产量，因此，应及早拔除小弱株，确保田间密度适宜，以提高群体质量。

穗期一般中耕 1~2 次：小喇叭口期应深中耕，以促进根系发育，扩大根系吸收范围。小喇叭口期以后，中耕宜浅，以保根蓄墒，一般可结合辣椒除草进行。

重施穗肥：玉米穗期是果穗分化期，也是追肥最重要的时期。穗期追肥应以速效氮肥为主。追肥时间为大喇叭口期（12~13 片展开叶），每 667m$^2$ 追尿素 20kg 左右。中低产田穗肥占氮肥总追施量的 40%左右。追肥应距玉米植株一侧 8~10cm，条施或穴施，深施 10cm 左右。覆土盖严，减少养分损失。

及时排涝或灌溉：玉米穗期阶段要确保大喇叭口前后和抽雄前后土壤墒情充足。抽雄前后，地面应见湿不见干，墒情不足时应进行灌溉。宜涝地块还应在穗期结合培土挖好地内排水沟，积水时应及时排涝。

追施粒肥，科学浇水：粒肥是防治后期玉米早衰的重要措施，对玉米前期施肥量少或表现有脱肥迹象的田块，应在吐丝期追施速效氮肥，每667m$^2$用尿素5~8kg。玉米抽雄开花期的需水强度最大，对干旱的反应最敏感，是玉米需水“临界期”，此期如果缺水将会导致玉米花期不遇，不能正常授粉结实，极易造成秃尖、缺粒甚至空秆现象；灌浆至成熟期也是玉米需水的重要时期，这个时期干旱对产量的影响仅次于抽雄期，此期缺水则会直接导致玉米千粒重下降。生产上有“开花不灌、减产一半”“前旱不算旱、后旱减一半”等说法。在玉米生长后期要根据天气、墒情灵活掌握，使农民做到遇旱浇水。

⑤收获。玉米成熟的标志是玉米苞叶干枯松散，籽粒变硬发亮，乳线消失，黑层出现即达到完熟期，此时收获千粒重最高。实践证明，玉米每早收一天，千粒重就会减少3~4g。因此在不影响适时种麦的前提下，应尽量推迟玉米收获期，确保玉米在完熟期收获。

糯玉米可根据成熟度适时收获。

⑥病虫防治。夏玉米主要虫害有玉米螟、黏虫等。玉米螟每667m$^2$可用3%辛硫磷颗粒剂250g或Bt乳剂100~150ml加细砂5kg施于心叶内防治。二代黏虫和蓟马可用50%辛硫磷1 000倍液喷雾防治。

## 八、洋葱—辣椒—玉米高效栽培模式

洋葱栽培，我国大多数地区采取秋播育苗和秋季定植，翌年6月中下旬收获，而辣椒露地栽培的定植期多在5月上旬，二者的共生期较短，一般为30~40d。辣椒定植时正值洋葱鳞茎膨大期，植株较高，而定植的辣椒植株较矮，形成了二层复合群体结构。等到洋葱进入鳞茎迅速膨大期时，辣椒已经进入营养生长较快的时期，这时辣椒与洋葱株高基本上在同一个高度层面上，因此，形成单层复合群体结构。待洋葱鳞茎膨大后，叶子开始衰老下垂，给辣椒腾出了新的发展空间使辣椒更快地生长，在短期内形成辣椒植株高于洋葱的新的二层复合群体结构。这样在辣椒与洋葱组合套种的共生期内，就形成了3次群体结构的变化。洋葱与辣椒套种栽培，不仅没有明显的相互制约现象，而且还有显著的生物学互助效应。洋葱的分泌物对辣椒疫病、青枯病、早期蚜虫等都具有防治作用。同时，对预防和克服辣椒连作障碍与土传性病害也有十分明显的效果。

### 1. 种植茬口安排

洋葱：9月上旬播种育苗，11月上旬定植，次年6月上旬收获。

辣椒：2月下旬至3月上旬小拱棚育苗，4月中下旬定植，8月底至9月初收获鲜椒出售，9月底收获干椒。

玉米：玉米于6月中旬播种，9月底收获。

### 2. 栽培管理技术

（1）洋葱

①品种选择。洋葱品种选择应根据当地的消费需求和市场情况而定。黄皮洋葱品种除选用生产中常用的“泉州中高黄”等品种外，推荐选择山东省农业科学院蔬菜花卉研究所最新选育的天正福星、天正105洋葱新品种和青岛农业大学选育的莱农5号、莱农6号洋葱新品种；紫皮洋葱品种推荐选择天正201、上海紫皮、北京紫皮、紫骄1号、紫星等品种。

②育苗。播种前1周将苗床整理好，定植667$m^2$的大田，需散装种子250g左右，需苗床播种面积45$m^2$。按所需苗床面积45$m^2$计算，应施入腐热的堆肥150kg、硝酸铵2kg、磷酸二铵6kg、硫酸钾2.5kg。先撒施堆肥、辛拌磷，然后均匀撒上化肥、翻耕，使其与土壤充分混合，整细整平畦面，做成1.3m宽的平畦。

播种期一般掌握在9月10日前后7d的时间内，苗龄55d左右。播种过早，幼苗长得过大，容易先期抽薹；过晚，幼苗长得太小，越冬易受冻害，产量较低。莱农5号洋葱的耐抽薹性较强，在播期试验中，其抽薹率明显低于其他黄皮洋葱品种。

播种时，先将苗床浇透底水，水渗下后，将种子均匀撒于畦面，然后覆盖1cm厚的细土。为防治杂草，播种后出苗前喷施72%普乐宝乳油每667$m^2$ 70~100ml。为了保墒，有利于洋葱苗全苗旺，最好覆盖遮阳网，若发现土壤墒情差，可在傍晚向畦面喷水，湿润土壤，7~8d后幼苗出土，于傍晚及时撤去覆盖物。

幼苗出土后，注意浇水，若幼苗生长势弱，叶子发黄，每45$m^2$苗床追施尿素0.75kg；若幼苗生长势旺，适当控制肥水，培育壮苗。苗期易遭地蛆危害，要及时防治，用50%的辛硫磷800倍液灌根；若发现蓟马、潜叶蝇为害用10%的吡虫啉粉剂每667m²用10~20g或10%的蚜虱净2 500倍液喷雾防治。

③定植。洋葱的高产栽培密度大，套种辣椒不大方便，必须对洋葱的群体结构进行调整，把原属于等行距种植的种植结构调整为带状套种，在70cm的套种带内栽植4行洋葱，洋葱行距15cm，预留25cm作为辣椒的套种行，形成洋葱与辣椒套种的行数比为4∶1。

洋葱产量高，需肥量大，施足底肥是丰产的基础。根据洋葱的需肥量和肥料的利用率，中等肥力的地块，每667m²施腐熟的优质牛马粪、圈肥等5 000kg，或者施腐熟的鸡粪1 500kg、三元复合肥50kg、硫酸钾20kg、辛拌磷2kg防治地下害虫，结合整地，施入土壤，使肥料与土壤充分混合，做成1.2~1.3m宽的平畦，或者做成垄距1.0~1.1m，垄高8cm左右，垄面宽75cm左右的小高垄。畦或垄做好后，喷除草剂普乐宝或施田补防治杂草，然后覆盖地膜。

定植前，将幼苗大小分级，茎粗0.6~0.9cm为一级苗，0.4~0.59cm为二级苗，1cm以上0.4cm以下的大苗和小苗不宜利用。定植适期为11月上旬，定植时，一二级苗分别定植。洋葱株距15cm，3万株/667m²左右，这样既能保证葱头长得大，又能获得高产。打孔定植，定植深度1.5cm左右，以浇水后不倒苗、不浮苗为宜，过深不利于鳞茎膨大。

④田间管理。定植后及时浇水，此后天气渐冷，幼苗以扎根、缓苗生长为主，此时期不宜浇水。根据土壤墒情，可于11月下旬浇1次越冬水，确保幼苗安全越冬。

翌年返青后，于3月中、下旬浇1次返青水，每667m²追尿素10~15kg或碳铵50kg，随水冲施，促进幼苗和根系的生长。进入4月中旬到5月下旬，茎叶生长旺盛，鳞茎膨大较快，对水肥的需求量较大，应加强肥水管理。在此时期根据植株长势追施2~3次化肥，以N肥为主，配合P、K肥，分别于4月中旬每667m²追施磷酸二铵20kg、硫酸钾15kg；5月中、下旬每667m²追施硝酸铵10~15kg、硫酸钾10kg；进入5月后，气温渐高，植株生长旺盛，蒸发量大，应保持地面湿润，满足洋葱生长对水分的需求，收获前7d左右停止浇水。

⑤收获。华北地区洋葱采收一般在6月上旬。当洋葱叶片由下而上逐渐开始变黄，假茎变软并开始倒伏；鳞茎停止膨大，外皮革质，进入休眠阶段，标志着鳞茎已经成熟，此时应及时收获。

⑥病虫防治。

霜霉病：用58%的甲霜灵可湿性粉剂500倍液或用72%的杜邦可露粉剂700倍液喷施防治。

紫斑病：用25%的叶斑清乳油4 000~5 000倍液喷施防治。

蓟马、潜叶蝇：用10%的蚜虱净2 500倍液喷施防治。

地蛆：用50%的辛硫磷乳油800倍液灌根。

（2）辣椒

①品种选择。加工型辣椒应选择耐热性强、抗病性突出、产量高、品质好的中晚熟品种；同时考虑品种的加工特性，要求果实颜色鲜红、加工晒干后不褪色，有较浓的辛辣味，果肉含水量小、干物质含量高等特点。目前，生产上普遍选用的普通椒品种有德红1号、英潮红4号、世纪红、金椒、干椒3号、干椒6号、鲁红系列、金塔系列等，朝天椒品种有日本三樱椒、天宇系列、红太阳系列等。

②育苗。辣椒的苗龄一般为50~60d，华北地区的最佳育苗期为2月下旬至3月上旬。可在麦田就近采用阳畦育苗。育苗地点选择在地势开阔、背风向阳、干燥、无积水和浸水、靠近水源的地方，苗床土要求肥沃、疏松、富含有机质、保水保肥力强的沙壤土。准备育苗土：土壤和腐熟有机肥比例为6∶4，每1m³育苗土加入草木灰15kg、过磷酸钙1kg，经过堆沤腐熟后均匀撒在苗床上，厚度约1~2cm，然后整细整平。播种前，将种子用55℃的温水浸泡15min，并不断搅动，水温下降后继续浸泡8h，捞出漂浮的种子。将浸种完的种子，用湿布包好，放在25~30℃条件下，催芽3~5d。当80%的种子“露白”时，即可播种。播种时浇1遍水，播种要求至少3遍，以保证落种均匀。覆土要用细土，厚度为5~10mm。为便于掌握，可在床面上均匀放几根筷子，然后覆土，至筷子似露非露时即可。覆完土后盖地膜，接着覆盖棚膜，膜上加盖草苫。

10d左右后，出苗达50%时应及时揭掉棚膜。育苗期，每天太阳出来后及时揭苫，日落前盖苫。选择无风、温暖的晴天，利用中午时间拔除杂草。定植前10d左右，逐步降温炼苗，白天15~20℃，夜间5~10℃，在保证幼苗不受冻害的限度下尽量降低夜温。苗床干时需浇小水，幼苗叶色浅黄时，可酌情施用磷酸二氢钾等叶面肥，育苗后期需放风降温和揭膜炼苗，定植前2d浇透苗床，以利移苗。育苗期间注意防治猝倒病、立枯病，可用72.2%普力克水剂400~600倍液，或72%克露可湿性粉剂500~800倍液防治，也可在苗床喷洒安克来防治。

③定植。当地温稳定在12℃，气温稳定在15℃以上时为定植适宜期。

华北地区定植时间在立夏前后，即4月底到5月初定植。定植沟深6~8cm，穴距25cm，尖椒、线椒类型辣椒品种每穴1株，种植密度4 000株/667m$^2$左右；朝天椒品种穴距30cm左右，每穴2株，种植密度6 500~7 000株/667m$^2$。

刚定植的幼苗根系弱，外界气温低，地温也低，浇定植水量不宜过大，以免降低地温，影响缓苗。浇水后，要及时中耕松土，增加地温，保持土壤水分，促进根系生长。

定植时选用辣椒壮苗，辣椒壮苗的标准是苗高20~25cm，茎秆粗壮、节间短，具有6~8片真叶、叶片厚、叶色浓绿，幼苗根系发达、白色须根多，大部分幼苗顶端呈现花蕾，无病虫害。辣椒茎部不定根发生能力弱，不宜深栽，栽植深度以不埋没子叶为宜。栽苗时大小苗要分级，剔除病弱苗、老化苗。定植后要立即浇定植水，随栽随浇。

④田间管理。

定植后管理：定植后点浇缓苗水。浇水后，要及时中耕松土，增加地温，保持土壤水分，促进根系生长。缓苗后，适当控制水分，促使根系深扎，使之根深叶茂。蹲苗的时间长短，要视当地气候条件而定。

定植后到结果期前的管理：此时管理的重点是发根。生产上，除增施有机肥、经常保持适宜的土壤含水量外，灌水及降水后，应及时中耕破除土壤板结。

结果初期管理：当大部分植株已坐果，开始浇水。此时植株的茎叶和花果同时生长，要保持土壤湿润状态。一般不追肥。选用朝天椒类型的品种应在盛花期过后，追施高N、高K、低P的水溶性复合肥20~30kg，随水冲施。

盛果期管理：为防止植株早衰，要及时采收下层果实，并要勤浇小水，保持土壤湿润，每10~15d追施1次水溶性复合肥10~20kg，以利于植株继续生长和开花坐果。

徒长椒田管理：盛花后用矮丰灵、矮壮素等药喷洒，深中耕，控徒长。

植株调整：门椒现蕾时应及时去除，同时，把门椒以下的侧枝及时打掉。发现不结果的无效枝也要及时去掉。当朝天椒植株长有12~14片叶时，摘除朝天椒的顶芽。也可在椒苗主茎叶片达到12~13片时，摘去顶心，促使辣椒早结果，多结果，结果和成熟期一致。

培土成垄：在雨季到来、植株封垄以前，应对辣椒植株进行培土。培土时要防止伤根。培土后及时浇水，促进发秧，争取在高温到来之前使植株封垄。

高温雨季管理：重点是要保持土壤湿润，浇水要勤浇、少浇。浇水宜在早晨或傍晚进行。在雨季来临之前，要疏通排水沟，使雨水及时排出。进入雨季，浇水要注意天气预报，不可在雨前2~3d浇水，防止浇水后遇大雨。暴晴天骤然降雨，或久雨后暴晴，都容易引起植株萎蔫。因此，雨后要及时排水，增加土壤通透性，防止根系衰弱。及时防治辣椒病虫害。

后期管理：9月以后，进入辣椒果实成熟期，可适当喷施叶面肥。喷施叶面肥的时间应选在上午田间露水已干或下午16：00（或17：00）之后，以延长溶液在叶面的持续时间。喷洒叶面肥时从下向上喷，喷在叶背面，以利于其吸收，提高施肥效果。

⑤收获。辣椒果实作为鲜椒出售的，在8月底至9月初，成熟果达到1/4以上时开始采摘，以后视红果数量陆续采摘。采收时要采摘整个果实全部变红的辣椒，去除病斑、虫蛀、霉烂和畸形果后出售。

出售干椒的，可在霜前7~10d连根拔下在田间摆放。摆放时将辣椒根部朝一个方向，每隔7~10d上下翻动1次。在田间晾晒15~20d后，拉回码垛。椒垛要选地势高燥、通风向阳的地方。垛底用木杆或作物秸秆垫好，码南北向单排垛，垛高1.5m左右，垛间留0.5m以上间隙，每隔10d左右翻动1次。雨天用塑料膜或防雨布遮盖，雨停后撤去遮盖物，保证通风。晾晒翻动时不要挤压、践踏，不能用钢叉类利器翻动，以免损伤辣椒果实，造成霉烂。当辣椒逐渐干燥，椒柄可折断、摇动时有种子响动声、对折辣椒有裂纹、果实含水量17%左右时，即可进行采摘，分级销售。在采摘、包装、运输、销售过程中应注意减少破碎、污染，以保证辣椒品质。

（3）玉米

①品种选择。玉米品种选择边行效应明显、喜肥水、抗病性强的高产品种，如登海605、登海618、郑单958等。为提高玉米的综合经济效益，玉米品种也可选用鲜食的优良糯玉米品种。

②播期。6月中旬播种。

③播种方式。“玉米+辣椒”的套种方式4：1，即每四行辣椒间作1行玉米，玉米株距30cm，一穴双株，密度为1 850株，这样既改变了田间小气候又防治了辣椒的日烧病，为辣椒的高产奠定了基础，同时在收获辣椒前可以先行收获玉米，增加了种植收入。

④田间管理。

拔除弱株，中耕除草：个别地块密度过大会导致小弱株，小株弱株既占据一定空间，影响田间通风透光，消耗肥水，又不能形成经济产量，因此，应及早拔除小弱株，确保田间密度适宜，以提高群体质量。

穗期一般中耕 1~2 次：小喇叭口期应深中耕，以促进根系发育，扩大根系吸收范围。小喇叭口期以后，中耕宜浅，以保根蓄墒，一般可结合辣椒除草进行。

重施穗肥：玉米穗期是果穗分化期，也是追肥最重要的时期。穗期追肥应以速效氮肥为主。追肥时间为大喇叭口期（12~13 片展开叶），每 667$m^2$ 追尿素 20kg 左右。中低产田穗肥占氮肥总追施量的 40%左右。追肥应距玉米植株一侧 8~10cm，条施或穴施，深施 10cm 左右。覆土盖严，减少养分损失。

及时排涝或灌溉：玉米穗期阶段要确保大喇叭口前后和抽雄前后土壤墒情充足。抽雄前后，地面应见湿不见干，墒情不足，应进行灌溉。宜涝地块还应在穗期结合培土挖好地内排水沟，积水时应及时排涝。

追施粒肥，科学浇水：粒肥是防止玉米后期早衰的重要措施，对玉米前期施肥量少或表现有脱肥迹象的田块，应在吐丝期追施速效氮肥，每 667$m^2$ 用尿素 5~8kg。玉米抽雄开花期需水强度最大，对干旱的反应最敏感，是玉米需水“临界期”，此期如果缺水将会导致玉米花期不遇，不能正常授粉结实，极易造成秃尖、缺粒甚至空秆现象；灌浆至成熟期也是玉米需水的重要时期，这个时期干旱对产量的影响仅次于抽雄期，此期缺水会直接导致玉米千粒重下降。生产上有“开花不灌、减产一半”“前旱不算旱、后旱减一半”等说法。在玉米生长后期要根据天气、墒情灵活掌握，使农民做到遇旱浇水。

⑤收获。玉米成熟的标志是玉米苞叶干枯松散，籽粒变硬发亮，乳线消失，黑层出现即达到完熟期，此时收获的千粒重最高。实践证明，玉米每早收 1d，千粒重就会减少 3~4g。因此，在不影响适时种麦的前提下，应尽量推迟玉米收获期，确保玉米在完熟期收获。

糯玉米可根据成熟度适时收获。

⑥病虫防治。夏玉米主要虫害有玉米螟、黏虫等。玉米螟每 667$m^2$ 可用 3%辛硫磷颗粒剂 250g 或 Bt 乳剂 100~150ml 加细砂 5kg 施于心叶内防治。二代黏虫和蓟马可用 50%辛硫磷1 000倍液喷雾防治。

## 九、西瓜—辣椒—水果玉米高效栽培模式

### 1. 种植茬口安排

西瓜：2 月中下旬至 3 月上旬小拱棚育苗，4 月中下旬定植，7 月中下旬成熟。

辣椒：2 月下旬至 3 月初育苗，5 月中上旬定植，8 月底至 9 月初收获鲜椒出售，9 月底收获干椒。

水果玉米：水果玉米于 7 月中下旬播种，10 月初收获。

### 2. 栽培管理技术

（1）西瓜

①品种选择。选择当地适宜种植的中早熟品种，着重选择抗病性强，瓤质脆嫩、不空心、含糖量高、不易裂果、耐贮藏、耐运输的品种，如西农 8 号、中科 1 号、郑抗 8 号、京欣 2 号等品种。

②嫁接育苗。一般是采用简易大棚嫁接育苗，根据定植日期和苗龄确定育苗时间，不宜过早或过晚。一般购买专用西瓜育苗肥，或采用无菌土和腐熟厩肥按 10∶1 比例配制营养土，加入适量的百菌清消毒，充分拌匀过筛即可。选择抗逆性强，与接穗嫁接亲和力好的砧木品种。目前可用的砧木品种主要有：南瓜砧的京欣砧 2 号和京欣砧 4 号、葫芦砧的强砧和京欣砧 1 号。

砧木一般采用穴盘育苗，先播种砧木，等砧木子叶展开，真叶如米粒大小时，大约 7d 后，在苗床上播种西瓜接穗。在砧木第 1 片真叶展开，接穗西瓜 2 片子叶展平时为嫁接适宜期。嫁接方法一般为顶插接法。具体做法为：先用刀片去除砧木的真叶及生长点，然后用竹签从砧木一侧子叶的主脉向另一侧子叶方向朝下斜插深约 1cm，然后用刀片在接穗子叶节下 1~1.5cm 处削成斜面长约 1cm 的楔形面，随即将削好的接穗插入孔中，接穗子叶与砧木子叶呈“十”字状，用嫁接夹固定后放入穴盘。

嫁接后将嫁接好的穴盘放入畦内，摆放整齐，用竹片在畦内搭建一个拱棚，上覆塑料膜和遮阳网密闭保湿，以保证小拱棚内空气湿度不低于 95%，3~5d 内不放风，温度保持白天 25~28℃，夜间 20℃。嫁接后 4~7d 后逐渐揭开小拱棚两侧塑料薄膜通风，开始通风要小，逐渐加大温度控制在 20~

28℃，晚上不能低于18℃。嫁接后1~3d内，晴天可全天遮光，以后逐渐增加早、晚见光时间，缩短中午遮光时间；第4~6天早晚正常光照，以后逐渐增加光照，第9天后可完全见光。温度控制在白天22~30℃，14d后西瓜长出真叶白天正常管理，晚上温度不能低于16℃，直至定植。

③定植。整地：越冬前深翻土壤，改善其透气性。早春解冻后及时耙地保墒，因辣椒、西瓜都是需肥量大的作物，故基肥一定要施足，需要比单独种植西瓜增施有机肥30%。西瓜对基肥种类的要求比较严格，以肥效时间较长的有机肥为主，再加入适量的速效肥。原则上底肥中的氮肥施用量是整个生育期总量的40%~60%，全生育期磷肥全部用作底肥施入，钾肥施用量占整个生育期钾肥用量的60%。适施氮肥，重施钾肥，补施微肥。基肥用量按照有机肥为主，化肥为辅的原则：一般每667$m^2$施6~8$m^3$有机肥，并根据化肥在基肥中的比例，每667$m^2$施入尿素16kg、过磷酸钙70kg、硫酸钾32kg。

选择壮苗：选用生长健壮、根系发达的无菌嫁接幼苗，一般幼苗3叶1心期移栽为佳。

适时定植：在4月中下旬定植为宜。定植前起垄，垄宽60cm，垄上面铺黑色地膜。一般西瓜栽种行距为2m，株距50~60cm，每667$m^2$栽植556~668株。每行西瓜套种两行辣椒（西瓜移栽在垄中间，离开西瓜定植行中线两侧30cm处定植辣椒）。

④田间管理。水分管理总原则是，苗期要控制浇水，以防止秧苗徒长，结瓜期水量加大，但一定要保持相对稳定，不能忽旱忽涝，防止产生裂瓜和大头瓜、葫芦瓜。定植后7d浇缓苗水，从缓苗水到团棵期期间，原则上不浇水，以防止水分过大而引起植株徒长，造成植株生长过旺落花花瓜。幼瓜坐住后长到鸡蛋大小时，开始浇水，水量要充足，以浇透为宜，此次浇水也可以先辣椒定植再浇水，既促进西瓜生长，也是辣椒“缓苗水”，做到“一水两用”。进入膨瓜期后根据西瓜、辣椒的生长需要及降雨情况进行统筹管理浇水，西瓜一般足量浇水1~2次即可，采收前7d停止浇水。

西瓜幼苗期苗生长健壮可以不追肥，伸蔓期可以追施一次伸蔓肥，施用量一般为每667$m^2$尿素10kg、硫酸钾10kg。需要注意的是伸蔓肥要早施，伸蔓中后期一般不再追肥。西瓜膨瓜期是追肥关键时期，此时追肥以磷、钾肥为主，适当控制氮肥，分2次追施。果实鸡蛋大小，每667$m^2$施硫酸钾25kg、磷酸二铵15kg、尿素5kg；果实碗口大小，追第2次膨瓜肥，每667$m^2$施磷酸二铵10~15kg、硫酸钾10~12kg。

一般采用双蔓整枝，保留主蔓，在主蔓基部选 1 条生长健壮侧蔓，主蔓和侧蔓上着生的孙蔓全摘除。进行人工辅助授粉，西瓜主蔓第 1 雌花一般结瓜个小、品质差，应及时摘除，选择主蔓第 2、第 3 雌花进行人工辅助授粉，宜选择晴天上午 8～10 时雌花开放时进行。当幼瓜长至鸡蛋大小时及时摘除发育不良的果实，每株至少保留 1 个果型端正、发育良好的幼瓜。当幼瓜直径 7cm 以上时，采用专用塑料网袋套瓜，防鸟。

⑤收获。西瓜需进行适时采收，一般在 7 月中上旬开始陆续收获。成熟果花纹清晰，果柄基部稍有收缩；用手拍打果实，发出混音为熟瓜，一般九成熟采收为宜。西瓜采收后及时拉秧，及时播种水果玉米。

⑥病虫害防治。防治病虫害应贯彻“预防为主、综合防治”的方针，掌握以农业防治和物理防治为主、药物防治为辅的无害化控制原则。张挂黄色诱虫板，每 667$m^2$挂板 30～40 片。防治蚜虫选用 25%噻嗪酮粉剂 1 500～2 000倍液，病毒病可在发病初期喷施 20%病毒 A 可湿性粉剂 500 倍液，或 1. 5%值病灵乳剂 1 200～1 500倍液防治。细菌性角斑病可在发病前喷施 50%多抗・喹啉铜可湿性粉剂 600～800 倍液预防，发病初期喷施 20%噻菌铜悬浮剂 500 倍液防治。西瓜蔓枯病主要以预防为主，可在发病前喷施 16%多抗霉素 B 可溶粒剂 800～1 000倍液预防。

（2）辣椒

①品种选择。加工型辣椒应选择耐热性强、抗病性突出、产量高、品质好的中晚熟品种；同时考虑品种的加工特性，要求果实颜色鲜红、加工晒干后不褪色，有较浓的辛辣味，果肉含水量小、干物质含量高等特点。目前生产上普遍选用的普通椒品种有德红 1 号、英潮红 4 号、世纪红、金椒、干椒 3 号、干椒 6 号、鲁红系列、金塔系列辣椒品种等，朝天椒品种有日本三樱椒、天宇系列、红太阳系列等辣椒品种。

②育苗。辣椒的苗龄一般为 50～60d，华北地区最佳育苗期为 2 月下旬至 3 月上旬。可就近采用阳畦育苗。育苗地点选择在地势开阔、背风向阳、干燥、无积水和浸水、靠近水源的地方，苗床土要求肥沃、疏松、富含有机质、保水保肥力强的沙壤土。准备育苗土：土壤和腐熟有机肥比例为 6∶4，每 1$m^3$ 育苗土加入草木灰 15kg、过磷酸钙 1kg，经过堆沤腐熟后均匀撒在苗床上，厚度 1～2cm，然后整细整平。播种前，将种子用 55℃ 的温水浸泡 15min，并不断搅动，水温下降后继续浸泡 8h，捞出漂浮的种子。将浸种完的种子，用湿布包好，放在 25～30℃ 条件下，催芽 3～5d。当 80%的种子“露白”时，即可播种。播种时浇 1 遍水，播种要求至少 3 遍，以保证落种

均匀。覆土要用细土，厚度为5~10mm。为便于掌握，可在床面上均匀放几根筷子，然后覆土，至筷子似露非露时即可。覆完土后盖地膜，接着覆盖棚膜，膜上加盖草苫。

10d左右后，出苗达50%时及时揭掉棚膜。育苗期，每天太阳出来后及时揭苫，日落前盖苫。选择无风、温暖的晴天，利用中午时间拔除杂草。定植前10d左右逐步降温炼苗，白天15~20℃，夜间5~10℃，在保证幼苗不受冻害的限度下尽量降低夜温。苗床干时需浇小水，幼苗叶色浅黄时，可酌情施用磷酸二氢钾等叶面肥，育苗后期需放风降温和揭膜炼苗，定植前2d浇透苗床，以利移苗。育苗期间注意防治猝倒病、立枯病，可用72.2%普力克水剂400~600倍液，或72%克露可湿性粉剂500~800倍液防治，也可在苗床喷洒安克。

③定植。定植应于10cm地温稳定在15℃左右时及早进行，一般在西瓜定植后进行辣椒定植。在西瓜预留的辣椒行定植，朝天椒每穴两株，穴距25cm，密度为7 500株/667$m^2$左右；普通加工型辣椒每穴一株，株距25cm，密度为4 000株/667$m^2$左右。

定植时选用辣椒壮苗，辣椒壮苗的标准是苗高20~25cm，茎秆粗壮、节间短，具有6~8片真叶、叶片厚、叶色浓绿，幼苗根系发达、白色须根多，大部分幼苗顶端呈现花蕾，无病虫害。辣椒茎部不定根发生能力弱，不宜深栽，栽植深度以不埋没子叶为宜。栽苗时大小苗要分级，剔除病弱苗、老化苗。定植后要立即浇定植水，随栽随浇。

④田间管理。

定植后管理：定植后浇缓苗水。浇水后，要及时中耕松土，增加地温，保持土壤水分，促进根系生长。缓苗后，适当控制水分，促使根系深扎，达到根深叶茂。蹲苗的时间长短，要视当地气候条件而定。

定植后到结果期前的管理：此时管理的重点是发根。在生产上，除经常保持适宜的土壤含水量外，灌水及降水后，应及时中耕破除土壤板结。

结果初期管理：当大部分植株已坐果，此时植株的茎叶和花果同时生长，要保持土壤湿润状态。一般不追肥。选用朝天椒类型的品种应在盛花期过后，追施高N、高K、低P水溶性复合肥20~30kg，随水冲施。

盛果期管理：为防止植株早衰，要及时采收下层果实，并要勤浇小水，保持土壤湿润，每10~15d追施1次水溶性复合肥10~20kg，以利于植株继续生长和开花坐果。

徒长椒田间管理：盛花后用矮丰灵、矮壮素等药喷洒，深中耕，控徒长。

植株调整：门椒现蕾时应及时去除，同时，把门椒以下的侧枝及时打掉。发现不结果的无效枝也要及时去掉。当朝天椒植株长有 12～14 片叶时，摘除朝天椒的顶芽。也可在椒苗主茎叶片达到 12～13 片时，摘去顶心，促使辣椒早结果，多结果，结果一致，成熟一致。

培土成垄：在雨季到来、植株封垄以前，应对辣椒植株进行培土。培土时要防止伤根。培土后及时浇水，促进发秧，争取在高温到来之前使植株封垄。

高温雨季管理：管理的重点是要保持土壤湿润，浇水要勤浇、少浇。浇水宜在早晨或傍晚进行。在雨季来临之前，要疏通排水沟，使雨水及时排出。进入雨季，浇水要注意天气预报，不可在雨前 2～3d 浇水，防止浇水后遇大雨。暴晴天骤然降雨，或久雨后暴晴，都容易引起植株萎蔫。因此，雨后要及时排水，增加土壤通透性，防止根系衰弱。及时防治辣椒病虫害。

后期管理：9 月以后，进入辣椒果实成熟期，可适当喷施叶面肥。喷施叶面肥的时间应选在上午田间露水已干或下午 16：00（或 17：00）之后，以延长溶液在叶面的持续时间。喷洒叶面肥时从下向上喷，喷在叶背面，以利于其吸收，提高施肥效果。

⑤收获。辣椒果实作为鲜椒出售的，在 8 月底至 9 月初，成熟果达到 1/4 以上时开始采摘，以后视红果数量陆续采摘。采收时要采摘整个果实全部变红的辣椒，去除病斑、虫蛀、霉烂和畸形果后出售。

出售干椒的，可在霜前 7～10d 连根拔下在田间摆放。摆放时将辣椒根部朝一个方向，每隔 7～10d 上下翻动 1 次。在田间晾晒 15～20d 后，拉回码垛。椒垛要选地势高、通风向阳的地方。垛底用木杆或作物秸秆垫好，码南北向单排垛，垛高 1.5m 左右，垛间留 0.5m 以上间隙，每隔 10d 左右翻动 1 次。雨天用塑料膜或防雨布遮盖，雨停后撤去遮盖物，保证通风。晾晒翻动时不要挤压、践踏，不能用钢叉类利器翻动，以免损伤辣椒果实，造成霉烂。当辣椒逐渐干燥，椒柄可折断、摇动时有种子响动声、对折辣椒有裂纹、果实含水量 17%左右时，即可进行采摘，分级销售。在采摘、包装、运输、销售过程中应注意减少破碎、污染，以保证辣椒品质。

（3）水果玉米

①品种选择。玉米品种选择边行效应明显、喜肥水、抗病性强的鲜食水果玉米品种，如小布丁、绿色超人、超甜 2008、尼可香及高品乐等。

②播期。7月中下旬播种。

③播种方式。西瓜拉秧后播种于两垄之间空档即两行辣椒两行玉米，株距15cm，双行玉米间距30cm，辣椒行与玉米行间距40cm。

④田间管理。

拔除弱株，中耕除草：个别地块密度过大，有小弱株，小株、弱株既占据一定空间，影响通风透光，消耗肥水，又不能形成经济产量，因此，应及早拔除小弱株，确保田间密度适宜，以提高群体质量。

穗期一般结合辣椒除草中耕1~2次：小喇叭口期应深中耕，以促进根系发育，扩大根系吸收范围。小喇叭口期以后，中耕宜浅，以保根蓄墒，一般可结合辣椒除草进行。

重施穗肥：玉米穗期是果穗分化期，也是追肥最重要的时期。穗期追肥应以速效氮肥为主。追肥时间为大喇叭口期（12~13片展开叶），每667m$^2$追尿素20kg左右。追肥应在两行玉米之间条施或穴施，深施10cm左右。覆土盖严，减少养分损失。

科学浇水：玉米抽雄开花期需水强度最大，对干旱的反应最敏感，是玉米需水“临界期”，此期如果缺水将会导致玉米花期不遇，不能正常授粉结实，极易造成秃尖、缺粒甚至空秆现象；灌浆期也是玉米需水的重要时期，生产上有“开花不灌、减产一半”“前旱不算旱、后旱减一半”等说法。在玉米生长后期要根据天气、墒情灵活掌握，做到遇旱浇水。

⑤收获。田间判断水果玉米最佳采收期的简单可行的方法是果穗苞叶呈绿色，果穗顶部花丝变为深褐色而没有干枯，撕开苞叶后籽粒色泽鲜艳，用指甲掐上部果穗籽粒有少量白色乳浆流出。采收时间宜避过中午高温，果穗采收时要带苞叶进行，并要轻拿轻放，防止挤压。采收后尽量在当天上市或进冷库储存待售。

⑥病虫防治。水果玉米主要虫害有玉米螟、黏虫等。玉米螟可每667m$^2$用3%辛硫磷颗粒剂250g或Bt乳剂100~150ml加细砂5kg施于心叶内防治。二代黏虫和蓟马可用50%辛硫磷1 000倍液喷雾防治。

## 十、大蒜—辣椒—棉花高效栽培模式

### 1. 种植茬口安排

大蒜：10月5—10日播种，次年5月下旬收获。

辣椒：3月上旬育苗，5月初定植，8月底至9月初收获鲜椒出售，9月底收获干椒。

棉花：4月上旬育苗，4月下旬至五月初定植，9月下旬收获籽棉。

## 2. 栽培管理技术

（1）大蒜

①品种选择。选择当地适宜种植品种，金乡蒜和苍山蒜均可。

②播期及播量。山东省大蒜适宜播期为10月5—10日，晚熟品种、小蒜瓣、肥力差的地块可适当早播；早熟品种、大蒜瓣、肥沃的土壤可适当晚播。另外，还应注意播种与施肥的间隔时间，以防烧苗，一般间隔时间不要少于5d。大蒜种植的最佳密度为每667$m^2$种植22 000~26 000株，重茬病严重地块、早熟品种、小蒜瓣、沙壤土可适当密植，晚熟品种、大蒜瓣、重壤土可适当稀植。亩用种量约150kg。

③播种方式。为便于下茬作物的定植应预留套种间作行，一般畦宽4.4m，种22行大蒜，套种两行棉花四行辣椒。一般播种行18cm、棉花行距2.2m、辣椒大小行种植大行距1.1m，小行距辣椒54cm；开沟播种，用特制的开沟器或耙开沟，深3~4cm。株距根据播种密度和行距来定。种子摆放上齐下不齐，腹背连线与行向平行，蒜瓣一定要尖部向上，不可倒置，覆土1~1.5cm。

栽培畦整平后，每667$m^2$用37%蒜清二号EC兑水喷洒。喷后及时覆盖厚0.004~0.008mm的透明地膜。降解膜能够降温散湿，改善根际环境，防治重茬病害，提升大蒜质量，具有增产效果。建议使用降解膜。

④田间管理。9月下旬耕地，基肥施氮磷钾（15-15-15）复合肥150kg。播种后浇水，第二天喷除草剂，覆盖地膜。播种约3d后，大蒜芽开始露出地面，然后开始人工辅助大蒜破膜，方法是：把麻袋或包裹好厚塑料布的铁链放在地膜上面，左右两个人向前拉，一般需要3~4d，80%~90%大蒜能够破膜，顺利出苗，剩余的需要人工逐个勾出来。第二年清明节前后，开始浇第一水，并冲施海藻肥15~20kg。抽薹后，鳞茎进入生长盛期，应视天气情况7d左右浇一水，以保持土壤湿润，蒜头膨大期要小水勤浇，保持土壤湿润，降低地温，促进蒜头肥大。蒜头收获前5d要停止浇水，防止田内土壤太湿造成蒜皮腐烂，蒜头松散，不耐贮藏。蒜头一般在5月20日左右收获。

⑤收获。蒜薹顶部开始弯曲，薹苞开始变白时应于晴天下午及时采收。

植株叶片开始枯黄，顶部有2~3片绿叶，假茎松软时应及时采收。

（2）棉花

①品种选择。应选择中熟偏早的抗虫优质棉种，叶片中等大小，管理省工。如银兴棉14号、瑞杂816、鲁棉研54号等。

②播种（育苗移栽）。4月上旬育苗，4月下旬至5月初定植。棉花定植在预留行，行距2.2m，株距25cm，密度为1 200株/667$m^2$。

③田间管理。

轻施苗肥：前茬大蒜收获时，尽量注意保护棉苗，减轻对棉苗伤害，并注意保护地膜，继续为棉苗保墒、增温。大蒜收获后，对于棉苗生长较弱小的棉田，每667$m^2$可施尿素5~7kg。

稳施蕾肥：6月中下旬，每667$m^2$追施尿素5~10kg。

重施花铃肥：7月上中旬棉田封垄前，进行中耕扶垄，结合扶垄追施花铃肥，每667$m^2$追施复合肥（15-15-15）30kg。

补施盖顶肥：7月底至8月初，每667$m^2$追施10kg尿素作盖顶肥，防早衰。

浇水、抗旱、排涝：7月以后进入雨季，视降雨情况灵活掌握，若连续半月不降雨，应及时浇水；如遇长期阴雨天气，应在宽行开沟及时排出积水。

中耕、扶垄：6月下旬，棉花处于初花期，开始中耕，中耕深度6~8cm，并清除地膜。7月上中旬棉田封垄前，进行中耕扶垄，中耕深度8~10cm，扶垄高15~20cm。

加强病虫害防治：及时防治棉花猝倒病、枯萎病、黄萎病、蜗牛、地老虎、棉铃虫、棉蚜、盲蝽蟓、烟粉虱、红蜘蛛等。

整枝：保留2~3个叶枝。7月20日打顶，一般保留17~18个果枝，及时抹去赘芽。

全程化控：盛蕾期，每667$m^2$用缩节胺0.5~1g，兑水20kg；盛花期，用缩节胺1.5~2.0g，兑水50kg。打顶后5~7d，用缩节胺3~4g，兑水50kg。应根据天气和棉花长势，适时增减化控次数、增减缩节胺用量。

适时拔柴：在不影响大蒜产量和品质的前提下，应适当推迟棉花拔柴时间，适宜拔棉柴时间在10月1—5日。

（3）辣椒

①品种选择。辣椒选用簇生型一次性采收的三英系列品种。

②育苗。选择在地势开阔、背风向阳、干燥、无积水和浸水、靠近水

源的地方进行育苗。苗床土要求肥沃、疏松、富含有机质、保水保肥力强的沙壤土。准备育苗土：土壤和腐熟有机肥比例为6∶4，每1$m^3$育苗土加入草木灰15kg、过磷酸钙1kg，经过堆沤腐熟后均匀撒在苗床上，厚度1~2cm，然后整细整平，让床土与育苗土充分混合。苗床要求作厢，要求依育苗方式而定。播种前，将种子用55℃的温水浸泡15min，并不断搅动，水温下降后继续浸泡8h，捞出漂浮的种子。将浸种完的种子，用湿布包好，放在25~30℃条件下，催芽3~5d。当80%的种子“露白”时，即可播种。播种时浇1遍水，播种要求至少3遍，以保证落种均匀。覆土要用细土，厚度为4~5mm。为便于掌握，可在床面上均匀放几根筷子，然后覆土，至筷子似露非露时即可。覆完土后盖地膜，接着覆盖棚膜，膜上盖草苫。

20d左右后，出苗达50%时及时揭掉地膜。育苗期，每天太阳出来后及时揭苫，日落前盖苫。选择无风、温暖的晴天，利用中午时间拔除杂草。定植前10d左右逐步降低到白天15~20℃，夜间5~10℃，在幼苗保证不受冻害的限度下尽量降低夜温。苗床干时需浇小水，必要时可施用磷酸二氢钾等叶面肥，育苗后期需放风降温和揭膜炼苗，定植前2d浇透苗床，以利移苗。育苗期间注意防治猝倒病、立枯病，可用井冈霉素A、异菌脲和噁霉灵等药剂兑水喷施，对苗床土壤进行处理，施药时保证药液均匀，以浇透为宜。

③定植。定植应于10cm地温稳定在15℃左右时及早进行，一般在4月20日前后。选择壮苗定植，壮苗的标准：苗高不超过20~25cm，茎秆粗壮、节间短，具有8~12片真叶、叶片厚、叶色浓绿，幼苗根系发达、白色须根多，大部分幼苗顶端呈现花蕾，无病虫害。辣椒茎部不定根发生能力弱，不宜深栽，栽植深度以不埋没子叶为宜。栽苗时大小苗要分级，剔除病弱苗、老化苗。定植后要立即浇定植水，随栽随浇。实行大小行移栽，大行距1.1m，小行距辣椒54cm，辣椒穴距25cm，每穴2~3株，3 000穴/667$m^2$、7 500株/667$m^2$左右。

④田间管理。

定植后管理：刚定植的幼苗根系弱，外界气温低，地温也低，浇定植水量不宜过大，以免降低地温，影响缓苗。浇水后，要及时中耕松土，增加地温，保持土壤水分，促进根系生长。适当控制水分，促使根系向土壤深处生长，达到根深叶茂。土壤水分过多，既不利于深扎根，又容易引起植株徒长，坐果率降低。蹲苗的时间长短，要视当地气候条件而定。当土壤含水量下降到13%~14%时，要及时浇水，然后中耕。

定植后到结果期前的管理：此时管理的重点是发根。辣椒根系的生长发育速度在幼苗期最快，以后随着地上部生长速度的加快，根系生长逐渐变慢，至开花结果期根系的生长基本停滞。辣椒根系的早衰都是在作物生长的中后期，根系的培育必须在开花结果期完成，而苗期又是最重要的时期。生产上，除增施有机肥促进土壤团粒结构形成、经常保持适宜的土壤含水量外，灌水及降水后，应及时中耕破除土壤板结，对改善土壤的透气性很有效。

结果初期管理：当大部分植株已坐果，开始浇水。此时植株的茎叶和花果同时生长，要保持土壤湿润状态。如果底肥充足，肥效又好，植株生长旺盛，果实发育正常，可以不追肥。因朝天椒的花果期是其一生中需肥量最大的时期，而且朝天椒主要收获红辣椒，追肥晚会延迟辣椒红熟，因此在盛花期过后，追施高 N 高 K 低 P 水溶性复合肥 20~30kg，随水冲施。

盛果期管理：盛果期，植株生长高大，营养生长和生殖生长同时进行。为防止植株早衰，要及时采收下层果实，并要加强浇水，追施水溶性复合肥 10~20kg，保持土壤湿润，以利于植株继续生长和开花坐果。

徒长椒田管理：盛花后深中耕，控徒长。

在椒苗主茎叶片达到 12~13 片时，摘去顶心，可促进侧枝生长发育，提早侧枝的结果时间，增加侧枝的结果数，结果一致，成熟一致，有利于提高产量。

结果后期管理：在雨季到来、植株封垄以前，应对辣椒植株进行培土，既可防雨季植株倒伏，也能降低根系周围的地温，利于根系的生长发育。培土时要防止伤根。培土后及时浇水，促进发秧，争取在高温到来之前使植株封垄。

高温雨季管理：高温雨季的光照强度高，地表温度常超过 38℃，辣椒根系的生长受到抑制。重点是要保持土壤湿润，浇水要勤浇、少浇，起到补充土壤水分的作用即可，而不是浇足、浇透。浇水宜在早晨或傍晚进行。雨季高温，杂草丛生，要及时清除田间杂草，防治病害传播。辣椒根系怕涝，忌积水。雨季中如土壤积水，轻者根系吸收能力降低，导致水分失调，叶片黄化脱落，引起落叶、落花和落果，重者根系就会窒息，植株萎蔫，造成沤根死秧。在雨季来临之前，要疏通排水沟，使雨水及时排出。进入雨季，浇水要注意天气预报，不可在雨前 2~3d 浇水，防止浇水后遇大雨。暴晴天骤然降雨，或久雨后暴晴，都容易造成土壤中空气减少，引起植株萎蔫。因此，雨后要及时排水，增加土壤通透性，防止根系衰弱。及时防治辣椒病虫害。

后期管理：9月以后，进入辣椒果实成熟期，根系吸收能力下降，可适当喷施叶面肥，及时弥补根系吸收养料的不足。喷施叶面肥的时间应选在上午田间露水已干或下午16：00（或17：00）之后，以延长溶液在叶面的持续时间。喷洒叶面肥时从下向上喷，喷在叶背面，以利于其吸收，提高施肥效果。

⑤收获。色泽深红，果皮皱缩。一般开花到成熟需要50~65d。辣椒转红之后并未完全成熟，需再等7d左右，果皮发软发皱才完全成熟。当红椒占全株总数90%时，拔下整株遮阴晾晒，至80%干时摘下辣椒，分级、晾晒、待售。

## 十一、大蒜—辣椒—芝麻高效栽培模式

### 1. 种植茬口安排

大蒜：10月5—10日播种，次年5月下旬收获。

辣椒：2月下旬至3月上旬小拱棚育苗，4月中下旬定植，8月底至9月初收获鲜椒出售，9月底收获干椒。

芝麻：芝麻于6月上旬播种，9月上中旬收获。

### 2. 栽培管理技术

（1）大蒜

①品种选择。选择当地适宜种植品种，金乡蒜和苍山蒜均可。

②播期及播量。山东省大蒜适宜播期为10月5—10日，晚熟品种、小蒜瓣、肥力差的地块可适当早播；早熟品种、大蒜瓣、肥沃的土壤可适当晚播。另外，还应注意播种与施肥的间隔时间，以防烧苗，一般间隔时间不要少于5d。大蒜种植的最佳密度为22 000~26 000株/667m$^2$，重茬病严重地块、早熟品种、小蒜瓣、沙壤土可适当密植，晚熟品种、大蒜瓣、重壤土可适当稀植。用种量约150kg/667m$^2$。

③播种方式。为便于下茬作物辣椒的套种应预留套种行，一般播种行18cm、套种行25cm，每种3行大蒜留一套种行。开沟播种，用特制的开沟器或耙开沟，深3~4cm。株距根据播种密度和行距来定。种子摆放上齐下不齐，腹背连线与行向平行，蒜瓣一定要尖部向上，不可倒置，覆土

1.0~1.5cm。

栽培畦整平后，每667m$^2$用37%蒜清二号EC兑水喷洒。喷后及时覆盖厚0.004~0.008mm的透明地膜。降解膜能够降温散湿，改善根际环境，防治重茬病害，提升大蒜质量，具有增产效果。建议使用降解膜。

④田间管理。

出苗期：一般出苗率达到50%时，开始放苗，以后天天放苗，放完为止。破膜放苗宜早不宜迟，迟了苗大，不仅放苗速度慢，而且容易把苗弄伤，同时也易造成地膜的破损，降低地膜保温保湿的效果。

幼苗期：及时清除地膜上的遮盖物，如树叶、完全枯死的大蒜叶、尘土等杂物，增加地膜透光率，对损坏地膜及时修补，使地膜发挥出其最大功用。用特制的铁钩在膜下将杂草根钩断，杂草不必带出，以免增大地膜破损。

花芽、鳞芽分化期：在第二年春天气转暖，越冬蒜苗开始返青时（3月20日左右），浇1次返青水，结合浇水每667m$^2$追施氮肥5~8kg、钾肥5~6kg。

蒜薹伸长期：4月20日左右浇好催薹水。蒜薹采收前3~4d停止浇水。结合浇水每667m$^2$追施氮肥3~4kg、钾肥4kg左右。4月20日前后的“抽薹水”，既能满足大蒜的水分需求，又利于辣椒的定植，提高成活率，促苗早发；也可以先辣椒定植再浇水，既是“催薹水”，也是“缓苗水”，做到“一水两用”。芝麻播种后，根据辣椒、芝麻的生长需要及降雨情况进行的浇水，也是“一水两用”。

蒜头膨大期：蒜薹采收后，每5~6d浇1次水，蒜头采收前5~7d停止浇水。蒜头膨大初期，结合浇水每667m$^2$追施氮肥3~5kg、钾肥3~5kg。4月上旬的大蒜“催薹肥”及4月20日前后的大蒜“催头肥”，也为辣椒、芝麻的苗期生长提供了足够的营养元素，为辣椒、芝麻高产稳产打下坚实基础，达到“一肥三用”的效果。

⑤收获。蒜薹顶部开始弯曲，薹苞开始变白时应于晴天下午及时采收。植株叶片开始枯黄，顶部有2~3片绿叶，假茎松软时应及时采收。大蒜收获时，尽量减少地膜破损，以免造成水分蒸发、地温降低，影响辣椒的正常生长，也为芝麻播种创造良好的土壤墒情。

⑥病虫防治。

大蒜叶枯病：发病初期喷洒50%抑菌福粉剂700~800倍液；或50%扑海因800倍液；或50%溶菌灵、70%甲基托布津500倍液，每7~10d喷1

次，连喷 2~3 次。均匀喷雾，应交替轮换使用。

大蒜灰霉病：发病初期喷洒 50%腐霉利可湿性粉剂1 000~1 500倍液；或 50%多菌灵可湿性粉剂 400~500 倍液；25%灰变绿可湿性粉剂 1 000~1 500倍液，7~10d 喷 1 次，连喷 2~3 次。均匀喷雾，应交替轮换使用。

大蒜病毒病：发病初期喷洒 20%病毒 A 可湿性粉剂 500 倍液；或 1.5%植病灵乳剂1 000倍液；或用 18%病毒 2 号粉剂1 000~1 500倍液，7~10d 喷 1 次，连喷 2~3 次。均匀喷雾，应交替轮换使用。

大蒜紫斑病：发病初期喷洒 70%代森锰锌可湿性粉剂 500 倍液；或 30%氧氯化铜悬浮剂 600~800 倍液，每 7~10d 喷 1 次，连喷 2~3 次。均匀喷雾，应交替轮换使用。

大蒜疫病：发病初期喷洒 40%三乙膦酸铝可湿性粉剂 250 倍液；或 72%稳好可湿性粉剂 600~800 倍液；或 72.2%宝力克水溶剂 600~1 000倍液；或 64%噁霜灵可湿性粉剂 500 倍液，每隔 7~10d 喷 1 次，连喷 2~3 次。均匀喷雾，应交替轮换使用。

大蒜锈病：发病初期喷洒 30%特富灵可湿性粉剂3 000倍液；或 20%三唑酮可湿性粉剂2 000倍液，每 7~10d 喷 1 次，连喷 2~3 次。

葱蝇：成虫产卵时，采用 30%邦得乳油1 000倍液；或 2.5%溴氰菊酯3 000倍液喷雾或灌根。

葱蓟马：采用 2.5%三氟氯氰菊酯乳油3 000~4 000倍液喷雾。

（2）辣椒

同西瓜—辣椒—水果玉米栽培模式中辣椒育苗、收获、病虫害防治一样。

（3）芝麻

①品种选择。芝麻品种宜选用漯芝 15 号、漯芝 19 号、漯芝 21 号等单秆型、茎秆粗壮、抗倒、产量潜力大的品种。

②芝麻播种。在大蒜收获后形成的空档内播种芝麻，每行辣椒种植 3 行芝麻。芝麻播种应做到大蒜收获后抢时播种，最迟不能超过 6 月 10 日。播种过晚，芝麻幼苗时辣椒已经封垄，容易受到辣椒的荫蔽，影响生长。芝麻播种量为 750g/667m$^2$左右，可采用开沟点播。播种后根据墒情进行浇水，确保芝麻一播全苗。

③辣椒间作芝麻共生期管理。芝麻和辣椒的共生期为 3 个月左右，期间应加强肥水管理、病虫害的防治，做好芝麻间定苗、辣椒中耕培土、芝麻打顶等工作，确保芝麻、辣椒双丰收。

芝麻及时间苗定苗：出现第1对真叶时，即“十字架”时期，进行第1次间苗，拔除过密苗，以叶不搭叶为度；间苗时，发现缺苗，要及时带土移苗补栽。出现3~4片真叶时进行定苗，株距16.7~20.0cm，每667m$^2$留苗1 500株左右。

肥水管理：大蒜收获以后，辣椒重施肥，施尿素10kg/667m$^2$，复合肥20kg/667m$^2$；7月上旬施复合肥30kg/667m$^2$，此时芝麻不用施肥。7月中旬以后辣椒不再追肥，然而芝麻此时正值开花结蒴期，是生长最旺盛时期，也是需肥高峰期，追施尿素10kg/667m$^2$。8月底到9月初，芝麻辣椒处于生长后期，一般选用0.4%磷酸二氢钾进行叶面喷肥2~3次，可以减轻叶部病害，增加产量。结合施肥进行浇水，除此之外，需根据辣椒是否缺水灵活把握浇水。如遇干旱，小水勤浇，不可中午浇水；如遇大雨，要及时排水，避免田间积水；其余时间一般不浇水。

辣椒中耕培土：辣椒第一棚果出现时进行中耕，中耕宜浅。结合中耕进行培土，将土壤培于植株的根部。

④收获。9月上中旬，当芝麻下部叶片全部脱落，仅剩上部极少叶片，下部5~6个蒴果开裂时收获。芝麻收割后捆成小捆，摆架晾晒，充分晒干后脱粒2~3次即可。

⑤病虫防治。

细菌性角斑病：在病害尚未出现时喷药预防1~2次，发病初期连续喷药封锁发病中心。药剂可选用1：1：100石灰等量式波尔多液，或12%绿乳铜乳油600倍液，或30%氧氯化铜悬浮剂600倍液，或77%可杀得悬浮剂800倍液，或20%喹菌酮可湿粉1 000~1 500倍液，或12%农用硫酸链霉素4 000倍液，或47%加瑞农可湿粉800倍液，喷2~3次，每隔7~15d喷1次，前密后疏，交替施用，喷匀喷足。

苗期重点防治小地老虎和蟋蟀。于傍晚前用48%乐斯本1 000倍液、70%甲基托布津500倍、20%井冈霉素1 500倍液，混合喷洒芝麻幼苗及周边土壤，兼治苗期病虫害。辣椒、芝麻生长期主要害虫为棉铃虫、甜菜叶蛾等，可选用20%氯虫苯甲酰胺5 000倍液、10.5%甲维·氟铃脲1 500倍液、150g/L安打2 000倍液喷洒防治。蚜虫发生时，可喷洒10%吡虫啉1 500倍液，或10%烯啶虫胺2 500倍液进行防治。

杂草：芝麻播种覆土后每667m$^2$可用72%都尔100~200ml或50%乙草胺乳油100~150ml，兑水50L，均匀喷雾土表，进行土壤封闭处理，防除杂草；芝麻出苗后可使用10.8%高效盖草能乳油50ml/667m$^2$兑水40kg喷施，进行杂草防除。

芝麻打顶保叶：8 月 10—15 日打顶，保证单株蒴数 120~150 个为宜。打顶时，除去芝麻顶端 1~3cm 为宜。整个生育期严禁摘叶。

## 十二、麦套辣椒丸粒化机械精播技术

麦套辣椒机械化精播高效栽培技术将辣椒种子进行丸粒化处理，集成地膜覆盖、精量机械播种和膜下滴灌等技术，实现机械起垄、铺设滴灌带、覆盖地膜、丸粒化种子播种一次完成，省工、节水、减肥，提高麦套辣椒机械化、规模化、生态化种植水平。

### 1. 播前准备

（1）品种选择

根据当地生产和消费需求，选择适合当地种植条件，早熟、抗病、高产、优质的品种，如英潮红 4 号、德红 1 号、世纪红、金椒、干椒 3 号、干椒 6 号、日本三樱椒、天宇系列、红太阳系列等辣椒品种。

（2）地块选择

应选择肥沃、平整、排灌良好、适宜机械化作业的沙壤、壤土、轻黏土地块。在 10 月小麦种植时，预留好辣椒种植行，一般种植 2~3 行小麦，留 80~100cm 套种行。

（3）精耕整地

播种前 1 周进行精细整地，以利于提高播种质量，保证灌水均匀和全苗。结合小麦生育后期的需肥规律，重视底肥施用，一般每 667$m^2$施生物有机肥 100kg、三元复合肥（15-15-15）40kg。

### 2. 机械播种

（1）种子丸粒化

辣椒种子质量轻、体积小、不规则，不适合机械精密播种，经过丸粒化包衣后，可使体积重量增加，形状和大小由不规则、微小，转为大小均一、规则的小球体，有效提高播种性能，实现机械化精量播种。

（2）适时播种

辣椒适宜播期在 3 月下旬至 4 月中旬，干播湿出，播种后 1~2d，根据天气情况，进行少量滴灌，土壤湿润为宜，一般灌水量 15~20$m^3$/667$m^2$。

（3）机械直播

选用双列式多功能辣椒播种机，将起垄、铺设滴灌带、覆膜、播种、覆土一次完成，每垄2行辣椒，滴灌带平整铺设在地膜下2行辣椒中间。先铺设滴灌带，然后覆膜，在地膜上进行精量播种，每穴播3~5粒种子。播种深度1.0~2.0cm，按照品种种植要求调整株行距。地膜选用较厚和韧性好的黑银双色地膜。

### 3. 田间管理

（1）定苗

播种后10~15d即可出苗，及时检查出苗情况，由于每穴的播种量有3~5粒，一般不会出现缺苗现象。当幼苗长到8~10cm时定苗，根据辣椒品种特性每穴留1~2株苗。朝天椒品种要适时摘心，注意摘除时尽量保留茎生叶，以增加有效侧枝数，取得高产。

（2）水肥一体化管理

根据辣椒需肥规律通过可控管道将水肥混合液定时、定量滴入辣椒根系发育区域，可提高肥料利用率，减少肥料投入。

播种出苗后至9月上旬，根据墒情和天气变化，一般每隔15d左右滴1次水，滴灌20~25$m^3$/667$m^2$，全生育期灌水4~7次。

在辣椒开花期，结合浇水，追施高氮中磷低钾复合肥10~15kg，同时叶面喷施富含腐植酸、氨基酸，硼、锌等微量元素叶面肥。

每采收1次辣椒后，每667$m^2$随水冲施高氮高钾复合肥20kg，中量元素水溶液10L（600~800倍稀释），磷酸二氢钾100g。

### 4. 病虫草害防治

为保证辣椒优质、丰产，必须做好病虫害的预测预报，以防为主、统防统治。

（1）主要病害防治

主要病害为病毒病、炭疽病、软腐病等。

病毒病，辣椒叶、果实均可感病，喷施吗啉胍乙酮或阿泰灵、芸苔素内酯或碧护，隔10d喷1次，连喷2~3次。

炭疽病为害叶片和果实，发病初期，可喷25%咪鲜胺乳油800倍液+43%戊唑醇悬浮液剂1 000倍液，发病严重时可用50%咪鲜胺锰盐1 000倍液，25%嘧菌酯悬浮剂1 000倍液，隔7d喷1次，连喷3次。

软腐病为害叶片、茎和果实，选用 72.2%霜霉威盐酸水剂 600～800 倍液，或 58%甲霜灵锰锌可湿性粉剂 600 倍液，植株连同地面一起喷洒。

（2）主要虫害防治

辣椒虫害主要为蚜虫、蓟马、茶黄螨、烟青虫等。

蚜虫可用 3%啶虫脒乳油3 000倍液，或 10%吡虫啉可湿性粉剂2 000倍液，或 10%蚜虱净可湿性粉剂1 500倍液喷雾。

蓟马可用 2.5%溴氰菊酯2 000倍液、5%啶虫脒可湿性粉剂1 500倍液、2.5%多杀霉素悬浮剂1 000倍液于早晚喷施。

茶黄螨可选用 15%哒螨灵乳油2 000～3 000倍液、螺螨酯4 000～5 000倍液等，每隔 7～10d 喷洒 1 次，连续防治 2～3 次。

烟青虫可用 0.8%甲胺基阿维菌素乳油2 000倍液，或 5%氟啶脲乳油2 000倍液喷雾。

# 第三章　大蒜栽培技术

大蒜（英文名称 Garlic；拉丁名称 *Allium sativum* L.），为百合科（Liliaceae）葱属（*Allium*）植物的地下鳞茎。大蒜蒜头、蒜叶（青蒜或蒜苗）和花薹（蒜薹）均可作蔬菜食用，不仅可作调味料，而且可入药，是著名的食药两用植物。山东省是我国大蒜种植第一大省，年种植面积 300 多万亩，约占全国的 30%，其中以金乡大蒜和苍山大蒜最为出名。

## 一、大蒜植物学特征

### 1. 根

大蒜的根为弦线状须根系，称为不定根，没有明显的主侧根之分，着生在短缩的茎盘下，有初生根、次生根和不定根之分。大蒜的发根部位以蒜瓣的背面基部为主，腹面根量较少，先形成根原基，其突起伸长形成的根为初生根；在其腹面基部及“茎盘”的外围陆续长出的根为次生根；而在烂母期前后长出的第二批新根则称为不定根。大蒜根系分布很浅，主要分布在 5~25cm 的耕作层内，横展直径 30cm 左右，属浅根性蔬菜。对水分、养分的吸收能力弱，因而对水分养分反应敏感，表现出喜湿、喜肥耐肥、不耐旱的生态特点。大蒜茎短缩呈盘状，生长点被叶鞘覆盖。播种前，蒜瓣基部已形成根的突起，呈米粒状，播种以后，在适宜的温度和湿度条件下迅速长出新根，一周内便可发出新根 30 余条，而后根数增加减慢，根长却迅速增长。早发生的根随茎盘的增大而逐渐衰老、死亡，被新发生的根取而代之，不断进行更新。大蒜的全生育期有 2 次发根高峰：第 1 次在发芽期，发根数为 20~30 条；第 2 次在退母后，发根数为 50~80 条。1 棵成龄植株的发根数为 100 条左右。蒜薹采收后，根系不再增长，并逐渐衰亡。

### 2. 鳞茎

在营养生长时期，大蒜的茎短缩呈盘状，扁平，组织致密，节间极短，称茎盘，属变态茎，其下着生须根，上面着生蒜叶、蒜薹、蒜瓣。茎盘是随着蒜瓣的分化发育而成的。鳞茎就是通常所称的蒜头，具6~10瓣，外包灰白色或淡紫色膜质鳞被。构成鳞茎的各个蒜瓣，叫鳞芽。蒜头成熟以后，茎盘木质化，有保护蒜瓣、减少水分散失的作用，所以大蒜贮藏时要用完整的蒜头。

鳞芽是由大蒜植株叶片叶腋处的侧芽发育而成，所以又称“鳞腋芽”。鳞芽由2~3层鳞片和1个幼芽构成。外面1~2层鳞片起保护作用，称保护鳞片或保护叶；最内一层是贮藏养分的部分，称贮藏鳞片或贮藏叶。在鳞茎肥大时，保护叶中的养分逐渐转运到贮藏叶中，最终形成干燥的膜，俗称蒜衣，贮藏叶则发育成肥厚的肉质食用部分。贮藏叶中包藏1个幼芽，称发芽叶。每个鳞茎中鳞芽的数量因品种而异。大瓣蒜种的鳞芽少，每个鳞茎只有鳞芽4~7个，小瓣蒜种的鳞芽多，有10~20个，但大小不一。鳞茎的形状因品种不同，而有圆、扁圆或圆锥形等。鳞芽多近似半月形，紫皮蒜种多而短，白皮蒜种较长，独头蒜形如球状。

鳞芽发生的位置因品种而异，蒜瓣大而少、分两层排列的品种，蒜瓣多发生在花茎外围第一至第二层的叶腋中；蒜瓣小而多、呈多层排列的品种，多发生在花茎外围第一至第五层的叶腋中。

气生鳞茎与一般蒜瓣无本质差别，也可作为播种材料。但由于体积过小，播种当年一般形成独头蒜，用独头蒜再播种，便可形成分瓣的蒜头。

### 3. 茎

大蒜的地上部分为叶，随着叶片的伸长，叶鞘层层包裹起来形成地上部分的假茎。假茎支撑叶片，有发达的疏导组织，与真茎（茎盘）共起疏导作用。在蒜薹伸长前，叶鞘是贮藏养分的主要器官。大蒜假茎高度随品种、叶片多少、生长条件不同而有较大差异。叶片多，假茎长而粗。实践证明，假茎粗壮的植株，是高产优质的基础，但不能决定蒜头的产量。蒜头的大小主要取决于大蒜后期的管理和生长状况。

### 4. 叶

大蒜叶基生，实心，扁平，线状披针形，宽2.5cm左右，基部呈鞘状。

大蒜在播种时，种瓣中已分化出4~5片幼叶，播后继续分化新叶。最先长出的1片叶，只有叶鞘，没有叶身，称初生叶。发芽叶的生长锥继续分化叶片，叶片数逐渐增加。顶芽开始花芽分化之后，新叶分化结束，叶数不再增加。最终的叶片数因品种而异。叶片的增长在大蒜出土后较为迅速，每周增长1.2~1.3片叶，两周后增长速度减慢，直到已分化的叶片全部长出为止。

大蒜的叶片包括叶鞘和叶身两部分，叶长30~40cm、宽2~3cm、厚1.0~1.5mm。叶鞘呈圆筒形，着生在茎盘上。每一片叶均由先发生的前一片叶的出叶口伸出，许多层叶鞘套在一起，形成直立的圆柱形茎秆状，由于它不是真正的茎，故称“假茎”。叶与叶之间的叶鞘长度随叶位的升高而增加。一般在花茎伸出最后一片叶的叶鞘口以后，叶鞘停止生长。大蒜的叶鞘，是营养物质的临时贮藏器官，分化越晚的叶，其叶鞘越长；植株叶数越多，假茎则越粗壮。叶鞘的长短和出叶口的粗细，与抽取蒜薹的难易有关，叶鞘越长、出叶口越细的品种，蒜薹越难抽出。

大蒜叶互生，对称排列，其着生方向与蒜瓣背腹连线相垂直。播种时，若将蒜瓣背腹连线与行向平行，则出苗后叶片的排列方向就和播种行的方向垂直，这样一来，叶片与叶片之间的遮阳减少，叶片能更多地接受阳光，增强叶片的光合作用。

大蒜叶片的颜色多为绿色至深绿色。叶面一般有白粉。叶片绿色的深浅，叶片的长度和宽度，叶片质地的软硬与白粉的多少，叶鞘的长短和粗细，叶片数目的多少以及叶片的开张程度等，都与品种有关。

幼苗期，假茎上、下粗度相仿，鳞芽分化以后，由于鳞芽逐渐膨大，叶鞘基部随着增粗，鳞茎成熟时，因为叶鞘基部所积累的营养物质内移到鳞芽，所以外层叶鞘逐渐干缩成膜状，包裹着鳞芽，使鳞芽得以长期贮存。

大蒜叶数越多，叶面积越大，维持同化功能的日数越长，对蒜薹和鳞茎的生长就越有利。所以，在鳞茎形成前促进叶面积扩大，鳞茎形成期应防止叶片早衰。

### 5. 蒜薹

大蒜植株分化花芽以后，从茎盘顶端抽生花薹（蒜薹），需在0~5℃的低温下经20d以上完成春化，然后在气温15~20℃的长日照（13h以上）条件下分化成花芽，条件适宜，逐步发育成花茎，花茎直立，高约60cm，俗称蒜薹。蒜薹的下部为花茎，顶端着生花苞称总苞。总苞成熟后开裂，可看到许多小的鳞茎，称气生鳞茎、空中鳞茎，俗称蒜珠或天蒜。1个总苞中的蒜珠依品种而异，少者几个，多者数十个乃至100多个。蒜珠的构造与蒜瓣基本相同，也可以用作播种材料。总苞中除了蒜珠以外，还有一些紫色小花，与蒜珠混生在一起。小花有花瓣6片，分两轮排列，雄蕊6枚，呈两轮排列，有1枚柱头，子房3室。但花的发育多不完全，一般不能形成种子，偶尔形成种子也发育不良，无使用价值。

6. 花

大蒜在幼苗期的生长点分化花芽，到幼苗期终止时，叶腋里出现侧芽（鳞芽），经过短期分化后，逐步育成花茎，俗称蒜薹。蒜薹由花梗和总苞两部分组成，当蒜薹从叶鞘中心伸出，高出上位叶片10~20cm时便可采摘。大蒜的花序上一般没花，或只有退化的花，所以不结种子。总苞中除了蒜珠以外，还有一些紫色小花，与蒜珠混生在一起。小花有花瓣6片；雄蕊6枚，呈2轮排列；有1枚柱头，子房3室。但花的发育多不完全，一般不能形成种子。即使形成少量发育不良的种子，也难以成苗，没有利用价值。大蒜花器一般因性细胞得不到足够的营养物质而退化，但总苞内可着生几十个气生鳞茎，平均重量0.1~0.4g，可用以繁殖提纯复壮。

## 二、金乡大蒜栽培技术

金乡大蒜，山东省济宁市金乡县特产，中国国家地理标志产品。金乡县是全国著名的大蒜之乡，大蒜种植历史已达2 000余年，常年种植大蒜60万亩，年均产量80万t，产品出口到160多个国家和地区，素有“世界大蒜看中国，中国大蒜看金乡”的美誉。金乡县地势为微斜平地，地势平缓，比降一般小于1/8 000，土层深厚，地下水资源丰富，土壤多为潮土类，分布于全县大部区域。属暖温带季风大陆性气候，具有冬夏季风气候特点，四季分明，冷热季和干湿季区别明显。金乡县耕地以潮土为主，土壤表层质地从西向东是沙壤、轻壤、中壤、重壤和黏土。以轻壤和中壤面积最大，其主要特点是土质疏松，易耕作，适于须根系作物生长。大蒜品质优良、营养丰富、肉黏味香、辣味适中，富含人体所需的硒、铁、钾等20多种营养元素。其中，硒元素在全国大蒜产品中含量最高，被专家称之为最好的天然抗生素食品和抗癌食品，广泛应用于食品、饮料、制药、日用化工等领域。现将金乡大蒜的栽培技术介绍如下。

### 1. 播前准备

(1) 准备良种

大蒜要高产，首先要有好的种蒜。获取好种蒜的方式主要有 2 种：第一，自留种。自留种应该从上茬大蒜收获时即开始着手准备，留种田应该推迟收获，收获后选择直径较大的、无机械损伤、无明显病虫害的蒜头作为种蒜，一般不再削蒜须，蒜头放在通风处，避免雨淋和阳光直晒。第二，远距离异地调种。为了防止大蒜种性退化及病害累积，选择其他蒜区（如聊城蒜区、商河蒜区）优质大蒜作为种蒜也是一种好的办法。

(2) 合理施肥

大蒜是一种喜肥作物，因此底肥施用要充足。一般每 667$m^2$施农家肥如粪尿肥、厩肥等3 500~4 000kg，施腐植酸类有机肥或饼肥 80~100kg，施纯 N 22.5kg、$P_2O_5$9.6kg、$K_2O$ 11.2kg，并配合施用 1kg 锌肥、0.2kg 硼肥等微量元素肥料。

(3) 精耕土地，整地做畦

大蒜属于浅根系作物，因此，精耕土地对大蒜生长发育尤为重要。金乡地区以旋耕为主，一般旋耕 2~3 遍，以无明显坷垃为准。旋耕后的土壤过分疏松，不利于浇水、覆膜和保水保墒，因此，需要耙地 2~3 遍，达到上松下实的效果，利于大蒜生长。耕翻土地耙平后，要做适当面积的畦，一般地畦长 40~50m，畦宽 4m 或 6m。播种前蒜地要达到畦块整齐、土壤疏松、无明显坷垃、无明显上茬作物根系的效果。

### 2. 播种

(1) 播前种蒜的处理

在播种前 10~15d 将种蒜放入恒温保鲜库中，0℃存放 10~15d，可打破种蒜休眠期。播种前将种蒜在阳光下晾晒 2~3d，萌芽早，出苗整齐。根据种植面积，播种前 5~10d 进行蒜头掰瓣，即去掉外部蒜皮，将蒜头掰开后，挑出伤瓣、黄瓣、软瓣及蒜芯，剥掉木质化茎盘，分二级播种。先播一级种子（百瓣重 500g 左右），再播二级种子（百瓣重 400g 左右）。注意尽可能推迟掰蒜瓣时间，以防脱水，若种植面积大，时间紧，可提前把外部蒜皮扒掉。

(2) 适时播种，掌握播种技巧

金乡县大蒜的适宜播期为 10 月 1—15 日，最佳播期为 10 月 5—10 日，蒜苗在越冬前长到5~6片叶。此时蒜苗抗寒力最强，在严寒冬季不致被冻死，并为植株顺利通过春化打下良好基础。如果播种过早，幼苗在越冬前生长过旺而消耗养分，降低越冬能力，引起二次生长，影响大蒜品质。播种过晚，则蒜苗小，组织柔嫩，根系弱，积累养分较少，抗寒力较低，越冬期间死亡多。金乡大蒜主要以收获蒜头为目的，因此种植密度应适当小些，一般每667m$^2$种2.0万~2.5万株。密度过大，蒜头小，商品性低；密度过小，蒜头大但产量低。俗话说“深栽葱浅栽蒜”，用大蒜开沟器开5cm深的沟，之后播种，覆土1~2cm即可。播种时蒜瓣的腹背连线与播种行的方向平行，这样蒜叶伸展方向与播种行垂直，可以减少叶片遮叠，增加光透过率。

（3）化学除草，地膜覆盖

金乡大蒜田间杂草种类主要有荠菜、繁缕、牛繁缕、猪殃殃、小蓟、田旋花、播娘蒿、婆婆纳、看麦娘、马唐等。根据地块间不同的草相、不同的杂草密度，选用不同除草剂配方，禁止超量使用。一般每667m$^2$喷施33%二甲戊灵乳油200~250ml，或44%戊氧乙草胺乳油150~200ml，或33%二甲戊灵乳油150ml加24%乙氧氟草醚30~40ml，或33%二甲戊灵乳油100~125ml加38%噁草酮60~90ml加24%乙氧氟草醚20ml。地膜覆盖不仅有效减少杂草生长，最重要的作用就是保温保湿、早熟增产。覆膜时，必须将地膜拉紧、拉平，使其紧贴地面，膜下无空隙，膜的两侧要压紧。

### 3. 田间管理

（1）水分管理

金乡大蒜整个生长过程中应重视“4遍水”，即覆膜水、返青水、催薹水和膨大水。覆膜水：栽种完成后需要浇大水，一般采用漫灌，按照每667m$^2$浇100m$^3$水进行，这次浇水关系到大蒜出苗率以及覆膜质量的好坏。冬前如果天气干旱，应浇1次小水，有利于土壤保温和蒜苗安全过冬。返青水：越冬后气温渐渐回升，幼苗又开始进入旺盛生长，应及时灌水，以促进蒜叶生长，假茎增粗。一般在4月上旬或者地温大于15℃时进行。催薹水：当蒜苗分化的叶片已全部展出，叶面积增长达到顶峰，根系也已扩展到最大范围，蒜薹的生长加快，此期是需水需肥量最大的时期，应及时浇灌催薹水。一般在蒜薹刚出尖3~4cm时浇催薹水。膨大水：为了补充拔薹伤口呼吸消耗的水分，延长叶片绿色时间、促进蒜头的膨大，蒜薹采收后立即浇一遍透水。为了保证蒜头收获时适宜的土壤含水量，蒜头收获前可适量浇水。

(2) 养分管理

大蒜是喜肥作物，前期施用底肥，后期应随水追肥，以促进幼苗生长，增大植株的营养面积。由于大蒜根系吸收水肥的能力弱，故追肥应施速效肥，以免脱肥而出现叶尖发黄。大蒜追肥应按照浇水分为3次：返青肥、催薹肥和膨大肥。返青肥：返青后，蒜苗生长旺盛，需要大量的养分进行营养生长。结合返青水，应冲施腐植酸类冲施肥5~8L，促进幼苗长势旺，茎叶粗壮，到烂母时少黄尖或不黄尖，同时减少病害发生。催薹肥：种蒜烂母后，花芽和鳞芽陆续分化，蒜苗进入营养生长和生殖生长同时进行的阶段，根系二次生长，蒜薹开始伸长，蒜头也开始缓慢膨大。此时是蒜苗需要养分最多的时期，可结合催薹水冲施水溶肥（20-20-20）5~7kg，促使蒜薹快速抽生、植株旺盛生长。膨大肥：蒜薹采收后，养分逐渐向蒜头聚集，此时，充足的养分可以有效促进蒜头的膨大。因此，结合膨大水，冲施水溶肥（16-8-34）5kg，延长光合时间，促进蒜头膨大。

## 4. 病虫害防治

金乡大蒜为覆膜栽培，一定程度上加重了病虫害的发生。大蒜常发生的病害有大蒜紫斑病、叶枯病、病毒病、软腐病、茎腐病等病害，虫害主要有蒜蛆、蓟马和蚜虫等。病虫害主要以预防为主，根据病虫害发生规律综合防控。

(1) 病害防治

①农业防治。采取推广优良品种、优化作物布局、精耕细作、增施有机肥、测土配方施肥、高畦栽培、科学运筹肥水等技术措施培育壮苗，并结合农田生态工程、轮作、作物间套种、天敌诱集带等生物多样性调控与自然天敌保护利用技术，创造有利于蒜椒生长而不利于病虫孳生的环境条件，增强自然控害能力和蒜椒抗病虫能力。

②物理防治。重点推广昆虫信息素、杀虫灯、诱虫板、食饵诱杀等理化诱控技术。采用糖醋盆诱杀种蝇，费洛蒙性引诱剂、黑光灯捕杀虫蛾，蓝板或黄板诱杀蚜虫等。

③生物防治。推广应用以菌治菌的生物防治技术，加大复合微生物菌剂的示范推广力度。采用藜芦碱、鱼藤酮等生物制剂防治蒜蛆；使用生物有机肥预防大蒜土传病害的发生。

④化学防治。推广高效、低毒、低残留、环境友好型农药，优化集成农药的轮换使用、交替使用、精准使用和安全使用等配套技术。播种前1d，

进行拌种：可用苯醚咯噻虫浸种，晾干后播种。大蒜软腐病、茎腐病多在3—4月发生，一般选用细菌性杀菌剂（农用链霉素、中生菌素或水合霉素）+真菌性杀菌剂（异菌脲、吡唑·代森联或硫酸铜钙）+叶面肥进行防治，杀菌剂应交替使用，5~7d喷1次，连喷3次。大蒜生长中后期是叶枯病、紫斑病、病毒病发生期。以叶枯病为主的地块可用75%百菌清可湿性粉剂600倍液或40%多菌灵600倍液喷雾防治；以紫斑病为主的地块可用70%代森锰锌可湿性粉500倍液喷雾防治。此期若蚜虫或蓟马较多，可同时混入菊酯类农药喷雾防治，以预防大蒜病毒病。

（2）虫害防治

地下害虫防治方法为土壤处理，即用40%辛硫磷加1.8%阿维菌素，拌细土撒施或顺播种沟撒施效果最好。蒜蛆是大蒜主要的虫害，根据蒜蛆发生规律采取措施：大蒜处在“烂母期”，若发现有蒜苗发黄，极可能有蒜蛆为害，应及时用专用灌根喷头在蒜头位置灌根辛硫磷；蒜薹收获后，也是蒜蛆高发期，可结合浇水，冲施50%辛硫磷乳油防治。

### 5. 适时收获

（1）蒜薹采收

一般蒜薹抽出叶鞘，并开始甩弯时，是采收蒜薹的适宜时期。蒜薹采收最好在晴天中午和午后进行，此时植株有些萎蔫，叶鞘与蒜薹容易分离，叶片有韧性，不易折断，可减少伤叶，并且能加速伤口愈合。

（2）蒜头采收

蒜薹采收后15~20d即可收蒜头。叶片大都干枯，上部叶片褪色成灰绿色，叶尖干枯下垂，假茎处于柔软状态，是采收蒜头的适宜时期。采收的大蒜后一排的蒜叶搭在前一排的头上，只晒秧，不晒头，防止蒜头灼伤或变绿，并在大田就地晾晒1~2d，然后剪秆、削胡、装袋。

## 三、苍山大蒜栽培技术

苍山大蒜是山东省的著名土特产，它是在苍山县（现改名为兰陵县）特定的生态环境条件下，经过长期的自然选择、人工定向培育而形成的苍山特有品种。苍山大蒜已有1 900多年的栽培历史，以其头大瓣少均匀、皮薄洁白、黏辣郁香、营养丰富及药用价值高等特点而享誉国内外。目前苍山大蒜常年播种面积约30万亩，主要分布在兰陵县的神山、磨山、长城、卞庄街道、南桥、苍山街道、庄坞、仲村、兰陵及开发区等10个乡镇（街道、开发区）。兰陵县地处鲁南沂蒙山伸延的南缘，位于北纬30°40′~35°05′、东经117°42′~118°18′之间，属暖温带半湿润大陆性季风气候，四季分明，光照充足，冬、夏温差较大，极利于大蒜生长。苍山大蒜生长期240d左右，经历秋、冬、春3个季节，生长过程中平均气温9.1℃，比全年平均气温（13.2℃）低4.1℃；降水量266mm，占全年降水量（899.3mm）的29.6%；日照时数为1 696.8h，占年日照时数(2 487.8h)的68.2%；日照率58.3%（全年日照率56%）；生长季节空气相对湿度平均为65.8%；无霜期200多d，冻土期69.7d。由于温度、降水量、光照及湿度等气候因素适宜，十分有利于大蒜的生长发育。尤其是兰陵县东部、南部大蒜主产区11个乡镇数百个村庄的蒜田，多为砂姜黑土，冬季风化程度好，潜在养分积累多，土壤团粒结构好，干湿变化频繁，吸光能力强，土质疏松肥沃，含钾量高，有机质、全氮含量亦相对高，酸碱度适宜，地下水丰富，水质稳定，矿物质含量丰富等特点，为苍山大蒜提供了肥沃土壤。苍山大蒜产区地下水位高，水中含有较多的钙、镁、重碳酸离了，正如蒜农所说，“碱水井种的蒜产量高、个头大、品质好、黏度大、辣味重”。

苍山大蒜的品种特性为头、薹兼收，头大瓣匀，皮薄洁白，黏辣郁香，营养丰富，不仅有很高的食用价值，苍山大蒜含有丰富的有机营养成分与矿物质营养元素，而且含量都比较高。在大蒜中已测定到含有17种氨基酸，尤其是可供人体直接吸收利用的赖氨酸含量高。苍山大蒜中所含无机矿物质营养元素丰富，主要有钾、钙、镁、铜、钠、锌、锰、铁、硼等，钾的含量尤其高，锗、核黄素、总氨基酸、抗坏血酸、硫胺素及大蒜油的含量都高于同类产品。现将苍山大蒜的栽培技术介绍如下。

### 1. 蒜种要求

采用提纯复壮的苍山大蒜，蒜种应符合苍山大蒜品种特性，选择无病、无霉变、无锈斑、无机械损伤或虫蛀、蒜瓣整齐的蒜头。播种前掰瓣，剔除夹瓣和霉烂、虫蛀、机械损伤的蒜瓣，按蒜瓣重量大小分级播种。大蒜主要选择兰陵县本地的苍山大蒜，蒜头具有“香、辣、黏”的特点，大蒜素含量高，蒜薹甜度高，耐贮存，一般蒜头产量750kg/667m$^2$，具体品种有蒲棵蒜、糙蒜、高脚子3个。

（1）蒲棵蒜

又称笨蒜，栽培历史悠久，是目前兰陵县蒜区种植面积最大的秋播品种，植株生长势强，株型直立，蒜头近圆形，横径 4.0～4.5cm，形状整齐，单头质量 35～40g。

（2）糙蒜

糙蒜叶片颜色较蒲棵蒜淡，为淡绿色，且较蒲棵蒜稍窄，长势比蒲棵略差；蒜头近圆形、白皮，单头质量 35～40g，成熟较蒲棵早 10d 左右，蒜头和蒜薹可提前上市，价格优势明显。

（3）高脚子

较蒲棵蒜长势强，植株高大，叶片肥大，产量高，单头质量 35～45g，成熟期晚 7d 左右，利于创高产。

## 2. 蒜种处理

为了早出苗、出齐苗，苍山大蒜一般在播种前 10～15d 开始剥蒜种，挑选大小均匀、每瓣蒜质量在 5～6g 的蒜瓣作种蒜，堆放在阴凉处，以利于大蒜生根和种芽萌动、出苗整齐。用含有广谱性杀菌剂或苯醚咯噻虫等可在大蒜上使用的药剂配制的浸种液处理。

## 3. 田间管理

（1）播前整地和作畦

选择地势平坦、排灌方便、土层深厚、肥沃、适于机械操作的地块。机械深耕土壤，耙平，根据当地土质、水源及种植习惯作畦，宜做成平畦或高畦。平畦或高畦宽 0.6～0.7m，4 行大蒜，畦间距 0.30～0.35m，高畦高 80～100mm。

（2）播前施肥

肥料使用以优质有机肥为主，化学肥料为辅。每 667$m^2$施充分腐熟的农家肥5 000～6 000kg 或有机肥 500kg 左右作基肥；配合施氮肥（N）5～8kg、磷肥（$P_2O_5$）7～9kg、钾肥（$K_2O$）7～9kg，应选用以含硫为主的氮磷钾复合肥，于整地时全部均匀施入土壤，一般耕深 20～25cm，做到耙透、耙平、耙细，无明暗坷垃，上虚下实，地面平整。

（3）播种

①播种时期。苍山大蒜秋季播种，日平均温度稳定在 20～22℃播种，宜在每年的 10 月 1 日前后播种，严格掌握播种期，以越冬前大蒜生长 5～6 片叶为宜。过早或过晚都不利于大蒜的安全越冬，播种过早，幼苗在越冬前生长过旺，消耗养分过多，则降低越冬能力，还可能再行春化，引起二次生

长，第2年形成复瓣蒜，降低大蒜品质；播种过晚，苗子小，组织柔嫩，根系弱，积累养分较少，抗寒力较弱，越冬期死亡多。

②播种密度。苍山大蒜播种密度为3.0万~3.5万株/667m²，即行距18~20cm、株距6~7cm为宜，播种深度3~5cm。播种过浅不利于安全越冬，播种过深影响蒜头的产量和商品性，并且造成起蒜困难。

③播种方法。可选用适合苍山大蒜播种的大蒜播种机，根据种植要求调好大蒜播种机行株距、种植深度；也可人工开沟点播，沟深30~40mm，将种瓣按适宜株距直立栽入土中，覆土厚度20mm左右。播种时，要使其蒜瓣直立，将蒜瓣的背面朝同一方向，可促使发芽后叶片生长方向基本一致，有利通风透光，便于管理，提高产量。

④覆盖地膜。播完后，耧平畦面，随即浇水，第一水要求浇匀、浇透，避免长时间积水，利于出苗均匀。浇水后2~3d，即可喷洒除草剂，一般用33%施田补（二甲戊乐灵）乳油150ml兑水45kg喷雾，喷药时注意倒退着走，防止踩踏药膜，影响除草效果。喷药后，随即将地膜四周压入土中覆盖地膜，要求紧、平、实，地膜紧贴地面无皱褶、无空隙，有利于大蒜苗从地膜下直接顶出。

（4）苗期管理

①出苗期。播种后及时覆盖地膜的苗期管理如下：播种后7d幼芽开始出土。在芽未放出叶片前，用扫帚等轻轻拍打地膜蒜芽即可透出地膜。地面平整、播种质量高、地膜拉得紧的通过拍打70%~90%的蒜芽可透过地膜，少量幼芽不能顶出地膜可用小铁钩及时破膜引苗，否则将严重影响幼苗生长也易引起地膜破裂。播种后不及时覆盖地膜而是出芽后覆盖地膜的，应在覆盖地膜后及时破膜出苗。蒜苗出齐后，可浇1次“跑马水”，边浇水边压实地膜，将蒜苗全部抠出地膜。

②越冬期。宜在11月下旬至12月上旬期间浇防冻水，冬季前可根据天气情况加覆盖物，确保蒜苗安全越冬。越冬水浇得过早，起不到防冻的作用；浇得过晚，易结冰，形成冻害，一般掌握白天无结冰现象，晚上有少量结冰，且田间无积水。

③返青期管理。蒜苗在翌年春天开始返青时浇1次水，此时地温已回升，大蒜进入生长旺盛期，结合浇水，每667m²追施氮肥（N）2~3kg、磷肥（$P_2O_5$）5~6kg、钾肥（$K_2O$）8~10kg。返青期主要是压好地膜，防止大风吹开，及时看护好蒜苗不被家畜等动物啃食即可。

④抽薹期管理。花薹顶端现出，根据土壤墒情及时浇水，宜每5~7d浇

水 1 次，蒜薹采收前 3～5d 停止浇水。根据土壤养分或前期施肥情况，结合浇水合理追肥或喷施叶面肥，可每 667m$^2$ 冲施氮肥（N）2～3kg、磷肥（$P_2O_5$）3～5kg、钾肥（$K_2O$）6～8kg。

⑤蒜头膨大期管理。蒜薹采收后浇 1 次透水，根据田间植株营养状况进行合理追肥，营养充足可不追肥。根据天气情况浇 2～3 次水，保持地面见干见湿，收获蒜头前 3～5d 停止浇水。

### 4. 蒜薹收获

采收标准如下：一是蒜薹弯钩呈大秤钩形，苞上下应有 4～5cm 长呈水平状态（称甩薹）；二是苞明显膨大颜色由绿转黄进而变白（称白苞）；三是蒜薹近叶鞘上有 4～6cm 长变成微黄色（称甩黄）。收获时一般应选在晴天中午及午后较为理想，提薹时应注意保护蒜叶特别保护好旗叶，防止叶片提起或折断影响蒜头膨大生长。

### 5. 蒜头收获

收获时间一般在蒜薹采收后 15～20d，植株上部尚有 3～4 片绿色叶片，假茎变软，便可采收。可选用适合收获苍山大蒜的收获机收获蒜头；也可人工挖出收获蒜头，收获后，在田间用蒜秸盖住蒜头晾晒，应防止淋雨。随后将根系剪掉，剪去假茎，保留假茎长 20～30mm。

### 6. 病虫害防治

（1）病害防治

病害防治遵循“预防为主，综合防治”原则。苍山大蒜主要的病害有紫斑病、叶枯病、病毒病等。

①紫斑病。在感染大蒜紫斑病初期，大蒜植株的花梗中部以及叶尖的部位会出现白色小斑点，斑点中央位置呈微紫色，存在向内凹陷的现象。随着病情的发展，斑点会扩大，颜色会变为黄褐色，形状为纺锤形或椭圆形，在空气湿度大的情况下，发病部位会发霉，其是由病菌分生孢子形成的。与此同时，病斑位置会出现同心轮纹，可能引发植株折断。此外，在大蒜的贮藏过程中，同样会感染紫斑病，造成大蒜的鳞茎部位腐烂，呈红褐色或深黄色。对于大蒜紫斑病的防治，需要使用化学药剂：对于发病初期的大蒜植株，可以对其喷洒 75%百菌清可湿性粉剂 500 倍液，也可以喷洒 40%大富丹可湿性粉剂 500 倍液，每 7～10d 喷洒 1 次，持续喷洒 3～4 次。对于发病

后期的大蒜植株，可以使用50%多菌灵可湿性粉剂300倍液对其进行灌根处理。

②叶枯病。在大蒜的生长过程中，如果降水量较大，容易引发严重的叶枯病。叶枯病会对大蒜植株的叶片造成严重的危害，在发病初期，叶片表面会出现圆点状的白色病斑，随着病情的发展，病斑会逐渐扩大，颜色变为灰褐色，形状为椭圆形或不规则形状，病斑位置会发霉。如果病情严重，会造成病叶枯死，植株无法正常进行光合作用，严重影响大蒜的产量。对于大蒜叶枯病的防治，需要在播种前做好拌种与浸泡工作，拌种时1kg种子可以使用50%多菌灵可湿性粉剂溶液3g。与此同时，还要避免重茬种植的现象，并及时清理发病残株，对其深埋或焚烧处理。此外，还要做好田间管理工作，选择合适的种植密度，根据降水情况采取开沟放水措施。对于发病植株的治疗，可以使用70%乙膦铝锰锌可湿性粉剂500倍液，每7~10d喷洒1次，连续喷洒3次。

③病毒病。在大蒜的生长过程中，如果长期处于高温或干旱的环境中，容易引发大蒜病毒病。在感染病毒病后，植株的叶片出现扭曲、折叠以及开裂等症状，造成大蒜出现营养不良的现象，严重影响大蒜健康，不利于植株抽薹，即使抽薹，其表面也会出现黄色斑点。病情严重时，会影响大蒜植株的根系生长，导致蒜头僵硬、体积较小。对于大蒜病毒病的防治，为了避免病情的发展，对于发病初期的植株，可以喷洒20%病毒克星400倍液，也可以喷洒1.5%植病灵乳剂1 000倍液，每7d喷洒1次，连续喷洒2~3次。

④软腐病。引发大蒜软腐病的原因主要包括连作、降水量大以及生长过于旺盛等，一般在25~30℃的气温条件下发病率较高。大蒜软腐病属于细菌性疾病，在感染该病后，大蒜的叶片会出现白色条状斑点，贯穿整个叶片。如果大蒜植株的脚叶先开始发病，会逐渐向上部扩散，随着病情的发展，会导致植株枯黄，最终死亡。如果环境湿度较大，发病位置会出现黄褐色软腐状，发出恶臭的气味。对于大蒜软腐病的防治，可以采用以下2种方法：第一，治虫防治。如果害虫在大蒜植株表面留下伤口，就会为软腐病菌的入侵提供途径，并且一些害虫会携带软腐病菌。因此，可以通过治虫的方法对软腐病进行防治。第二，化学防治。对于发病初期的大蒜植株，可以喷洒72%农用链霉素3 000倍液，每隔6d喷洒1次，连续喷洒2~3次，喷洒次数需要视病情而定。喷洒时需要对病株以及周围的植株喷洒，保证药物喷洒在接近地表的茎基部位。

⑤茎腐病。大蒜茎腐病主要表现在叶片和鳞茎上。发病从外部叶片开

始，逐渐向内侵染，初期鳞茎以上外部叶片发黄，根系不发达。后期鳞茎腐烂枯死，病部表皮下散生褐色或黑色小菌核。病菌在土壤、病残体和带菌的蒜种中越冬，通过雨水和土杂肥等传播。3 月下旬至 4 月上旬为发病盛期。如春季降水频繁、光照不足、受涝积水、土质黏重、透水性差易发病。

（2）虫害防治

虫害主要防治蚜虫、蓟马、蒜蛆。

①蚜虫。蚜虫全身黄绿色，有的覆以少量蜡粉，身体背处有浓绿色的小横纹，腹管短，尾片有两对侧毛。主要为害大蒜的叶片，通过刺吸叶片上汁液。大蒜发病时叶片出现黄色条斑驳，植株矮小，叶片及假茎扭曲，叶片黄化，发病轻者不抽薹，蒜头外衣脱落呈露芽状态，并直接出芽成幼苗（病苗），重者全株死亡。同时，蚜虫还分泌蜜露诱发煤污病。当气温高时，繁殖较快，为害面较大。防治方法如下：一是用 50%抗蚜威可湿性粉剂，每 667$m^2$用量 10～18g，兑水 40～50kg 喷雾；二是用 40%乐果乳油1 000～1 500倍液喷施；三可用 20%氰戊菊酯乳油3 000倍液喷杀。

②蓟马。大蒜蓟马为害大蒜时以成虫和若虫锉吸大蒜心叶、嫩茎的表皮吸取汁液。早期受害部位出现长条状白斑，严重时，蒜叶扭曲枯黄，萎缩下垂，并传播病毒病。大蒜孕薹期受害重，蒜薹的上部变黄，影响商品性。在干燥少雨、温暖的环境条件下发生严重。防治方法如下：一是农业防治。及时清除田间杂草和残株败叶，消灭集中虫源。加强田间肥水管理，促使植株生长健壮，减轻危害。晴天连续干旱适时适量泡水，可降低虫量。二是物理防治。利用蓟马趋蓝色的习性，在田间设置蓝色黏板，每 667$m^2$用 15～20块，诱杀成虫：黏板高度与作物持平。三是化学防治。可选择 50%吡虫啉可湿性粉剂2 000倍液、或 50%啶虫脒可湿性粉剂1 000倍液、或 20%氯·毒乳油1 500倍液，均匀喷雾，见效快，持效期长。为提高防效，农药要交替轮换使用。在喷雾防治时，应全面细致，减少残留虫口。

③蒜蛆。蒜蛆出现是因为重茬、使用的有机肥未腐熟或蒜种烂母招虫产卵。蒜蛆以幼虫蛀食大蒜鳞茎，使鳞茎腐烂，地上部叶片枯黄、萎蔫，甚至死亡。拔出受害株可发现蛆蛹，被害蒜皮呈黄褐色腐烂，蒜头被幼虫钻蛀成孔洞，残缺不全，蒜瓣裸露、炸裂，并伴有恶臭气味。被害株易被拔出、拔断。防治蒜蛆时，禁止与大葱、韭菜等百合科作物轮作。利用成虫趋光性大力推广黑光灯、强力荧光灯、黄板及糖醋盆诱杀成虫。蒜蛆有 2 次发生高峰：一次为 10 月底，另一次为翌年 4 月初。一般在覆膜前喷施除草剂时加入辛硫磷，预防蒜蛆；清明（4 月 5 日左右）前后，浇壮苗水时随水冲施辛

硫磷，防治蒜蛆。

### 7. 异常生长的防止措施

（1）二次生长

又称次生蒜、马尾蒜、帽缨子、小辫。

①选用优势种蒜。农谚说“好种出好苗，好苗产量高”，所以栽种大蒜时首先要选出好蒜种。应选择色泽洁白、顶芽肥大、无病无伤的蒜瓣，坚决淘汰掉断芽、腐烂的蒜瓣。

②改善贮藏条件。在播种前30d将蒜种贮藏在温度20℃以上、空气相对湿度75%以下的环境中，可以有效防止二次生长。

③选择适宜播种期。苍山蒜适宜播期为10月1日前后，具体播期应根据气候确定，如暖冬推迟播种有利于减少大蒜的二次生长。

④正确处理蒜种。播种前将种蒜在阳光下晾晒2~3d使蒜瓣间疏松、易掰。播时剥掉蒜皮除去残留茎盘，这样既可减少大蒜二次生长的发生，又可以使其萌芽早、出苗整齐。

⑤合理密植。合理密植有利于大蒜整齐及个体生长。

⑥科学施肥。在大蒜的整个生长期中基肥要突出施用有机肥，生长期需要加强肥水供应但不宜大肥大水，要少施氮肥特别是返青期要少施或不施速效性氮肥。要采取配方施肥，合理搭配氮、磷、钾，补充中微量元素肥（硫、硼、锌、钙等），在最关键的鳞茎膨大期施肥要以钾、磷为主。注意花芽和鳞芽分化期不要多次大量灌水。同时在气候剧烈变化时要采取相应的管理措施。

（2）洋葱型大蒜

又叫“面包蒜”“气蒜”“公蒜”。其形成与二次生长发生密切相关，凡是能诱发大蒜二次生长的条件也可诱发洋葱型大蒜形成。栽培管理上可采取相同的措施。

（3）管叶

蒜种在室温下贮藏避免长期处于15℃以下的冷凉环境中；选用中等大小的蒜瓣播种；适期晚播；保持适宜的土壤湿度避免长期缺水。一旦发现管叶可及时划开，以消除或减轻对蒜薹和蒜头的不利影响。

# 第四章　大葱栽培技术

大葱（学名：*Allium fistulosum* L. var. *gigantum* Makino）是百合科、葱属二年生草本植物。一般长 100~150cm。大葱的根白色，弦线状须根着生于短缩茎的茎节部，茎极度短缩呈球状或扁球状，上部着生多层管状叶鞘，下部密生须根。大葱在叶鞘和叶身连接处有出叶孔。大葱叶片的光合效率与品种有关，花薹绿色，花薹中空，顶端着生伞状花序，花序外面由白色膜质佛焰状总苞所包被，两性花，小花有细长的花梗，花被片白色，花序顶部的小花先开，依次向下开放，果实为硕果，成熟时易开裂，易落籽，种子盾形，种皮黑色。

大葱对人的身体健康有着很好的保健作用。大葱含有丰富的维生素 C，有舒张小血管、促进血液循环的作用，可防止血压升高导致的头晕症状，并且能预防老年痴呆。

山东省作为我国大葱主要生产基地，近年来，大葱在山东省快速发展，已经成为农民增收的重要途径。山东大葱种植面积超过 200 万亩，主要种植范围集中在章丘、安丘、寿光等几个地方，主要栽培方式有露地栽培和拱棚栽培。

## 一、大葱植物学特征

### 1. 根

大葱的根白色，弦线状须根着生于短缩茎的茎节部，随着大葱株龄增加和短缩茎盘增大，新根不断发生，发根能力较强，一株有 50~100 条根，根群主要分布在 30cm 以内的表土层。大葱的根系再生能力较弱，当已发生的根系被切断后，断裂后的根系不能发生侧根，移栽成活后葱的生长主要依靠新生的根吸收养料和水分。

2. 茎

大葱茎极度短缩呈球状或扁球状，上部着生多层管状叶鞘，下部密生须根。大葱的营养生长期，茎盘圆锥形，先端为生长点。随着株龄的增加，缩短茎稍有伸长，花芽分化后，逐步抽生花薹。葱白为多层叶鞘包含而成的假茎。假茎的高矮、粗细和形态受品种特性的影响，如有圆柱状和鸡腿形等，此外，假茎的高矮还受栽培方式的影响，培土越高假茎越长。通过培上可以为假茎创造一个黑暗和湿润条件，不仅有利于假茎伸长，还能软化假茎，提高品质。

3. 叶

大葱的叶包括叶身和叶鞘两部分，叶身长圆锥形，中空，翠绿色或深绿色。在叶鞘和叶身连接处有出叶孔。大葱叶片的光合效率除与品种有关外，更主要是受叶龄影响，在不同部位的叶片之中，以成龄叶的光合效率最高，幼龄叶的光合效率低，所以延长外叶的寿命对提高大葱产量具有重要作用。大葱成株叶片数一般为19~33片。

4. 花

随着株龄的增加，在适宜的外界低温条件下，大葱植株通过春化阶段，茎盘生长点进入花芽分化，逐步抽生花薹。花薹绿色，具有较强的同化效应。花薹中空，顶端着生伞状花序，有膜状总苞。总苞开裂后露出花蕾。一般一个花序可生小花100~400朵，每朵有效花的平均结籽数2~3粒，每个花球可采种子300~500粒。开花数、采种量与种株株龄和花球大小有关。

大葱完成营养生长阶段发育后，茎盘顶芽伸长抽生花薹，花薹绿色、披有蜡粉层、圆柱形，基部充实，内部充满髓状组织，中部稍膨大而中空，能够起到叶片的同化功能，其横径和长度因品种特性和营养状况而异。根据调查，花薹粗大的结籽数量较多。花薹顶端着生伞形花序，花序外面由白色膜质佛焰状总苞所包被，内有小花几百个不等，为两性花，小花有细长的花梗，花被片白色，6枚，长7~8mm，披针形。雄蕊6枚，基部合生，贴生于花被片，花药矩圆形，黄褐色；雄蕊1枚，子房倒卵形，上位花，3室，每室可结2籽。花柱细长，先端尖，柱头晚于花药成熟1~2d，并长于花药，未及时接受花粉则膨大发亮并布满黏液，柱头有效期长达7d，柱头接受花粉后迅速萎蔫，花粉管开始萌发。属虫媒花，异花授粉，自花授粉结实率也较高，所以采种时要注意不同品种之间的隔离。一般来说，花序顶部的小花先开，依次向下开放，开花时间持续 5~20d。

### 5. 果实和种子

大葱果实为蒴果，成熟时易开裂，易落籽，一般每果结 3~4 粒种子。种子盾形，种皮黑色，表面有皱纹，千粒重 2.4~3.4g。常温下种子寿命 1~2 年，使用年限 1 年。若采取低温干燥贮存，葱种寿命也可延长到 10 年以上。

## 二、露地大葱栽培技术

### 1. 播种前准备

（1）选种

山东种植历史悠久，地形地貌复杂，主要由中山、低山、丘陵、台地、盆地、平原、黄河冲积扇等地貌构成。在长期种植过程中，形成了章丘大葱、寿光大葱、安丘大葱等地方品种。大葱露地栽培时，需根据市场需求与地方环境因地制宜选择合适当地栽培的优良种子，提高大葱的产量和抗病害能力。目前市场上较为优质的大葱品种有天光、冬力源、夏力源、明星、久美等。

（2）整地施肥

大葱是一种喜肥植物，根系不发达，对土层养分吸收能力比较弱，同时忌重茬，因此在育苗时要选择地势平坦、土质疏松肥沃、排灌方便并且前茬没有种植过葱蒜类蔬菜的地块，以小麦、玉米、土豆等作物为前茬的沙壤土或壤土最佳，大葱适合在 pH 值 7.0~7.4 的土壤中生长。整地前要施足基肥，尽量选择优质农家肥，如充分腐熟的马粪、羊粪等，或每 667$m^2$可施用施磷酸二铵 30~50kg，将基肥均匀撒在土壤墒情适宜的地块中，结合犁地深翻 30cm，整地做到精耕细耙。

### 2. 播种育苗

露地大葱一般选择春季或者秋季播种，在播种前，先将育苗地整理成 1.4m 的高畦，畦内浇足底水，水分渗完后，种子掺细干土或细沙按照行间距 10~12cm 划沟，均匀撒播，播种后表面覆细土，厚度为 2cm 左右。

### 3. 移栽定植

大葱通常在7月上旬左右定植，定植前选择与育苗条件相同的地块进行翻耕施肥，按照行距1m左右开条状沟，沟深为30~40cm，宽度为20~30cm。起苗前3d充足浇灌苗床，这样可减小起苗难度，起苗时需进行种苗分级，先将病虫伤苗剔除，之后依据苗株大小进行分级，避免出现大苗欺小苗的问题。大葱的定植方法主要分为2种，即排葱法与插葱法。短葱白品种适合用排葱法栽培，长葱白品种适合用插葱法栽培。用排葱法栽培时，需要将葱苗的底部伸入种植土壤中，然后利用种植工具在葱苗上覆盖一层土，覆盖的土需要没过葱苗最外层叶的叶身基部，完成覆盖工作后，需要沿着葱苗的茎秆浇水，让葱苗的基部充分吸收水分。插葱法有干插与湿插之分，但这2种方法都需要将葱白露出来，不能将葱白埋入土壤中。干插需要农户一手扶着葱苗，一手用木棍将葱苗的基部按入种植地中；湿插是将水灌入沟内，在水下降时将葱苗迅速插入土壤中，株距控制在3cm左右。定植后浇缓苗水，需注意的是，葱苗心叶要距离沟面7~10cm为宜，叶面要与沟平行。

大葱定植时应注意做到以下几点：一是应优先选用质量好、生长健壮的葱苗栽植，幼苗应分级分区域栽培，防止生长不均匀，影响大葱整体生长效果。二是要在定植沟中撒上防虫药，避免植株遭受虫害。三是要将植株放直，否则植株受重力影响会弯曲，售卖时单价较低，影响了大葱的经济收益。

### 4. 田间管理

(1) 追肥

葱苗成功移栽后，7月下旬追肥，促进葱苗快速生长，可以按照每667m$^2$施用氮肥20kg。8月中旬大葱开始加速生长，尤其是葱白部分，此时需要足够的养分促进大葱生长，以经过充分发酵腐熟的有机肥为佳，并适量施用速效氮肥，同时浅锄1次，以保证葱苗根系可以有效吸收养分。8月下旬光照充足，大葱叶片进入生长旺盛期，需补充大量水分和营养，通常按照每667m$^2$追施氮磷钾三元复合肥30kg。需要注意的是，增施肥料时在葱株两侧均匀施撒。10月上旬根据实际情况，追施氮磷钾复合肥。

(2) 培土

移栽后的大葱植株较脆弱，为防止大葱出现倒伏，需做好培土工作。一般培土时遵循前期浅培、后期高培、不伤边叶、不埋心叶的原则。通常培土可以与追肥同步，分 3 次完成。第 1 次在立秋后，将沟脊铲入沟内，为其少量覆土；第 2 次需与首次培土间隔 15d 左右，破垄平沟，间隔 10d 后进行第 3 次培土，此时大葱生长较快，培土厚度以 30cm 为标准，不可埋没心叶。培土后立即浇水，确保大葱根系顺利吸收养分，促进大葱丰茂生长。3 次培土后可视情况进行第 4 次培土，此时已至 9 月下旬，可以进行高培，帮助葱白积累营养，培土厚度在 30cm 左右，但不能伤边叶。

（3）浇水

大葱露地栽培每次追肥、培土后都需浇水，尤其葱白快速生长阶段需水量较大。浇水时水流需小，水势需缓，切忌大水漫灌，也不可过量浇水，以防大葱沤根。9 月天气逐渐转凉，昼夜温差较大，需做好水分管理，确保葱白继续积累同化产物。通常每隔 15d 左右浇 1 次透水，立冬收获前半个月停止浇水，因为收获时如果土壤过湿，不仅不利于收获，更不利于后续的运输与贮藏。

（4）除草

杂草清除一般与追肥和培土同时进行。除草时，根据土壤干湿度确定中耕深度。通常土壤含水率 50%时按照 3～5cm 深度进行中耕、除草，除草时锄头需与植株保持适当距离，以免伤害大葱根系。

### 5. 病虫害防治

病虫害是影响大葱产量和质量的关键。如果大葱生长发育阶段，出现大量病虫害，可能造成大葱减产，而且还会导致大葱发育不良，出现虫眼、病斑，影响大葱的整体售价，因此对于病虫害要提前预防，及早防治。大葱的主要病虫害有紫斑病、霜毒病、病毒病、潜叶蝇、葱蓟马、甜菜夜蛾等。大葱病虫害防治措施主要有农业防治、物理防治、生物防治和化学防治等。

（1）农业防治

农业防治措施主要通过农业管理措施，降低病虫害发生概率。在种植过程中，加强田间管理，中耕培土，清除菜园的杂草，合理施肥浇水，雨天及时排水，发现病株、毒株及时清理，以免影响其他健康植株。农作物收获后，及时翻耕，避免病虫害越冬。甜菜夜蛾是通过虫蛹越冬，通过翻耕可以消灭部分越冬虫蛹。种子播种前，进行无公害处理，杀死种子携带的病菌、病毒以及害虫，提高农作物的抗病害能力。

（2）物理防治

物理防治措施是根据病虫害趋光性、不耐高温性、假死性等特点，采用光、电、声波等方式对病虫害的生长发育进行干扰，使病虫害在生长发育中死亡，达到治理目的。甜菜夜蛾吸食葱叶，影响到大葱的长势。甜菜夜蛾具有较强的趋光性，在甜菜夜蛾发生时，在菜园安装频振式杀虫灯诱杀。在杀虫灯下安装一个袋子，袋子内投放少量挥发性农药，用黄色的灯光引诱飞蛾扑灯，外面安装频振高压电网，害虫一旦进入网内灯光附近，可以直接将害虫杀死或者电晕。

（3）生物防治

生物防治措施是利用有益生物、其他生物抑制消灭有害生物的方法，达到以虫治虫、以鸟治虫、以菌治虫的目的，是一种绿色无公害的病虫害防治措施。以潜叶蝇为例，它是大葱的主要虫害之一，大量吸食植物叶子，导致叶片枯萎变黄，植株脱落死苗现象。由于潜叶蝇的化学防治效果不好，容易产生抗药性，因此适合采用生物防治措施。在菜园投放姬小蜂、金小蜂、草蛉等寄生性天敌，寄生在害虫体内，吸食害虫的虫卵、幼虫，使害虫死亡。

（4）化学防治

化学防治措施是通过化学药剂达到治理虫害、病害的目的。这种治理措施见效快，可以快速杀死病害、虫害。在选择化学药剂时，尽量选择高效、无毒、易分解的化学药剂，以免增加病虫害的抗药性。紫斑病初期，选择75%的百菌清可湿性粉剂500倍液或64%的杀毒矾粉剂500倍液，每星期喷洒1次，连续喷洒2~3次；赤霉病初期，选择25%的甲霜灵可湿性粉剂、75%的百菌清可湿性粉剂500倍液，每星期喷洒1次，连续喷洒3~4次。防治潜叶蝇可以在潜叶蝇幼虫阶段，采用40%乐果乳油1 000倍液、40%氧化乐果乳油1 000倍液兑水防治，连续喷洒2~3次或者菜园投放姬小蜂、金小蜂、草蛉等寄生性天敌，寄生在害虫体内，吸食害虫的虫卵、幼虫，使害虫死亡。葱蓟马可以选择20%康福多浓可2 000倍液、10%的氯氰菊酯乳油3 000倍液等药物进行防治。防治大葱锈病可以使用70%代森锰锌可湿性粉剂100倍液、50%粉锈宁可湿性粉剂1 000倍液以及50%萎锈灵乳油800倍液，按照10d为1个周期，连续喷洒3次，防治效果良好。

## 6. 适时收获

大葱露地栽培，通常立冬后便可收获，此时气温较低，大葱葱白与叶片均已停止生长。起出的大葱需小把捆绑，放在阳光充足、干燥通风的地方晾晒5d左右，以便于后续运输和贮藏。

## 三、拱棚大葱栽培技术

随着人们生活水平的日益提高，人们对大葱的消费要求愈来愈高，不仅要求一年四季有葱吃，而且要吃充分长成的成株鲜葱。因此，发展大葱秋延迟栽培，在大葱收获淡季供应成株鲜葱很有必要。但在我国北方冬季气温偏低，要想延迟大葱的收获期就需要利用拱棚覆盖栽培，使其在早春上市，提高大葱的经济效益。

### 1. 播种前的准备

（1）拱棚建造

在山东地区一般是使用大拱棚覆盖栽培或者大拱棚+小拱棚双模覆盖栽培。大拱棚多南北走向，棚宽10~12m、高2.1m左右，分4跨，每跨宽度（即每排立柱间距）4m。大拱棚由5排呈东西向中间对称水泥立柱，并搭建粗竹竿构成，中间立柱最高，地上部分2.0m，地下部分0.5m；两旁第一侧柱地上部分高1.5m，地下部分0.5m；两旁第二侧柱（即边柱）地上部分高1.0m，地下部分0.5m，水泥立柱南北间距1.8m。粗竹竿选用最小直径5cm以上，最小长度8.0m以上的竹竿，竹竿上覆薄膜。小拱棚是用长细竹条或钢条作拱架搭建的，一般宽3m，小拱棚上用薄膜覆盖，两侧用土压实。

（2）选用良种

拱棚大葱栽培是为了延迟大葱收获期，使其在早春上市，满足消费者对大葱的需求。早春大葱栽培的关键是防止大葱春季抽薹开花而降低了大葱的品质，因此，应选用耐低温、抗春化、晚抽薹的品种，例如日本品种冬力源、秀春一本、金帝一本等，这些品种不仅耐寒且不易抽薹，还具有低温生长快、抗病性强、假茎组织紧密、整株色泽亮丽、加工品质好等优点。

（3）苗床准备

选用3年内未种过葱、韭、蒜的田块作为苗床，畦面宽1.2m左右，长度依育苗量而定，一般育苗面积60~80m$^2$可定植667m$^2$。建设苗床时，要施足基肥，床土施适量充分腐熟的农家肥、三元复合肥，加入敌百虫颗粒剂或福美双杀菌剂，与床土充分混匀以防治地下害虫。

（4）适时播种

播种时间过早，冬季葱苗绿体太大，易春化抽薹开花；播种时间过晚，葱苗太小，不能适时定植。一般在4月下旬至5月上旬露地育苗，播前畦内浇水造墒，把种子与细沙拌匀，均匀撒于畦内，覆盖湿润的细土，盖土2cm厚。苗床要见干见湿，不能使地面干裂或积水。播种后盖膜，但要注意高温危害。当有60%种子出苗后及时揭去地膜，以防影响幼苗生长，为防大雨冲刷，要设立小拱棚，下雨前在小拱棚上覆盖薄膜，雨后把膜揭掉。出苗后定植前气温逐渐升高，光照加强，不利于葱苗生长，因此当平均气温高于25℃时应给葱苗加盖遮阳网，为葱苗创造适宜的生长环境，以利培育壮苗。此期防治猝倒病、霜霉病、紫斑病、锈病和葱蓟马。

### 2. 移栽定植

于8月上旬进行移栽定植。选排水良好、土层深厚肥沃，前茬为小麦、玉米等粮食作物的土壤。前茬收获后结合深耕施肥，耙平后开沟。栽植沟南北朝向，可使苗受光均匀，沟宽1m左右、深25~30cm，沟底施三元复合肥，划锄盖土，然后浇水，水渗下后插葱苗。起苗前1~2d苗床浇水，剔除病苗、弱苗，将葱苗按大、中、小三级分别定植，边刨边栽。定植要于早、晚进行，避开中午的高温，以利于快速缓苗。定植行距为1m，株距3cm左右，每667$m^2$定植2.1万~2.3万株。定植时应将叶面与栽植沟呈垂直排列，利于密植与管理。

### 3. 田间管理

（1）温度管理

大葱定植后正值高温，可覆盖遮阳网遮阴。10月初要架设大拱棚，10月中旬大拱棚上覆盖塑料膜。当进入生长后期，遇严寒天气，有条件的可以加盖3m宽的小拱棚，实行双膜覆盖，以利保温。以白天保持在15~25℃，夜间不低于6℃为宜。

（2）浇水

定植后如果土壤不十分干旱不再浇水，遇大雨注意排水，防止葱沟积水。缓苗后浇1次小水，大葱进入旺盛生长期前要浇小水，进入旺盛生长期后要结合培土大水勤浇。总的原则是见干见湿，旱则浇、涝则排，不能有积水。入冬盖棚后要少浇水，浇小水，以免使地温下降太快，影响大葱正常生长。收获前1周停止浇水。

（3）追肥

大葱缓苗后，应追提苗肥，结合浇水每667m$^2$施尿素15kg左右；葱白生长初期，生长逐渐加快，应追攻叶肥，主要施用N、P、K三元复合肥；葱白旺盛生长期，需肥量大，应追攻棵肥，N、P、K肥并重，每667m$^2$大约施NPK三元复合肥60kg、尿素10kg、磷酸钾10kg，结合培土分2~3次追入。生长后期，根据大葱长势可随浇水冲施三元复合肥，以满足大葱的生长需要，有利于提高大葱的抗病、抗寒能力，提高大葱品质。

（4）培土

培土是软化叶鞘、控制大葱茎粗和葱白长度的重要措施。当大葱的粗度达到标准，而葱白长度不够时，要及时培土至叶鞘与叶身的分界处，即只埋叶鞘，不埋叶身，此时葱白加长，粗度基本不变。当葱白长度达到标准，而茎粗不够时，可适当晚培土，茎会很快变粗，此时葱白长度则生长缓慢，待茎粗达到标准后再培土。大葱一般培土3~4次，每隔15d左右培土1次，每次培土取土总深度不宜超过开沟深度的1/2，取土宽度不得超过行距宽的1/3，否则会影响根系生长，注意培土时不能埋没葱心，不能造成葱苗弯曲，要保持葱的假茎挺直，使葱白长度在30cm以上，这是保证大葱质量的重要措施。

### 4. 病虫害防治

病虫害防治应以预防为主。大葱育苗期间先喷药，对常发病虫害进行预防，起苗时剔除病害苗，并且将根茎浸泡在600倍液乐果乳剂中，以防附着在根茎部分的幼虫发育为害。在种植过程中要加强田间管理，中耕培土，清除菜园的杂草，合理施肥浇水，雨天及时排水，发现病株、毒株及时清理等。发现病虫害时，及时明确病虫害种类并对症治疗。在选择化学药剂时，尽量选择高效、无毒、易分解的化学药剂，同时要根据病虫害的特点和规律，选择相应的化学药剂，以免增加病虫害的抗药性，使用期限要严格遵守用药安全间隔期。

（1）大葱疫病

大葱疫病由烟草疫霉感染导致，初期叶片、花梗等部位出现青白色不明显斑点，之后逐渐变为灰白色，染病叶片慢慢枯萎。田间湿度过大或阴雨天气，病部还会出现白色棉毛状霉。通常，高温高湿环境下易发病，田块地势较低、栽植密度较大或田间出现积水，都会增大大葱疫病的发病概率。需积极推行轮作制度，地块要排水良好，连续降雨天气及时排出田间积水，降低土壤湿度。结合大葱生长性状调控田间密度，改善葱田的通风条件。大力推行测土配方施肥技术，提高植株自身的抗病能力。收获后彻底清除田间病残体，有效减少田间菌源数量。病害发生后可喷施70%乙锰锌可湿性粉剂500倍液、25%甲霜灵可湿性粉剂600倍液、杜邦公司的31%增威赢倍和拜耳公司的687.5g/L银法利等药物，连续喷施2~3次，间隔控制在1周以上。

（2）大葱灰霉病

大葱灰霉病病害发生初期，葱叶逐渐变为枯白色、灰褐色，病部长出砖褐色霉层。通常大葱灰霉病分为白点型、干尖型与湿腐型。其中，白点型发生概率较高，叶片出现白色至浅褐色小斑点，然后逐步变为菱形、长椭圆形病斑。若地块较潮湿，病斑上会出现灰褐色绒毛状霉层。随着病程发展，病斑逐渐连在一起，叶片腐烂、枯死。黏重土壤排水灌水不佳、种植密度过大、过量施用氮肥，都会造成病情较重。要做好葱田管理工作，严格控制栽植密度，优化通风透光条件，避免高湿低温。栽植前彻底清理地块的残枝烂叶，带出园外统一焚烧或深埋，有效减少田间菌源数量。科学防除田间杂草，优化田块环境。控制单次浇水量，避免渍水、积水，尽量晴天上午进行。发病初期，可田间喷施50%速克灵可湿性粉剂2 000倍液、50%扑海因可湿性粉剂1 500倍液、50%啶酰菌胺等药物，一般连续防治3~4次，间隔控制在10d左右。此种病害易出现抗药性，需不同药剂轮换、交替或混合施用，保证防治效果。

（3）紫斑病

紫斑病主要为害大葱的叶片，初期呈水渍状白色小点，后变成淡褐色圆形或纺锤形稍凹陷斑，继续扩大呈褐色或暗紫色，周围常有黄色晕圈，病斑具同心轮纹，潮湿时，发病部位长有黑色霉状物。病害发生严重时全叶枯死。此病主要发生在高温高湿的夏秋季节，沙质土、旱地、旱苗或老苗、肥料不足、管理不善、葱蓟马为害严重的地块，发病重、蔓延快。防治紫斑病可以通过施足基肥，适时追肥，增强抗病能力；雨季注意排水，发病后控制灌水，以防病情加重，并及早防治葱蓟马。也可用75%百菌清可湿性粉剂500倍液、58%甲霜灵锰锌500倍液、50%异菌脲可湿性粉剂500倍液、70%代森锰锌可湿性粉剂500倍液喷雾，每隔7~10d喷1次，连喷3~4次，以上各种药剂轮换使用效果更好。

（4）锈病

锈病主要为害叶片，初期表皮上产生椭圆形稍隆起的橙黄色疱斑，后表皮破裂向外翻，散出橙黄色粉末，秋后疱斑变为黑褐色，破裂时散出暗褐色粉末。此病易发生在昼夜温差大、结露时间长的秋季，肥料不足，大葱生长不良易发此病。可通过多施农家肥，避免偏施氮肥，增施磷、钾肥，增强植株长势，提高抗病能力。也可以用65%代森锰锌可湿性粉剂500倍液、15%三唑酮可湿性粉剂800～1 000倍液，或65%代森锰锌1 000倍液加15%三唑酮可湿性粉剂2 000倍液效果更好，每隔7～10d喷1次，连喷2～3次。

（5）菌核病

菌核病主要为害叶片，多发生在近地表处。菌丝由外向内层叶鞘扩展，严重时全株倒折，基部腐烂死亡，病部产生白色絮状菌丝和黑色短杆状或粒状菌核。温度低、湿度大是该病发生的主要原因，一般发生在晚秋。排水不良的低洼地、氮肥施量过多的地块发病较重。雨季注意排涝，减少土壤水分。合理密植，施足腐熟基肥，适时追肥，增施磷、钾肥，适当控制氮肥，增强抗性。用50%异菌脲1 000倍液、70%甲基硫菌灵可湿性粉剂1 000倍液、40%菌核净可湿性粉剂1 000倍液、65%甲霉灵1 000～1 500倍液等喷灌植株基部，每7～10d喷1次，连喷2～3次。

（6）甜菜夜蛾

甜菜夜蛾初孵幼虫群集于葱株叶背，大量取食叶肉，叶片逐渐干枯。3龄幼虫分群为害，被害叶片上出现孔洞、缺刻等。播前深翻地块，及时铲除田间、地边杂草，破坏害虫的滋生与栖息环境，降低虫源基数。成虫盛期，可田间设置杀虫灯，利用成虫的趋光性进行诱杀。具备相应条件的地区，可引入腹茧蜂、星豹蛛等天敌生物，确保田间虫口数量达到动态平衡。化学防治尽量在幼虫孵化盛期进行，可用200g/L四唑虫酰胺或5%溴虫氟苯双酰胺等药物进行喷施防治。

（7）葱蝇

葱蝇幼虫蛆形，长7～8mm，乳白略带淡黄色，此虫为腐食性昆虫，成虫对未腐熟的粪肥、发酵的饼肥及葱味有明显的趋性，幼虫有喜湿性和背光性，适于土中生活。每年发生3～4代，5月上旬成虫盛发，卵期3～5d，孵化的幼虫很快钻入鳞茎内为害。幼虫期为17～18d。为害特点：幼虫蛀入鳞茎或幼苗，引起腐烂，以至叶片枯黄、萎蔫枯死。防治方法：施用腐熟有机肥，禁用生粪。葱蝇发生后进行灌溉，能抑制幼虫活动和淹死部分幼虫。成虫发生盛期，可用糖醋毒液诱杀成虫。诱杀液用糖0.5kg、醋1kg、水7.5～10.0kg，加15～25g晶体敌百虫混匀即可，选择背风向阳地段，每隔8～10m放一大碗，每667$m^2$放10～15个碗，诱杀并作为虫情预报。撒施毒土，亩用5%辛硫磷颗粒剂1.0～1.5kg与20～30kg细土混匀做成毒土，撒入定植畦。

成虫发生期可喷21%氰戊·马拉乳油600倍液、20%菊马乳油3 000倍液、80%敌敌畏1 500倍液，每7d喷1次，连喷2~3次，地下葱蝇严重时，用50%辛硫磷800倍液、50%乐果乳油1 000倍液、80%敌百虫可湿性粉剂1 000倍液灌根2次，每次间隔10d。

（8）葱蓟马

葱蓟马在25℃和空气相对湿度60%以下时利于发生，高温高湿则不利，一般4—5月和秋季发生较重。为害特点是成虫、若虫以锉吸式口器为害寄主植物心叶、嫩叶，使葱叶形成许多长形黄白斑纹，严重时扭曲枯黄。可使用50%乐果或辛硫磷乳油1 000倍液、10%吡虫啉可湿性粉剂2 000倍液、1.8%齐螨素乳油3 000倍液喷雾防治，隔7~10d喷1次，连续2次。

（9）小地老虎

小地老虎1年发生3~4代，为杂食性害虫，食性很广，以春、秋两季幼虫为害为主。幼虫体长40~50mm，灰黑色，体表布满大小不等的颗粒。一般在温暖潮湿、周缘杂草多的地块发生严重。幼虫咬噬近地面的嫩叶，或在地下咬断茎部，造成整株死亡，严重时成片死亡。防治方法：一是铲除田间地头杂草。二是诱杀成虫，用黑光灯诱杀，或用糖醋液诱杀，即糖6份、醋3份、白酒1份、水10份、90%敌百虫1份调匀，放置田间进行诱杀。三是人工捕捉，当发现有葱苗被咬断或萎蔫时可在清晨拨土捕捉。四是药剂防治，根据虫情预报于3龄前喷雾，用20%菊马乳油3 000倍液、21%氰戊·马拉800倍液、50%敌敌畏1 500倍液防治；3龄后转为地下为害，可用50%辛硫磷乳油0.5kg加适量水拌50kg细土顺行撒施，也可用鲜草或菜叶拌90%敌百虫0.5kg，加水2.5~5kg，拌50kg鲜草，亩用5~10kg，成堆诱杀，虫龄较大时，可用80%敌百虫可湿性粉剂800倍液、50%辛硫磷乳油1 000倍液、80%敌敌畏乳油1 000倍液灌根。

### 5. 收获

翌年1月开始采收。先岔开垄台的一侧，露出葱白，轻轻拔出，使产品不受损伤，抖去泥土。根据市场价格情况，收获期可以延迟到3月。

# 第五章　生姜栽培技术

生姜（*Zingiber officinale* Roscoe）是姜科、姜属的多年生草本植物，又名姜、黄姜、姜根、地辛、姜母等，别名干姜、白姜，为一年生或多年生单子叶草本植物。生姜在我国多为一年生栽培，以肉质根茎供食用，具有特殊的芳香和辛辣味，是烹饪中不可缺少的"植物味精"，有"菜中之祖"的美誉，是我国重要的调味蔬菜和出口创汇蔬菜。目前，全国生姜种植面积约为400万亩，山东省是生姜主要产区，年种植面积120万亩左右。

## 一、生姜植物学特征

### 1. 根

生姜根系不发达，根量少且短，纵向主要分布在30cm土层中，横向扩展半径30cm。根从根茎内生，生长慢，一般在催芽后可见根的突起，幼苗期根量很少，立秋前后生长加快，至9月中旬，根量基本不再变化。依据形态与功能的不同，生姜的根分为纤维根和肉质根。

（1）纤维根

生姜播种后，先从幼芽基部发生数条纤细的不定根，称为纤维根，或初生根。出苗3d后观察，根长5~7cm，先端有少量根毛；20d后观察，根长一般10~15cm，根毛已较前发达。此后，随着幼苗的生长，纤维根数逐渐增多，并在其上发生许多细小的侧根，形成姜的主要吸收根系。纤维根洁白如线，分布在30cm之内的土层中，吸收水分和养料，供应全株生长发育的需要，同时起着固定植株的作用。

（2）肉质根

生姜进入生长旺盛时期（9月中旬前后），在姜母和子姜的下部节上，还可发生若干条肉质不定根，乳白色，形态短而粗，一般长10~25cm，直径约0.5cm，其上一般不发生侧根，根毛也少，其主要作用是吸收营养、贮藏物质、供应植株生长发育的需要。

总之，生姜的根系由纤维根和肉质根构成，一般情况下，肉质根可达总根重的60%左右。生姜为浅根性作物，根分枝少，根系不甚发达。大部分根分布在土壤上层30cm以内的耕作层内，只有少量的根可伸入土壤下层。因此，生姜吸收水肥能力弱，对肥水条件要求比较严格，要求在土层深厚、疏松，含有丰富的有机质的土壤环境条件下生长。

2. 茎

生姜的茎较为发达，根据其形态和功能差异，通常将其分为地上茎和地下茎2种。

（1）地上茎

地上茎由根茎节上的芽发育而成。其芽的外部形态为近似卵圆形的鳞芽，上部稍细，下部较粗，外面为几层肉质鳞片所包被，鳞片淡黄色并有光泽，除有保护作用外，还有防寒和防止水分散失的作用。随着芽的生长，形成幼茎，幼茎逐渐伸长便形成茎枝。茎外为叶鞘所包被。生姜的茎端，被包在顶端嫩叶中，呈不裸露状态，地上真茎仅达茎高的1/2左右。

生姜的地上茎在自然状态下因品种不同而呈现出不同的形态，主要有直立型和半直立型2种。直立型地上茎直立、紧凑，株幅较小；半直立型地上茎向四周分散，株幅较大。

生姜出苗以后，在正常的气候和栽培条件下，地上茎每天可增长1.0~1.5cm，生长速度比较均匀。9月上旬以后，茎粗一般在1.0~1.5cm，株高大体在70~90cm，基本趋于稳定，这一方面是由于此时夜温逐渐下降，对茎秆的高度生长有一定影响；另一方面，由于生长中心已逐渐向发棵和根茎膨大方面转移，因而使株高生长受到一定的牵制。

生姜幼苗期，以主茎生长为主，发生分枝较少，通常具有3~4个幼嫩分枝，每20d左右可发生1个分枝。立秋以后，进入发棵期，便开始大量发生分枝，在生长旺盛时，每5~6d便可增加一个分枝。到10月上旬以后，气温逐渐降低，植株的生长中心已转移到根茎，因而发生分枝逐渐减少。关于生姜分枝的多少，因品种特性和栽培条件而异。在同样的栽培条件下，疏苗型品种，茎粗壮，分枝数较少；密苗型品种，则分枝性强，分枝数较多。对同一品种来说，在土壤肥沃、肥水充足、管理精细的条件下，表现生长势强、分枝较多；相反，在土壤瘠薄、缺水少肥、管理粗放的条件下，则表现为生长势弱、分枝数少。

（2）地下茎

生姜的地下茎为根状茎，简称根茎，既是产品器官，又是繁殖器官。根茎肉质，肥厚，扁平，具芳香和辛辣味，其上着生肉质根、纤维根、芽和地上茎。

生姜的根茎由若干个长卵圆形的姜球所组成，初生姜球称作“姜母”，一般姜球较小，其上有7~10节，节间短而密。次生姜球较大，其上节间较稀。刚刚收获的鲜姜呈鲜黄或淡黄色，姜球上部的鳞片及地上茎基部的鳞叶多呈淡红色，经贮藏以后，根茎表皮老化，变为土黄色。

不同品种根茎的形状差别较大，特别是根茎一级姜球的形状是区分品种的重要特征。生姜一级姜球的形状主要有灯泡状、纺锤状和长棒状等类型。生姜根茎的表皮和肉质因品种不同而呈现不同的颜色。表皮色主要有黄色、淡黄色、灰黄色等多种颜色；肉质色主要有金黄色、茶色、黄色、米色、白色和淡红色等。

生姜根茎的形成过程具有顺序性，其形成过程是：种姜播种以后，在适宜的温度、水分和良好的通气条件下，种姜的腋芽便可萌发抽生新苗，这首先发生的姜苗称作主茎，随着主茎的生长，其基部逐渐膨大，形成初生姜球，称为“姜母”；姜母两侧的腋芽可继续萌发并长出2~4个姜苗，即为一级分枝，随着一级分枝的生长，其基部渐渐膨大，形成一级姜球，称为“子姜”；子姜上的腋芽，仍可再发生新苗，即为二级分枝，其基部也可再膨大生长，形成二级姜球，称为“孙姜”。在气候适宜和栽培条件良好时，可继续发生第三、第四级姜球……，直至收获。

### 3. 叶

生姜的叶为单叶，披针形或长披针形，扁平，互生，叶序为1/2，在茎上排成两列。叶背主脉稍微隆起。叶片绿色或深绿色，具有横出平行脉，即侧脉彼此平行，但与主脉呈一定角度。其功能叶一般长20~28cm，宽2~3cm。叶片下部为绿色叶鞘，叶鞘狭长而抱茎，起支持和保护作用，并具有一定的光合能力。叶鞘与叶片相连处，有一膜状突出物，即叶舌，叶舌的内侧是出叶孔，新生的叶片皆从出叶孔抽生出，刚长出的新叶较细小，卷成圆筒形，叶色较淡，多为黄绿色，随着幼叶的生长，叶色逐渐变绿，叶片也逐渐展平。

生姜叶片的叶形指数为7.2~9.8，叶形指数具有地理分布特征，从低纬度到高纬度地区，其叶形指数逐渐降低。低纬度地区的叶较长而宽，叶形指数较高；高纬度地区，叶短而窄，叶形指数偏小。同一个产地的疏苗型品种的叶形指数要大于密苗型品种。

生姜的叶姿因品种不同而呈现出不同的特征，根据叶片与茎的夹角大小，叶姿分为直立、半直立、平展和下垂4种类型。

叶片是生姜的重要器官，是制造营养物质的特殊“工厂”，它的功能主要有光合作用、蒸腾作用和呼吸作用。

### 4. 花

生姜一般很少开花，即使开花也是极个别的。花葶单独由根茎发出，花梗长达25cm；花序球果状，长4~5cm；苞片卵形，长约2.5cm，淡绿色或边缘淡黄色，顶端有小尖头；花萼管长约1cm；花冠黄绿色，管长2.00~2.5cm，裂片披针形，长约2cm；唇瓣中央裂片长圆状倒卵形，短于花冠裂片，有紫色条纹及淡黄色斑点，侧裂片卵形，长约6mm；雄蕊暗紫色；花药长约9mm；侧生雄蕊与唇瓣联合，致使唇瓣具3裂片，药隔顶端具抱卷着花柱的钻状附属体，长约7mm。花期集中在秋季。

我国在北纬25°以北的地区栽培生姜时，一般不开花。可近年在浙江南部温暖地区种植生姜，偶尔也有开花的现象。个别年份，在山东姜田也可见到少数植株抽薹开花，由于气温逐渐降低，露地难以生存，但在设施保护条件下，可以持续生长，穗状花序由绿色逐步变为红色，最后老熟枯死。

### 5. 果实与种子

生姜在热带能正常开花，却极少结实，在中国长江流域各地，由于低温开花很少或只抽花穗而不开花，更不能结实。因生姜只能靠长期无性繁殖进行扩繁生产。国外学者研究认为，染色体的易位和倒位可能是生姜表现高度不育的原因。

## 二、露地生姜栽培技术

### 1. 播前准备

(1) 精细整地，配方施肥

宜选择土质肥沃、水浇条件好、无姜瘟病地块，在冬耕的基础上，春季及早进行精细整地，使土壤达到无明暗坷垃，上松下实。增施有机肥，以优质鸡粪，无病残体圈肥、饼肥和草木灰配合施用，结合整地撒施优质腐熟鸡粪3~4m$^3$ 或优质圈肥5 000~10 000kg 作基肥。在高肥水地块按 60~65cm 行距开沟备插，沟施豆饼 100kg、氮磷钾复合肥 50kg、硫酸钾 50kg、锌肥 2kg、硼肥 1kg 作种肥。全生长期钾最多、氮次之、磷最少，大约为5：4：1。

（2）精选姜种，培育壮芽

①精心播种。于适期播种前 30d 左右，从姜窖内取出种姜，用清水冲洗，去掉姜块上的泥土，选用姜块肥大、丰满、皮色光亮、肉质新鲜不干缩、不腐烂、未受冻、质地硬、无癞皮、无病虫的健康姜块作种。严格淘汰姜块瘦弱干瘪、肉质变褐及发软、有癞皮的种姜，要求种姜块重达 75g 左右，每 667m$^2$用种姜 500kg 左右。

②晒姜困姜。3 月上旬选晴天，上午 8：00 后，将精选好的姜种放在阳光充足的地上晾晒，晚上收进屋内，重复 2~3 次，使姜皮发白发亮，种姜晒困结束。在晒困过程中，还应注意病症不明显的姜块，经晒困失水后，严格淘汰表皮干瘪皱缩，色泽灰暗的姜块，确保姜种质量。

③炕姜催芽。对精选、晒后的姜种，用药肥素、姜瘟散、生姜宝、绿霸等农药 200 倍液浸种 10min，能起到杀菌灭菌作用，晾干后上炕催芽，催芽温度掌握在 22~25℃，并掌握前高后低，20d 后，待姜芽生长至 0. 5~1. 0cm 时，按姜芽大小分批播种。

### 2. 播种至出苗期管理

（1）短期早播，地膜覆盖

根据当地气温、地温和晚霜时间，地膜栽培可比常规播种提早 20~30d，于 4 月上旬开始播种。盖膜前每 667m$^2$应用除草剂 100~150g，兑水喷施，免除膜下杂草。地膜可选用厚度 0. 005~0. 006mm、宽 240~340mm 规格。地膜栽培较不盖地膜栽培可增产 42%以上。

（2）适当稀植，增大姜块

适当降低种植密度，提高单株产量，促使姜块大而整齐。高产地块适宜种植密度为5 500株/667m$^2$ 左右，行距 60~65cm，株距不小于 20cm；中肥水地块行距掌握 60cm，株距 18cm，种植密度为5 500~6 000株/667m$^2$，用种量一般掌握在 500kg/667m$^2$左右。

（3）适时遮阳，促进生长

生姜出苗达 50%时及时进行姜田遮阳，促进姜苗的健壮生长。

遮阳网遮阳。采用遮阳网遮阳，其遮阴均匀一致，不破坏地膜的完整，便于田间管理，姜苗生长势旺，具体方式有：a. 高位棚式遮阳网。利用水泥柱、竹竿扎成2m高拱棚架，扣上遮阳网，宜选择遮光率为30%的遮阳网。b. 条幅立式遮阳网。将遮阳网成幅立式拉于生姜行间，用竹、木固定，形似习惯姜草方式，幅宽60~65cm，可选择遮光率为40%遮阳网。c. 农膜打孔遮阳网。选用黑色带孔农膜，拉于生姜行间，用竹、木固定。

### 3. 生长中后期

(1) 轻施促苗肥，重施合枝肥，补施秋肥

于6月上中旬结合浇水，每667m$^2$顺水冲施尿素25kg，以促进姜苗生长。7月上中旬揭去地膜，每667m$^2$施用三元复合肥50kg。至8月20日前每667m$^2$补施硫酸钾30kg，追肥后及时浇水。9月中旬可根据姜苗长势，适量追施钾肥或氮肥，并对地上部进行叶面追肥，每隔7~10d喷1次，连喷3~4次，能起到治病、防早衰作用，延长生育后期的叶片功能期。

(2) 及时浇水，分次培土

为保证生姜顺利出苗，在播种前浇透底水的基础上，一般在出苗前不进行浇水，而要等到姜苗70%出土后再浇水，具体应根据天气、土壤质地及土壤水分状况灵活掌握。第一水若浇得晚，姜苗受旱，芽头易干枯。因地膜具有良好的保墒作用，苗期不宜浇水太勤，且以膜下浇小水为宜。夏季浇水以早晚为好，不要在中午浇水。同时，要注意雨后及时排水。立秋前后，生姜进入旺盛生长期需水量增多，此期4~5d浇一水，始终保持土壤的湿润状态。为保证生姜收获后少粘泥土，便于贮存，可在收获前3~4d浇最后一水。施用分枝肥后，应根据生姜生长情况，及时进行分次培土2~3次，确保生姜不露出土面，促进姜块迅速生长。

(3) 延时收获，提高产量

①初霜收获。当秋末气温在8~18℃时，秋高气爽，光照充足，昼夜温差大，正是形成产量的关键时期，适当延长生长期，提高产量。据试验，霜降后，每晚收一天，平均每667m$^2$增产30~60kg。大田收获生姜的最佳收获期应在初霜后10~15d，此时收获生姜既不会冻伤姜块，又可充分利用生姜后期增产这一黄金时期。因此，一定要掌握最佳的收获时机，切不可过早收获。

②拱棚延时。初霜前在姜田架起拱棚，扣农膜保护延时，使生姜生长期延长20~30d收获，每667m$^2$可增生姜1 000kg以上，每667m$^2$产量达到

5 500kg 以上，每 667$m^2$高产地块的产量达到6 000kg 以上。试验表明，后期拱棚延迟较不盖膜拱棚增产 10%以上，较前期地膜加后期拱棚延迟的增产率为 50%以上。

#### 4. 收获贮藏期

科学贮藏，增加效益。生姜贮藏多采用挖窖贮藏，一般深 5～7m，挖 2～3 个贮姜洞，窖内温度保持 11～13℃，空气相对湿度保持在 90%以上。生姜入窖前，应彻底清扫姜洞及窖底，若里面太干，可适当洒水保持湿润。为了防治姜蛆，可提前施用百菌清和多菌灵等杀菌剂及敌敌畏等杀虫剂对姜窖进行杀虫处理。生姜入窖结束后，用一块 1$m^2$的农膜平铺于窖底，堆放 3～5kg 麦草，倒入 0. 25kg 80%敌敌畏原液，熏杀姜蛆成虫，防止姜蛆发生，既简便又省事，且成本低，防治效果好，所存生姜无虫头，色泽鲜亮，经济效益好。生姜入窖 20～25d，于小雪前封住窖口。人员入窖前要注意先通风，防止发生人员伤亡事故。

#### 5. 生姜用药注意事项

购买农药索要发票，查看生产日期、药物适用范围等；购买农资要看登记证号等；贮存生姜要有在生姜上登记了的贮存用药；土壤熏蒸处理要用正规厂家生产的威百亩、棉隆等。

## 三、拱棚生姜栽培技术

#### 1. 生姜选种与处理

（1）选种

宜采用山东省当地优良生姜莱芜大姜、安丘大姜等品种，12 月中旬，选择肥大饱满、无病虫害、无机械损伤的姜块作姜种。

（2）姜种清洗与药剂浸种

选择晴好天气，将姜种用净水清洗后，使用姜瘟净等杀菌剂溶液浸姜种 20min。

（3）姜种晾晒与掰姜种

姜种药剂浸种后，晴好天气在温室大棚内晾晒 1～2d。在姜种晾晒过程中，对较大的姜块，结合姜芽情况采用掰姜种，保证每块姜种上有一个较为饱满的芽头，每块姜种 50~100g。

### 2. 催芽

将晾晒后的姜种装在容量 10kg 左右的保鲜袋中，每个保鲜袋四周均匀扎洞 10 余处；根据姜种数量多少，集中放置于温度 18~28℃的环境条件中，用保温被保温和遮光。姜种在空气相对湿度 80%~85%下采用变温方式催芽，前期 10d 左右保持 25~28℃，中期 10d 左右保持 22~24℃，后期保持 18~22℃。幼芽长度达 1.0~1.5cm，姜种芽基部饱满肥大、无白根长出为宜。

### 3. 姜田播种前准备

(1) 拱棚设施准备

采用竹木结构的简易大拱棚或竹片小拱棚。

(2) 土壤撒施基肥及翻耕松土

每 667$m^2$用5 000~6 000kg 腐熟鸡粪或腐熟农家肥，或用 200kg 生物有机肥作基肥，然后翻耕松土。

(3) 土壤消毒处理

采用氯化苦土壤熏蒸剂对土壤进行消毒处理。由具备资质的人员进行氯化苦施药操作。

(4) 松土排气与起垄

氯化苦处理 20d 后，用旋耕犁对土壤松土、排气，然后按照行距 75cm 采用机械起垄，沟深 30cm。

### 4. 生姜种植

大拱棚定植时间为 2 月下旬，小拱棚定植时间为 4 月上旬。

生姜种植株距 20cm。种植生姜时沟施种肥，每 667$m^2$施氮肥（N）4~6kg、磷肥（$P_2O_5$）2~3kg、钾肥（$K_2O$）5~7kg、硫酸锌 1kg、硼砂 0.5kg、钙镁肥料 5kg、硅肥 80kg（有效硅含量≥20%）。生姜种植后，浇透水，待水下渗后，喷洒生姜专用除草剂，附加覆盖材料。

### 5. 覆盖材料

(1) 大拱棚覆盖材料

从内到外总共有 4 层保温膜，分别是第一层幅宽 100cm、厚度 0.01mm

聚乙烯农膜覆盖单行姜；第二层幅宽 200cm、厚度 0.01mm 聚乙烯拱棚膜覆盖双行姜，宜以铁丝为支架；第三层和第四层为幅宽 300cm、厚度 0.1mm 聚乙烯拱棚膜覆盖大拱棚，通常用六幅，宜以竹片为支架，两行姜为一个独立小拱棚，依次类推。一个简易大拱棚内可以种植多个小拱棚。作为胆膜的第三层和作为外膜的第四层之间有 20~50cm 间距。播种早期，当 5cm 地温低于 10℃时，在拱棚周围用草苫保温。

（2）小拱棚覆盖材料

选用厚度 0.005~0.006mm、宽 90cm 规格棚膜覆盖，竹弓 85cm 长，竹弓间距 40cm，插在定植沟上盖棚膜。

## 6. 生姜田间管理

（1）大拱棚姜田管理

①幼苗期管理。整个生姜生长期，结合天气情况，及时放风，最内层膜内温度不超过 35℃。出苗率达到 70%时，通过滴灌开始第一遍水。当姜苗高度达到内层膜顶端时，及时破膜。

②三杈期管理。当田间 70%以上的生姜植株姜苗分枝数达到 3 枝时，即进入三杈期，之后每间隔 15d 左右每 667$m^2$滴灌施加生姜专用液体肥 5kg。

③生姜培土。4 月中下旬，随着气温升高和生姜生长，大拱棚内第一、第二、第三层膜应按序逐层逐渐去除。此三层膜去除完毕，即开始第一次小培土。5 月中下旬，应进行第二次培土。以后适期培土，培土可采用机械方式。

④生长中后期喷灌。5 月以后，午间气温较高，提前采取喷灌方式浇水，改善姜田小气候条件。

（2）小拱棚姜田管理

①适时破膜降温、以防烤苗。生姜定植后，根据小拱棚内温度变化，及时破膜降温。35℃以上时，要在膜上间隔一定距离打洞透风降温，随着气温升高，打洞的密度逐渐增加，确保日最高温度不超过 35℃，以防烤苗。

②适时遮阳。生姜出苗达到 50%时，及时遮阳，可采取高位棚式遮阳网，利用水泥柱、竹竿扎成 2m 高拱棚架，扣上折光率为 30%的遮阳网。也可用条幅立式遮阳网遮阴：将幅宽 60~65cm，折光率为 40%的遮阳网，成幅立式拉于生姜行间，用竹木固定。

③培土追肥。生姜培土要与追肥相结合，从一般要进行“2 小 1 大”共 3 次追肥。前期可结合划沟追肥进行 2 次“小培土”，以新生分枝上的嫩姜

不裸露为宜。待姜苗具有6~7个分枝时进行1次“大培土”，原来的姜垄变为姜沟。每次追肥培土后，不宜立即浇水，要在培土后2~3d后浇水，以利生姜培土机械损伤愈合，从而减轻土传病害的发生概率。

### 7. 生姜收获

大拱棚生姜按照种植规划要求择机收获。小拱棚生姜10月20日前后收获。

## 四、生姜—大葱轮作栽培技术

大葱—生姜轮作栽培模式在大拱棚进行，即1月下旬进行大姜催芽，2月下旬至3月上旬播种，7月中旬出姜上市，随后栽培大葱，大葱收获后再次种植生姜。

### 1. 生姜栽培技术

（1）整地建棚

11月或大地封冻前选南北向地块，深耕25~30cm，深耕前撒施腐熟优质土杂肥4 000kg，耕后耙细耙平。建造一个宽8~14m、顶端高1.8~2.0m、两边高0.5m的大拱棚。拱棚上覆厚0.06mm EVP无滴膜，无滴膜下10cm悬挂一层0.025mm薄膜，棚的放风口设在顶端和左右两边共计3个，播种前10d左右不放风，尽量提高棚内温度和地温。

（2）打沟造墒

按行距65cm、深15cm打姜沟，在沟底撒施复合肥25kg、硫酸锌3kg、硼砂1kg、有机钙肥40kg，将肥与土混合灌透水造墒，待播。

（3）生姜催芽技术

采用火炕催芽，1月下旬从姜窖中取出姜种，在室内平铺的草苫或地上晾晒1~2d，然后堆放2~3d“困姜”，在姜种上炕前做好选种、掰种工作。排放姜种前，先在土炕和四周铺一层麦秧，厚约10cm，麦秧上再铺放2~3层草纸，将种姜一层一层地平放炕上，排列整齐，堆放厚度以50~60cm为宜，上部用棉被盖严，不透光。室内火炕温度保持在20~23℃，催芽35d后待姜芽长到1cm左右时即可播种。

（4）播种

在造好墒的沟底排放姜种，株距25cm，方向一致，排好后覆土2~3cm。

播种后再浇 1 次小水，每沟生姜用 0.004cm 地膜再做小拱棚保温。

（5）田间管理

①温度控制。出苗前一般不通风，尽量提高大棚内温度和地温，不浇水，待出齐苗后可浇小水。出苗后，当棚内温度达到 20℃以上时，及时破小拱棚放风放苗。如大拱棚通风，只能在棚内温度达到 24℃以上时才能进行；温度低于 16℃时，闭风提温，使棚内温度保持在 20~23℃。

②水分控制。播前在沟内灌透水，播时浇小水，播后出苗前一般不浇水，待生姜进入“三杈期”需水量加大、温度上升时，需每隔 5~7d 浇 1 次水，始终保持土壤湿润。后期温度较高时需每隔 3~5d 浇 1 次小水，出姜前 7d 停止浇水。

③合理追肥。在施足基肥的前提下，棚栽生姜在“三杈期”以前不需追肥，进入“三杈期”结合小培土顺沟撒施硫酸钾复合肥（15-15-15）20~25kg，以后结合浇水冲施 50%硫酸钾肥料 10~15kg，冲施 2~3 次。6 月上旬大培土 1 次，要培厚培严，并结合培土施硫酸钾复合肥（15-15-15）40~50kg。培土后结合浇水再次冲施 50%硫酸钾肥料 10~15kg，冲施 1~2 次。

④收获。进入 7 月中旬生姜即可收获，收获后除土、洗净、包装好即可上市。

### 2. 大葱栽培技术

（1）育苗

选择日本进口品种夏黑、元藏、晚抽一本等耐热品种，每 667$m^2$准备苗床 60$m^2$遮阴育苗。在生姜收获前 40d 左右整地育苗。苗床选用土壤疏松、有机质丰富、地势平坦、灌溉方便的沙壤土。播种前，每 60$m^2$均匀撒施腐熟农家肥 300kg，翻入土壤 20cm 土层，作成平畦，畦宽 1.2m。灌足底水待播。苗床每 60$m^2$用种量 75~100g，将种子掺入 1kg 细干土中均匀撒播。然后覆盖过筛细土 1cm 左右，搭小拱棚覆膜保湿、覆遮阴网。出苗后注意通风，苗床温度保持在 25℃以下。

（2）苗床管理

苗床干旱时适当浇小水。定植前 10d 左右停止浇水，以促根壮苗。当葱秧长到 30cm 左右，横径粗 0.7~0.8cm 时，即可移栽定植。

（3）定植方法及密度

生姜收获后及时将姜苗清出棚外并将大棚膜上覆一层遮阴网，在棚内撒施腐熟有机肥2 000kg深耕细耙整平，按行距90~100cm开沟，沟深25~30cm。沟底撒施复合肥10kg，与土混合待移栽。移栽时先引水浇沟，水深3~4cm，水下渗后按株距2.5~3.0cm要求将葱苗栽入沟内。栽葱时，叶片分杈方向要与沟向平行或略有一小锐角，以便田间管理时少伤叶。

（4）田间管理

①肥水管理。缓苗期后一般不浇水，并注意雨后排水。定植后40~45d，每667m²追施优质腐熟土杂肥1 500kg施于沟脊，锄于沟内，而后浇1次水。该期应当浇水2~3次；定植后80d左右，按每667m²施用生物菌肥50kg，施于葱行两侧，中耕培土、浇水。该期每4~5d浇1次水。定植后95d左右，每667m²施生物菌肥50kg，撒在行间，浅中耕、浇水，该期浇2次水。收获前10d停止浇水。

②培土。当大葱进入旺盛生长期后，随着叶鞘加长，应当分次培土。每次培土3~4cm，将土培到外层叶的基部，一般培土3~5次。

③收获。进入来年1月中旬大葱假茎（葱白）长到25cm以上时，大葱行情好时即可陆续收获，直至种植生姜。

## 五、生姜病虫害防治

### 1. 生姜病害

（1）姜瘟病

①症状。姜瘟病又称腐烂病或青枯病，主要为害根部及姜块，染病姜块初呈水渍状、黄褐色、内部逐渐软化腐烂，积压有污白色汁液，味臭。茎部染病，呈暗紫色，内部组织变褐腐烂，叶片凋萎，叶色淡黄，边缘卷曲，最后死亡。姜瘟病为细菌性病害，该菌在姜块内或土壤中越冬，带菌姜种是主要的侵染源，栽种后成为中心病株，靠地面流水、地下害虫传播，病菌需借助伤口侵入。通常6月开始发病，8—9月高温季节发病严重。

②发病规律。病原菌在姜根茎内或土壤中越冬，带菌姜种是主要初侵染源，借灌溉水、地面流水、地下害虫和雨水溅射传播蔓延，并可借姜种调运作远距离传播。在山东地区每年6—9月，每降大雨后1周左右，田间出现1次发病高峰。连年重茬，栽培地块土质黏重，栽培密度较大，田间郁闭通透性差，生长期连续阴雨天多，雨后田间易积水，管理粗放，缺肥缺水，植株长势差，抗病力弱，偏施氮肥时植株徒长、旺长发病较重。

③防治方法。实行水旱轮流耕作制度可以有效地控制姜瘟病在姜苗中的扩散，种植生姜的土地应该是地势比较高，排水和浇水都比较容易的地方；增加磷肥、钾肥的施肥量，条件允许的情况下，可以在行间覆盖稻草或秸秆遮阴，预防姜瘟病的发生；在选择品种的时候，依据当地的一些种植条件，选择一些抗病能力强的品种；在生姜的生长期中，在雨天过后，要及时进行田地排水，以防水淹生姜；如果发现了生病的株苗之后，要及时将其从田中挖除，为了防止病菌在田中的扩散，要将病苗周围 0.5m 的株苗全都挖去，在田块中撒上石灰，再用干净的无菌体将其穴掩埋；发病初期对零星病窝及时灌药，可用 5%硫酸铜液，或 5%漂白粉液，或 72%农用硫酸链霉素可溶性粉剂3 000倍液；发病较普遍时喷布药剂防治，药剂可选用 72%农用硫酸链霉素可溶性粉剂4 000倍液，或 14%络氨铜水剂 300 倍液。

（2）茎基腐病

①症状。生姜茎基腐病发病初期，茎基部出现大小不等的水渍状斑，逐渐扩大，叶片发黄，发病后期病斑环绕茎基部一周，导致茎基部组织逐渐腐烂。由于水分、养分运输受阻，地上部主茎由上而下干枯死亡，叶片发黑脱落，呈枯萎状，湿度大时扒开土壤，在病部和土壤中（一般离地表 2cm）可见白色棉絮状物，严重时开始死株，危害极大。

②发病规律。病菌以菌丝体潜伏在病姜及病残体上越冬，或以菌丝体及厚垣孢子在土壤内越冬，条件适宜即可发病。一般 5 月开始发生，收获后带有病菌的种姜仍可继续发病，一直延续到翌年 3 月播种时。高温高湿有利于生姜茎基腐病的发生，适宜的发病温度为 20～25℃。生姜属喜光耐旱植物，通风和透光不良的地块易发病。黄泥壤土、黏性重的土壤易发病重。重茬连作地块田间菌源量累积，发病较重。

③防治方法。发病期及时清除病株残体，病果、病叶、病枝等；拉秧后彻底清除病残落叶及残体；对保护地、田间做好通风降湿，保护地减少或避免叶面结露；不偏施氮肥，增施磷、钾肥，培育壮苗，以提高植株自身的抗病力。适量灌水，阴雨天或下午不宜浇水，预防冻害；揭膜后主防茎基腐病，青枯立克 50～100ml+大蒜油 5～7ml 稀释使用，喷施生姜茎基部，连用 2～3 次，间隔 7d 左右。

（3）姜叶斑病

①症状。姜叶斑病主要为害叶片，叶片上病斑呈不规则形，中间灰白色，边缘褐色，发病严重时多个病斑融合成大斑，导致叶片干枯死亡。

②发病规律。病菌在病部或病残体中越冬，条件适宜时病菌借气流或雨

水传播，进行侵染；温暖多雨的季节发病重；种植密度过大，田间通透性差，管理粗放发病重。

③防治方法。合理密植，加强肥水管理，雨后及时排除田间病残体，增施充分熟腐的有机肥，合理配合施用氮、磷、钾肥。发病初期，可采用下列杀菌剂或配方进行防治：10%氟嘧菌酯乳油1 500~3 000倍液+2%春雷霉素水剂300~500倍液；10%苯醚甲环唑水分散粒剂1 000倍液+75%百菌清可湿性粉剂600~800倍液；50%腐霉利可湿性粉剂800~1 200倍液+50%克菌丹可湿性粉剂400~500倍液；喷雾，视病情间隔7~10d喷1次。

(4) 姜枯萎病

①症状。姜枯萎病主要为害地下块茎导致块茎变褐腐烂，从土中挖出病块茎，其表面常长有菌丝体。地上部叶片常发黄并枯萎死亡。

②发病规律。病菌以菌丝体和厚垣孢子随病残体在土壤中越冬，翌年条件适宜时产生分生孢子，并借雨水溅射和灌溉水传播，由伤口侵入，进行再侵染。常年连作，地势低洼，排水不良，土质黏重则发病重；施用未腐熟的有机肥，雨后易积水则发病重。

③防治方法。与非薯芋类蔬菜轮作3年以上。最好水旱轮作，轮作1年就可收效；选地势较平坦，排水良好地块种植；施足充分腐熟的有机肥，加强肥水管理，并适当增施嘉美海力宝，促进植株健壮生长，雨后及时排出田间积水；收获后及时清除田间病残体。发病初期，可采用下列杀菌剂或配方进行防治：5%丙烯酸·噁霉·甲霜水剂800~1 000倍液；80%多·福·福锌可湿性粉剂500~700倍液；3%噁霉·甲霜水剂600~800倍液；5%水杨菌胺可湿性粉剂300~500倍液；70%噁霉灵可湿性粉剂2 000倍液；4%嘧啶核苷类抗菌素水剂600~800倍液；兑水灌根，每株灌药液200~300ml，视病情每隔7~10d灌1次。

(5) 姜炭疽病

①症状。姜炭疽病主要为害叶片，发病初期从叶尖或叶缘出现褐色水浸状小斑，后向下、向内扩展成圆形或梭形至不规则形褐斑，病斑上有明显或不明显的云纹，发病严重时，多个病斑连成大斑块导致叶片干枯。

②发病规律。病菌以菌丝体和分生孢子盘在病部或随病残体在土壤中越冬，病菌分生孢子在田间借风雨、昆虫传播。常年连作地块，种植过密，田间通透性差，管理粗放发病重。

③防治方法。与非姜科蔬菜轮作3年以上；施足充分腐熟的有机肥，密度要适宜，避免栽植过密；高畦栽培，加强肥水管理，增施嘉美红利、赢利

来，促进植株健壮生长；雨后及时除田间积水，发现病叶及时摘除并带出田间；收获后彻底清除病残体集中烧毁。发病初期至发病前，可采用下列杀菌剂或配方进行防治：20%唑菌胺酯水分散粒剂1 000～1 500倍液；20%硅唑·咪鲜胺水乳剂2 000～3 000倍液；20%苯醚·咪鲜胺微乳剂2 500～3 500倍液；30%苯噻硫氰乳油1 500倍液+22.7%二氰蒽酮悬浮剂1 000～1 500倍液；25%咪鲜胺乳油1 000～1 500倍液+75%百菌清可湿性粉剂600倍液；40%多·福·溴菌腈可湿性粉剂800～1 000倍液；均匀喷雾，视病情间隔5～7d喷1次。

（6）姜细菌性叶枯病

①症状。姜细菌性叶枯病叶片发病，沿叶缘、叶脉扩展，初期出现淡褐色略透明水浸状斑点，后变为深褐色斑，边缘清晰。根茎部发病初期出现黄褐色水浸状斑块，逐渐从外向内软化腐烂。

②发病规律。病菌主要随病残体在土壤中越冬。带菌种姜是田间重要初侵染源，并可随种姜进行远距离传播。在田间病菌可借雨水、灌溉水及地下害虫传播。病菌喜高温高湿，土温28～30℃、土壤湿度高易发病。阴雨天多发病严重，尤其在暴风雨后病情明显加重。

③防治方法。与非薯芋类蔬菜轮作2～3年；选择地势较高，雨后不易积水，通风性良好，土质肥沃地块种植；严格挑选种姜，剔除病姜；施足充分腐熟的有机肥，冲施有机营养套餐肥嘉美红利、赢利来；严防病田的灌溉水流入无病田，雨后及时排除田间积水；发现病株及时拔除，病穴用石灰消毒。及时防治地下害虫；收获后及时清除田间病残体，并集中销毁。发病前至发病初期，可采用下列杀菌剂进行防治：20%噻菌铜悬浮剂1 000～1 500倍液，或20%嘧菌酯水剂1 000～1 500倍液，或50%氯溴异氰尿酸可溶性粉剂1 500～2 000倍液，或77%氢氧化铜可湿性粉剂800～1 000倍液，均匀喷雾，视病情每隔7～10d喷1次。发病普遍时，可采用下列杀菌剂进行防治：88%水合霉素可溶性粉剂1 500～2 000倍液，或72%农用硫酸链霉素可溶性粉剂2 000～4 000倍液，或20%噻唑锌悬浮剂600～800倍液，或3%中生菌素可湿性粉剂600～800倍液，均匀喷雾，视病情每隔5～7d喷1次。

（7）姜眼斑病

①症状。为害叶片。叶片发病，初时产生褐色小斑点，扩展后病斑梭形，大小5～10mm，灰白色，边缘浅褐色，周围有明显或不明显的黄色晕圈。湿度大时，病斑两面生出暗灰色至黑色霉状物。发病严重时，叶片上病斑连片，造成病株黄枯而死。致病菌为德斯霉，病菌分生孢子梗多单生，正

直不分枝，榄黄色，顶端色稍浅，基部细胞膨大，产孢细胞多苗芽殖，合轴式伸长。分生孢子长椭圆形，两端钝圆，正直，浅榄黄色，有3~7个隔膜。分生孢子单生或顶侧生。

②发病规律。病菌以分生孢子丛在病残体上并随之在土壤中越冬。翌年越冬菌产生分生孢子并侵染引起田间植株发病，病株产生出大量分生孢子，借风雨传播扩散，引起再侵染，病害不断扩展蔓延。病菌喜温湿条件，温暖、多湿条件有利于病害的发生和发展。地势低洼、多湿、肥料不足，特别是钾肥不足时则发病重。管理粗放、植株生长不良，病害明显加重。

③防治方法。选地势较高，排水良好的肥沃地块种植。做好翻耕、整地；施足腐熟粪肥，冲施高钾水溶肥嘉美核动力，特别是钾肥绝不能缺；适量灌水，雨后清沟排渍，降低田间湿度；发病初期及时拔出病株或摘除病叶，减少田间菌源。收获后彻底清除田间病残，集中烧毁或深埋，然后深翻土壤；发病初期及时用药剂防治，药剂可选用30%氧氯化铜悬浮剂600倍液，或12%松脂酸铜乳油500倍液，或30%碱式硫酸铜悬浮剂400倍液，或77%可杀得可湿性微粒粉剂600倍液。

（8）姜斑点病

①症状。主要为害叶片。叶片上病斑梭形或长圆形，长3~5mm，边缘褐色，中央黄白色并变薄，易破裂或穿孔，后期病斑表面产生许多小黑点。发病严重时，全叶星星点点布满病斑。

②发病规律。病菌分生孢子器球形至扁球形，黑褐色。分生孢子单胞，椭圆形。病菌以菌丝体和分生孢子器随病残体遗落土中越冬。越冬菌翌年产生出分生孢子传播至姜叶片上，侵染引起田间发病。发病后病部产生的分生孢子借风雨传播进行再侵染。病害再侵染频繁，条件适宜时病害发展得很快。病菌喜温湿条件，温暖多湿、株间郁蔽、田间湿度大，易于发病。病害发生和发展与降雨次数多少、雨量大小密切有关。

③防治方法。因病残体是主要的初侵染源，故播前应彻底搞好清园工作以及避免连作。与水稻轮作1年的效果较好。整地施肥：结合整地晒土起高畦，施足优质有机肥料，整平畦面以利灌排；避免单独或过量施速效氮肥，适当冲施嘉美赢利来有增强抗性作用。发病初期，用70%甲基托布津可湿性粉剂和75%百菌清可湿性粉剂等量混合600倍液，或30%嘧菌酯1 000倍液，25%阿米西达悬浮剂1 500倍液，或30%爱苗（苯甲・丙环唑）乳油4 000~5 000倍液，乙蒜素1 500倍液喷雾，每667m$^2$用药液50kg，对发病中心进行重点喷雾，每隔6~7d喷1次，连续防治3~4次。

（9）姜细菌性软腐病

①症状。主要为害地下块茎。块状肉质茎发病，呈水渍状溃疡，用手挤压有乳白色浆液溢出。因地下部腐烂，可致使地上部迅速湿腐，发病重时，根、茎呈糊状软腐，致使全株枯死。病株散发出恶臭味。

②发病规律。病原细菌菌体短杆状，周生鞭毛2~8根，革兰氏染色阴性，在PDA培养基上菌落呈灰白色，变形虫状。病菌主要在病残体上或土壤中越冬。病菌主要经由伤口侵入，侵入后病菌分泌果胶酶溶解中胶层，导致细胞被溶解，致使细胞内水分外溢，引起软腐病。病菌在田间主要借雨水、灌溉水传播，再侵染频繁，田间病害发展迅速。病菌喜高温高湿条件，病菌在2~40℃范围内均可发育，最适温度25~30℃。病菌繁殖需要高湿度，传播和侵入时需有水存在。

③防治方法。选地势高燥的地块种植，一般地块应高畦或高垄种植。精细翻耕土壤，整地并施足充分腐熟的粪肥。选用无病健康种姜，适时栽种，精细栽种，尽量减少伤口的产生。注意地下害虫的防治。农事操作不要伤及土中肉质块茎。雨后及时排除田间积水，防止田间湿气滞留。发现病株时应及时拔（挖）除，烧毁或深埋。病植穴石灰消毒后填新土封实。

发病初期及时喷洒30%绿得保悬浮剂500倍液，或30%氧氯化铜悬浮剂800倍液，或50%琥胶肥酸铜可湿性粉剂500倍液，或72%农用硫酸链霉素可溶性粉剂3 000倍液，或1∶1∶160波尔多液。

（10）姜溃疡病

①症状。心叶枯黄，外叶正常，心叶严重的还发霉，从上至下发病，发病部分维管束变褐且茎干软腐，挤压流透明液体，腐烂部位有臭味，根部和茎基都正常。

②发病规律。生姜种植后，天气持续阴冷，致生姜前期长势差，相应的田间操作推迟，尤其是打孔、破膜的操作，造成膜下温度过高，引起烤苗现象，加之浇水或雨水致田间湿度增加，引发细菌性病害。

③防治方法。严格掌握田间打孔与破膜的时间，当膜下温度超过30℃时，要及早在膜上打孔散热，防止引发烤苗现象。如果已经出现烤苗现象，除及早透气外，要叶片喷云大120、嘉美金点等药剂，促进缓解生长。

发病初期，可用36%三氯异氰尿酸，或50%氯溴异氰尿酸，或20%叶枯唑，或77%多宁等药剂进行防治，视情况每隔7~10d喷1次，连喷2~3次。

（11）姜腐霉根腐病

①症状。姜腐霉根腐病发病初期可见近地面茎叶处出现黄褐色病斑，后软化腐烂，导致地上部叶片黄化凋萎枯死。

②发病规律。病菌以菌丝体在种姜或在病残体上越冬，病姜种、病残体是此病的初侵染源。条件适宜时产生游动孢子，借雨水和灌溉水传播。一般雨水较多，温暖潮湿的季节发病较重；常年连作地块土质黏重，种植密度过大，田间通透性差，管理粗放，经常大水漫灌发病较重。

③防治方法。与非薯芋类蔬菜轮作 3 年以上；选择地势平坦、土质较疏松的壤土地栽培，合理密植，加强肥水管理，及时清除田间病残体。冲施高钾的嘉美核动力，促进植株健壮生长，雨后及时排除田间积水。发病前至发病初期，可采用下列杀菌剂进行防治：84.51%霜霉威·乙膦酸盐可溶性水剂 600~1 000倍液；72%丙森·膦酸铝可湿性剂 800~1 000倍液；76%霜·代·乙膦铝可湿性粉剂 800~1 000倍液；50%氟吗·乙铝可湿性粉剂 600~800 倍液；80%三乙膦酸铝水分散粒剂 800~1 000倍液；20%二氯异氰尿酸钠可溶性粉剂1 000~1 500倍液；灌根，视病情每隔 5~7d 灌 1 次。

## 2. 生姜虫害

（1）姜螟

钻心虫是生姜上最主要的虫害，又名姜钻心虫、玉米螟，对于生姜的生产危害极为严重。

①发生特点。苗期受害后上部叶片枯黄凋萎或造成茎秆折断而下部叶片一般仍表现正常，所以田间调查时可以清楚看见上枯下青的植株即为姜螟为害。这时找出虫口，剥掉茎秆，一般可见到正在取食的幼虫。幼虫体长 1~3cm，3 龄前幼虫呈乳白色，老熟时呈淡黄色或褐色。

②发生规律。钻心虫喜中温高湿，高温干燥不利其发生，但是当生姜植株长到 50cm 时，姜田开始郁闭了，湿度变大，虫害也就更容易发生了，在生姜长到 20cm 左右时，第一代钻心虫开始为害，初孵幼虫先为害嫩叶，至 3 龄开始蛀茎，多在 2~3 节处蛀入，常造成心叶萎蔫或全株枯死。第二代钻心虫蛀茎多从中、上部蛀入，尤以中部虫量为多。现在，姜田中螟虫多数是卵和 1~2 龄幼虫，还未进入茎秆中为害。

③防治方法。可以通过在姜田周围种植诱杀作物来进行预防，钻心虫食性杂，除为害生姜外，还为害玉米、高粱等作物。根据这个特点，可有目的地在姜田周围栽植诱杀作物，待成虫产卵后，可使用药剂防治或拔除沤肥，

此法必须及时采取措施，处理已产过卵的诱杀作物。

赤眼蜂是生姜钻心虫卵期的主要天敌。在成虫产卵初期或初盛期，每667$m^2$多次放蜂1万头为宜，每3d放1次，防治效果很好。

注意姜田种植密度，及时疏除田间老叶、烂叶，降低田间湿度。

要及时进行化学防治，在螟虫未进入茎秆之前用药剂喷洒植株，可以叶面喷施2.5%溴氰菊酯乳油1 500倍液，或2.5%吡虫啉1 000倍液等。防治钻心虫进入茎秆为害，避免增加防治难度。

由于该虫钻蛀为害，一旦进入茎秆之后，一般药剂的防治效果不是很好，特别是老龄幼虫抗性较强，提倡采用人工捕捉的方法，一般早晨发现田间有刚被钻蛀为害的植株，找出虫口，剥开茎秆即可发现幼虫。

发生在5—7月的姜螟成虫具有趋光性的特点，可采用振频式杀虫灯进行诱杀。

该幼虫在2龄前抗药性最强，所以应提倡治早治小，适时进行喷药防治。可选用5%甲维盐3 000倍液，或1.8%阿维菌素1 500倍液，以及20%丁醚脲·虫螨腈1 500倍液与24.3%甲维·丙溴磷1 500倍液混用，上述药剂防治姜螟均能取得优异的防治效果。

（2）姜根结线虫

①发生特点。生姜自苗期至成株期均能发病，发病植株在根部和根茎部均可产生大小不等的瘤状根结，根结一般为豆粒大小，有时连接成串状，初为黄白色突起，以后逐渐变为褐色，呈疱疹状破裂、腐烂。由于根部受害，吸收机能受到影响，生长缓慢，叶小、叶色暗绿、茎矮、分枝小，自7月上中旬开始即可显现出来，8月中下旬前后可比正常植株矮50%左右，但植株很少死亡。

②发生规律。田间以卵或其他虫态在土壤中越冬，在干枯的生姜上可存活3年之久。气温达10℃以上时，卵可孵化，幼虫多在土层5~30cm处活动。根结线虫在露地栽培土壤中一年发生5~7代，每个雌虫产卵300~500粒，甚至多达1 000粒。温度24~28℃时，25d可完成一个世代，适宜土壤湿度40%~60%，适宜土壤pH值为4~8。土温高于40℃或低于5℃时则很少活动。

③防治方法。注意合理轮作，种植生姜，最好选用新茬地，前茬作物以葱、蒜为最好。轮作栽培的作物、时间和方式，各地不尽相同，旱地多实行粮、棉、菜等轮作，水田进行水旱轮作，以3~5年为一个周期最好。也可以使用土壤调理剂嘉美金利。生姜适宜的土壤pH值为6.5~7.5，若土壤

pH 值低于 5，则姜的根系臃肿易裂，根生长受阻，发育不良；若 pH 值大于 8，根群生长甚至停止。能够打破土壤板结、疏松土壤、提高土壤透气性。切忌使用生石灰，生石灰会严重破坏土壤团粒结构，造成土壤板结。发病初期可用 1.8%~2.0%的阿维菌素乳油 800~1 000倍液灌根，可有效抑制线虫。全田间发病时，每 667$m^2$用 5%阿维菌素微乳剂 0.5kg，或 1.8%~2.0%阿维菌素乳油 1kg，随水冲施，全生育期可使用 2~3 次。

（3）姜甜菜夜蛾

①发生特点。主要取食生姜（寄主植物）的叶片，将叶片吃成空洞或缺刻，严重时整个叶片被咬食殆尽，只剩叶脉和叶柄，导致植株死亡，缺苗断垄，影响到作物的产量和品质。

②发生规律。甜菜夜蛾幼虫对生姜的危害最强。其幼虫一般分为 5 龄，1~2 龄幼虫群集在叶背卵块处吐丝结网，啃食叶肉。3 龄后分散为害，4 龄后食量大增，4~5 龄为为害暴食期。大龄幼虫白天潜伏在植株的根基、土缝间或草丛内，傍晚前后移到植株上取食，直到第二天早晨。

③防治方法。

农业防治：加强农业管理，推广合理布局。晚秋与初冬，对土壤进行翻耕，并及时清除土壤中的残枝落叶，消灭部分越冬蛹，这样可以减少来年的发生量。夏季结合农事操作，进行中耕或灌溉，摘除卵块或幼虫。

诱杀防治：甜菜夜蛾的成虫具有趋光、趋化等特点，并喜欢在一些开花的蜜源植物上活动、取食、产卵，据此可以对其进行诱杀防治。目前，经常使用且有效的措施主要有以下几种：灯光诱杀、性诱剂诱杀、种植诱集植物、杨树枝把诱杀等。灯光诱杀通常采用 20W 黑光灯。

生物防治：综合运用各种措施保护、增殖、利用天敌。目前较为常用的有 Bt 制剂、Bt 杀虫变种制剂、Bt 与苏云金杆素菌混合剂等。

化学防治：选用抑太保、氟铃脲、灭幼脲 4 号等均对甜菜夜蛾有很好的防治效果，另外，甜菜夜蛾对有机磷、有机氯、菊酯类农药表现出较强的抗性，因此在使用这几类农药时要注意合理搭配、综合施用。在进行喷药防治时必须保证植株的上下、四周都应全面喷施；施用的时间也很重要，最好在清晨或傍晚进行，且必须在卵盛期至幼虫 3 龄以前进行防治，因为甜菜夜蛾一般昼伏夜出进行为害，且大龄幼虫具有极强的抗药性。

# 第六章　洋葱栽培技术

洋葱别名葱头、圆葱，属于百合科葱属中以肉质鳞片和鳞芽构成鳞茎的两年生草本植物。起源于中亚，伊朗、阿富汗北部有野生种分布，近东和地中海沿岸为第二起源地。古埃及在公元前3 200年已食用洋葱，公元前430年古希腊及罗马学者先后描述了不同形状、颜色、品味的栽培种。洋葱在传播过程中产生了对日照长短、高温、低温的适应和变异。16世纪传入美国并演化出多种生态型，日本于1627—1631年开始引入。约在20世纪初传入中国，各地均有种植，且面积不断扩大，至今每年约有300万亩的种植规模，其中山东省约20万亩。

洋葱是以其膨大的鳞茎为食用部分的作物，鳞茎不是茎的变态，而是叶的变态，是叶鞘基部膨大的结果。洋葱根浅，叶面积小，吸水能力较弱。洋葱在山东地区多是秋播，以幼苗露地越冬（春化），到第2年春暖后，日照加长，才形成鳞茎。生长期间需要有一定的温度及适宜的光周期等条件，因此对播种期要求比较严格，如播种过早，容易早期抽薹；播种过迟，影响产量。

洋葱为种子繁殖，第1年播种后形成鳞茎小球，第2年再用鳞茎小球来繁殖。根据洋葱的生长发育特点及其与外界环境的关系，在栽培措施上，要获得高产，首先，应该选用适于当地日照及温度条件的品种，其次，掌握适当的播种时期，增加密植度，应用施肥等管理技术，使叶片在迅速生长期有旺盛的营养生长，而在鳞茎膨大期有充足的肥水。

## 一、洋葱植物学特征

### 1. 根

洋葱的胚根入土后不久便会萎缩，因而没有主根，根为弦线状须根，着生于短缩茎盘的基部，没有根毛。洋葱根系较弱，入土较浅，主要集中在20~30cm深的土层中，因此洋葱根系吸收肥水能力不强，耐旱性较弱。

2. 茎

在营养生长时期，洋葱的茎短缩成扁圆锥形的茎盘。茎盘上部环生圆筒形的叶鞘和芽，下面着生须根。成熟鳞茎的茎盘组织干缩硬化为盘踵，能阻止水分进入鳞茎，可控制根的过早生长或鳞茎过早萌发。生殖生长时期，植株经受低温后，在长日照条件下，生长锥开始花芽分化，抽生花薹。

3. 叶

洋葱的叶由叶片和叶鞘两部分组成。叶片微弯，绿色至深绿色，管状中空，表面有蜡粉，腹部有凹陷。叶片数量和大小与品种有关，也与产量和质量有关。一般具有叶片数9~13片，叶片数越多产量越高。早熟品种叶片数较少。日本的洋葱品种由于生长前期气候多低温寡照，表现为叶片少、叶管细。美国、荷兰、西班牙等国家的洋葱品种在生长前期温度适宜，阳光充足，表现为叶片多、生长迅速、叶管粗大。洋葱叶片下部为叶鞘，呈圆筒状，淡绿色，相互抱合成假茎。生长初期，叶鞘基部不膨大，假茎粗细上下相近。生长到中后期，叶鞘基部积累营养而逐渐膨大形成肥厚的鳞片，肥厚的鳞片抱合成鳞茎。叶鞘的层数和肥厚程度直接影响鳞茎的大小和产量，而叶鞘的层数与叶片的数量有关。

4. 鳞茎

在洋葱生长中后期至成熟前，最外面1~3层叶鞘基部由于所贮养分内移而变成膜质鳞片，以保护内层鳞片减少蒸腾，使洋葱得以长期贮存。洋葱开放性肉质鳞片里面为幼芽，每个鳞茎中一般有2~5个芽，每个芽包括几片尚未伸展成叶片的闭合鳞片和生长锥。洋葱的鳞茎外形呈扁圆形、圆球形或椭圆球形，表皮呈红色、黄色、白色等。洋葱的肥大鳞茎作为食用产品器官。

5. 花

洋葱植株或鳞茎感受一定时间的低温后，开始生殖生长，生长点分化，在温暖的春夏长日照条件下抽薹开花。洋葱花薹中空管状，从中部到下部略似纺锤形膨大。花薹高度因品种和栽培条件而异，一般高1.0~1.5m。花薹顶端着生伞状花序，外有总苞包被，内有许多小花，一般有200~300朵，多的也可达500朵以上。一个洋葱母球可抽出花薹4~5个，多者可超过10个。也有个别植株仅抽出1个花茎，这样的植株采种量少，但其后代不易发生裂球。

在一个花球上的开花过程，总的趋势是从中央开始向外扩展，但规律不明显。洋葱的小花花梗长2.5cm左右，花瓣6片，白色，披针形；雄蕊6枚，每3个为一轮，排列两轮；雌蕊1枚，子房上位，3室，每室有2个胚珠。

洋葱是雄蕊先熟的异花授粉作物，在开花后2~4d、雌蕊伸长到最大长度约0.5cm时，是授粉最好的时期，一般在5d后即失去受精能力。洋葱的花粉耐湿性很差，花粉粒吸水后能自行崩裂解体。所以，开花期降雨对采种非常不利，会导致明显减产。

### 6. 果实和种子

洋葱果实为两裂蒴果，每果内含有6粒种子。洋葱的种子为盾形，有棱角，腹面平坦，脐部凹陷很深。种子表面黑色，有不规则的皱纹。洋葱种子长3.1~3.4mm、宽2.3~2.6mm、厚1.5~1.6mm，除特殊品种外，小于以上数值的小粒种子质量较差。千粒重3~4g，比重1.15~1.17。1L饱满的种子重420~470g。若1L种子重量在400g以下，则质量较差，发芽率很难超过70%。

种子最外层是黑色的种皮，在种皮的内侧，有薄膜状的外胚乳，其内部是内胚乳和胚，胚位于内胚乳中间，呈螺旋状。胚乳含有丰富的蛋白质和脂肪。胚可分为子叶、上胚轴、下胚轴和第一真叶的原基。洋葱种子在常温下一般可以保持1年左右的发芽能力，时间再长，其发芽力就会明显下降。这一点与韭菜、大葱等蔬菜相似，种子寿命都比较短。不过，如果把这类种子放在低温条件下，种子发芽力可以大幅度延长。因此，如果当年收获的洋葱种子不能马上播种，就要放到低温冷库中贮藏。

## 二、优良品种

由于洋葱品种具有明显的生态型分化，不同地区在种植洋葱前，应该先考虑当地生态条件、市场需求、消费习惯等因素，选用与其生态类型相适应的优质、丰产、抗逆性强、商品性好的品种。如果品种选择不当，会造成严重减产或是绝收的风险。如果将南方短日照型品种引种到北方，往往在功能叶未充分长大就过早形成鳞茎，光合面积小，产量低。如果把中日照的品种引种到长日照地区种植，就会出现植株还未充分生长，鳞茎便提前发育而过早成熟，严重影响洋葱产量。长日照品种如果引种到中日照地区，会因为日照时间不足而出现不结球的现象。所以，应从纬度相近的地区引种，而不可从纬度相差悬殊的地区盲目引种。

山东地区栽培洋葱，应该选用适宜的中日照类型品种。现将适宜山东地区种植的中日照类型品种介绍如下。

#### 1. 泉州中甲高黄

常规品种，质脆，味甜，辣味淡，香味浓，鳞片厚，紧实度高，外皮呈铜黄色，外观呈球形，横径 8cm，纵径 7.5cm。该品种耐贮运，非常适合加工出口。平均每 667m$^2$产量5 000~6 000kg，平均单球重 300~350g。

#### 2. 黄金大玉葱

中早熟，黄皮品种。植株生长势强，成株叶高 60~65cm，叶色深绿，鳞茎圆球形，球形整齐美观，肉质紧实，呈乳白色，辣度甜度适中，球横径 8~12cm，纵径 10cm 左右，单球重 400~450g，平均每 667m$^2$ 产量达 7 500kg，该品种外皮坚韧黄铜色，不分球，不易抽薹，较耐贮运，适应性广，耐病高产。

#### 3. 大宝

杂交种，中熟，其鳞茎圆球形，横径 7~9cm，纵径 6~8cm，球形指数 0.80~0.85。外皮橙黄色，平均单球重 240g 左右。内部鳞片乳白色，每株有 8~9 枚管状叶，叶较直立，鳞茎辛辣味淡，肉质紧密，耐抽薹，生食带甜味，品质优，耐贮藏，耐寒，较耐紫斑病、霜霉病等。平均每 667m$^2$产量 5 000kg 左右。

#### 4. 地球

杂交种，中晚熟，鳞茎高球形，横径 8cm 左右，纵径 7~9cm，球形指数 1.1 左右，外皮金棕色，色泽好，紧实度高，品质佳，味较辛辣，叶深绿色，耐抽薹，耐贮藏。地球洋葱是出口品种中的佼佼者，一般每667$m^2$产5 000kg以上，高产可达7 000kg以上。

### 5. 锦球

杂交种，外皮黄铜色，抗病，收获期5月上旬。生长旺盛，叶中等粗度，叶数7~8片。外皮为铜黄色，几乎不发生裂球、分球、抽薹等。单球重250~300g，整齐度高。

### 6. 红叶三号

杂交种，鳞茎球形，横径8~10cm，外皮金黄色，色泽好。果肉紧实，洁白，品质佳，味较辛辣，叶深绿色，耐抽薹，特耐贮藏。长势强，耐病、高产，一般每667$m^2$产量5 000kg左右，高产可达7 000kg以上。耐贮运，适合加工出口。

### 7. 珍星

中熟，黄皮品种。叶面着生蜡粉，深绿色。鳞茎圆球形，肉质鳞茎白色，细嫩，纤维少，辣味淡，假茎较细，收口紧。贮藏性佳，可吊藏到12月底。

### 8. 吉星

中晚熟，黄皮品种。高产，鳞茎圆球形，球重350g左右，大球率高，黄皮有光泽，葱头膨大性佳，耐抽薹，不易分球，栽培易，耐储性好，可贮藏到次年3月。

### 9. 秦红宝

晚熟品种，由陕西杨凌秦红宝洋葱种业科技有限公司选育，该品种假茎较粗，鳞茎圆球形、外皮红色，果肉白色细嫩、辣味淡、脆爽口，平均单球重300~350g。

一般来讲，黄皮品种，特别是黄皮扁圆形品种耐贮藏，而红皮种和白皮种耐贮性差。所以，当洋葱需要经过贮藏后才销售时，应选用黄皮扁圆形品种，而采收后只需要短时间贮藏或马上上市的，应选用产量较高的红皮品种。各地出口用洋葱多选择黄皮洋葱。

## 三、洋葱育苗

育苗是洋葱栽培的主要阶段之一。幼苗的强壮与否对植株的生长发育及产量的关系极大，如果育苗不好，是难以用生长后期的栽培措施弥补的。

### 1. 播种

（1）整地施肥

洋葱根系吸收水肥的能力较弱，故需选择土壤肥沃、有机质丰富的沙壤土为好，黏土不利发根和鳞茎膨大，沙土保水保肥力差。洋葱忌连作，最好选择施肥较多的茄果类、瓜类、豆类蔬菜作前茬。定植前要深耕施肥，整地作畦。每 667m$^2$ 均匀施腐熟农家肥 4 000 kg、过磷酸钙 50kg 或磷酸二铵 20kg，每 667m$^2$可加入 5%辛硫磷颗粒 2～4kg 或 5%吡丙醚颗粒剂 5kg 以防治地下害虫。山东地区一般作宽 1.5～2.0m 的平畦。

（2）播种期和播种量的确定

选择合适的播种期是培育壮苗的关键，播种过早或过晚都会影响洋葱的生长，导致质量和产量下降。如播种过早，翌年可能会因早期抽薹而减产；如播种过晚，虽然不会发生早期抽薹，但越冬能力降低，也会影响产量。具体播种因各地气候条件不同，播种时期也不同，山东中日照地区大都采用秋季（9 月初）播种育苗，露地越冬。在正常的气候情况下，每 667m$^2$大田的用种量为 150～200g，考虑到要淘汰和间疏 20%的弱苗和劣苗，如果发芽试验的发芽率低于 70%，则应酌情增加播种量。

（3）播种技术

一般采用撒播方式，有些地方采用条播方式。先将苗床灌足底水，待水将要渗下时用木板等工具将苗床刮平，将洋葱种子与细沙土按 1：10 的比例掺匀，均匀地撒播在苗床上，然后覆盖过筛细土，覆土厚度为 1.0cm 左右。在种子未出苗以前，不再浇水。如果播种后再浇水，会使畦面板结，反而不利于出苗。

播种后，在苗床上插小拱搭建防雨防晒设施，将厚度为 0.1mm 的薄膜覆盖在拱架上，再覆盖密度为 50%的遮阳网，薄膜下端与床埂之间留 10cm 的通风口，然后用绳子固定薄膜和遮阳网。播种后 5～6d 开始出苗，当出苗率达 60%时，浇 1 次小水，将覆盖物撤除。

如果育苗量较大，可以用专用精量播种机条播，铺设微喷带喷灌。条播或撒播，只要播种量适当，对幼苗的质量不会产生明显影响。

### 2. 苗期管理

苗期浇水应根据土壤墒情和不同播种方式而定。一般齐苗以前不必浇水。其他播种方式，则在子叶未伸直之前要浇水，在“直钩”时期还要再次浇水，此后，直到生出第1枚真叶时要适当控制浇水。揭除覆盖物后，视天气情况及时洒水，防止苗床板结。苗出齐后，保持土壤见干见湿，适当控制水肥。当生出2枚真叶以后，可结合浇水每667m$^2$追施硫铵25kg或尿素10~15kg。定植前10~15d，可根据洋葱苗长势进行叶面施肥，可喷施0.2%磷酸二氢钾溶液。中后期结合浇水追施少量尿素，通过肥水调控培育适龄壮苗。

另外，在育苗过程中不要急于间苗，须提防立枯病和猝倒病，直到生出2枚真叶后，在追肥之前再除草和间苗。如果幼苗徒长过大，可将叶片刈去1/3来进行控制。

## 四、定植及田间管理

### 1. 定植前的准备

（1）整地和施基肥

山东地区栽培洋葱多采用平畦。根据不同种植习惯，窄畦宽度1.2m左右，宽畦1.7m以上。整地时翻耕深度不宜少于20cm，为加深耕作层和改善土壤结构，有条件的最好再深耕30cm以上。结合整地，每667m$^2$均匀施入腐熟有机肥4~5m$^3$、复合肥（15-15-15）50kg，同时每667m$^2$均匀施入5%辛硫磷颗粒剂3kg或2%联苯·噻虫胺颗粒剂1.5~2.0kg，耙细整平，作畦。在定植前浇水灌畦，待水下渗后，用二甲戊灵除草剂喷雾，然后覆盖地膜，地膜要平整铺设，紧贴畦面。

（2）选苗

在起苗之前2~3d，根据苗床墒情可在起苗前轻浇1次小水，当床土干湿适度时，用苗铲起苗，尽量避免用手拔苗，防止伤根，降低成活率。洋葱定植前先要选苗，剔除无根、无生长点、过矮、纤弱的小苗和叶片过长的徒长苗及分蘖苗、受病虫为害苗。幼苗按大小分级，分别栽植，可使田间植株生长整齐一致，便于管理。适宜的壮苗标准：苗龄55~60d，生长至3叶1

心或4叶、假茎粗0.6cm左右、株高25cm左右、单株重4~6g。对叶鞘直径接近1cm的大苗，定植前可将叶部剪掉1/3，以减少先期抽薹，但剪叶不可过量。定植前的幼苗要在湿润条件下保存，以保护根系。

#### 2. 定植技术

（1）定植期

山东地区一般立冬（11月初）前后定植，必须在严寒以前使幼苗缓苗并恢复生长，这样才不致因冬前幼苗根系未充分恢复（由于水分供需不平衡）而引起死苗。因早熟品种苗期生长较快但易老化，晚熟品种生长较慢但苗期长、不易老化，所以，在适期定植的基础上，早熟品种的定植期应稍早于晚熟品种。

（2）定植密度

洋葱植株直立，叶部遮阴少，适于密植。适当增加株数，做到合理密植，是一项有力的增产措施。根据品种特性进行合理密植，定植密度以每667m$^2$栽30 000~35 000株为宜。一般适宜的定植密度为15cm×15cm。早熟品种可稍密些，晚熟品种可稍稀些。定植时按确定的株行距地膜上扎孔栽苗。但是，土壤的肥力是密植增产的重要保证，必须与肥水管理相配合。

（3）定植方法

洋葱幼苗起苗时已损伤一部分根系，定植后要靠这些已受伤的根来完成缓苗，所以，定植之前要使幼苗在湿润的条件下保存，栽苗时也不要使根系再受到更大的损伤。为了保墒、抗冻，栽苗的深度宜稍深些，但须使叶鞘顶部露出地面。定植过深，不仅不利于发根、缓苗，而且对将来鳞茎的膨大生长也有影响；定植过浅，容易倒伏和鳞茎变绿而影响品质。按照预定的株行距用洋葱定植器（德州市农业科学研究院申请并获得授权的实用新型专利，专利号：ZL 2018208672405；通过边操作边插孔的方式，在实现批量打孔的同时，使得洋葱定植的株行距更加规范，同时可根据种植洋葱品种或地质条件的差异调整株行距，大大提高了洋葱的定植操作效率和质量）穿膜打孔深3cm左右，孔的直径以刚好放入葱苗为宜。定植过程中，按孔插苗，埋住根部2~3cm，并将葱苗根部的土压实。

#### 3. 定植后的管理

（1）追肥

洋葱定植以后，首先是根系的增长，此后转向地上部的生长，当地上部分充分生长后才进入鳞茎肥大生长期。根据洋葱的生长发育特性，做好分期追肥是洋葱丰产的关键之一。早春返青以后，应进行第 1 次追肥。追肥的目的是在为根系的继续生长补充养分的同时，为不久即将开始的地上部的生长做准备。目前普遍覆盖地膜，可结合浇水每 667m$^2$ 追施磷酸二铵 10～15kg 和硫酸钾 10kg。此后再追施 1 次"提苗肥"，以保证地上部功能叶生长的需要。因为叶部营养体的大小与以后鳞茎的大小关系十分密切，前期促进叶部生长是为后期鳞茎的肥大生长奠定基础。提苗肥多以氮肥为主，每 667m$^2$ 可追施硫酸铵 10～15kg。当植株生有 8～10 枚管状叶后，鳞茎开始肥大生长，此后应进行 2～3 次追肥，一般每 667m$^2$ 每次追施硫酸铵 10～20kg。催头肥应以鳞茎膨大生长中期为重点，在鳞茎刚开始肥大生长时不能过多追施氮肥，鳞茎膨大生长后期如氮肥追施过量会发生"贪青"而影响采收。如果基肥中钾肥施量不足，在追施催头肥时应再增加 5～10kg 硫酸钾。在鳞茎膨大生长期，缺钾不仅会使产量降低，而且会影响鳞茎的耐贮性。

（2）浇水和蹲苗

定植后一定要浇水，通过灌水使根系和土壤紧密结合。从定植到缓苗 10d 左右。缓苗期主要是促使发根，需水量有限，若水量过大，会降低土壤温度而不利于根系生长。越冬前必须进行冬灌，以便顺利越冬。

早春浇返青水时，应在 10cm 深土壤温度稳定在 10℃时，适时、适量地浇灌。返青水如浇得过早，因土壤温度尚低对洋葱生长不利；过晚又会抑制生长，甚至使叶部发生干尖。为了促使地上部生长，洋葱生长期都不能缺水。根据气候和土质，每隔 15d 左右浇灌 1 次，以土壤表层见干见湿、深层保持湿润为原则。如果在这一时期因缺水而使地上部不能充分生长时，必将影响鳞茎的大小和重量。

当幼苗达到充分生长的高度以后，将转向以鳞茎膨大为主的生长阶段，在这个转化过程中，还要控制水分，促使转化。经过 10d 左右即可完成生长阶段的转化，此后配合追肥进行浇水，一般每隔 10d 左右浇 1 次，促使鳞茎膨大生长。直到田间个别植株开始倒伏时要停止浇水，否则鳞茎中含水量过多，不耐贮藏，还会因过量供水导致外皮崩裂而影响商品品质。一般从定植到收获共浇水 10 次左右，地上部生长期占 2/3，鳞茎膨大生长期占 1/3。

在鳞茎膨大前进行 10d 左右的蹲苗。蹲苗时间的长短，要根据土壤、气候和植株生长状况灵活掌握。沙质土和天气干旱时，要适当缩短蹲苗期；黏质土和地势低洼地，则应适当延长蹲苗期。不论在什么条件下，都应根据植株的形态进行判断，即当洋葱成熟的管状叶转变成深绿色、叶肉肥厚、叶面蜡质增多且嫩的心叶颜色加深时，就应结束蹲苗，开始浇水。

# 五、收获

洋葱收获季节，因栽培地区和品种不同而有早晚。洋葱成熟的标志是下部第 1 至第 2 片叶枯黄，第 3 至第 4 片叶尚带绿色，假茎变软并开始倒伏，鳞茎停止膨大进入休眠阶段，鳞茎外层鳞片变干，此时为收获适期。早收减产，迟收遇雨，鳞茎外皮破裂，不耐贮藏。在鳞茎肥大生长的后期，植株将叶鞘的颈部倾倒，这是因为鳞茎内形成的鳞叶再没有新的叶片充实叶鞘而发生中空，当不能承担叶片重量时便发生倒伏。若遇到风雨或干热天气，会促使提前发生倒伏。倒伏是鳞茎趋于成熟的象征，从某种意义上说，是鳞茎将进入休眠的前奏，也是收获前的标志。

不同洋葱品种的收获期相差很大，所以要根据洋葱的生长状况来决定。另外，还要考虑到当时的天气状况，最好是在收获后有几个晴天，以便进行晾晒。休眠期短、耐贮性较差的品种，收获期应适当提早，在 30%～50%植株倒伏时就可收获。中、晚熟休眠期较长的品种，在自然倒伏率达到 70%左右，第 1、第 2 叶已枯死，第 3、第 4 叶尖端部变黄时，是适宜收获期。收获过早，鳞茎养分积累少，影响产量和品质；收获过晚，则萌芽早，腐烂率也较高。收获时尽量不碰伤鳞茎，也不折断叶片，这样既便于编辫或扎捆，也可减少贮藏期间因伤口感染而导致腐烂。

# 六、病虫害防治

## （一）洋葱主要病害

### 1. 立枯病

（1）发病症状

立枯病为苗期病害。发病葱苗的茎基部变褐，若干天后病部收缩变细，茎叶萎垂枯死；如果是稍大的苗发病后，起初在白天出现萎蔫，夜间恢复，但当病斑绕茎 1 周时，秧苗即逐渐枯死，开始呈现椭圆形暗褐色斑，并具同心轮纹及淡褐色蛛丝状霉。

（2）病原传播途径与发病条件

病原菌为半知菌亚门丝核菌属的立枯丝核菌。病菌以菌丝体和菌核在病株残体上或土壤中越冬，能直接侵入葱苗；可借助雨水、灌溉水或农事操作进行较远距离的传播。病菌生长的适宜温度为24℃，最低为13℃。一般播种过密、苗床温湿度过高等条件下容易诱发病害。

（3）防治技术

①洋葱育苗床土要选择禾本科作物或水田土，播种前对种子进行消毒处理，防止种子携带病菌。可选用种子量0.2%的50%福美双可湿性粉剂拌种消毒。

②播种前对地面喷洒药剂加新高脂膜对土壤进行消毒，同时形成一层保护膜，防止病菌侵入，抑制土壤病虫害的繁衍。

③化学防治：发病初期，可用20%咯菌腈1 000~1 500倍液、20%甲基立枯磷乳油1 200倍液、36%甲基硫菌灵悬浮剂500倍液、5%井冈霉素水剂1 500倍液等喷雾防治。

### 2. 猝倒病

（1）发病症状

主要发生在2片真叶前的幼苗期。洋葱幼苗出土后不久，先在幼苗紧靠地表的茎基部发生水渍状暗斑，后蔓延绕茎扩展，逐渐缢缩呈细线状，并倒伏猝死。苗床湿度大时，在病苗或其附近床面上常密生白色棉絮状菌丝。

（2）病原传播途径与发病条件

该病主要由鞭毛菌亚门瓜果腐霉菌侵染引起。病菌随病残体在土壤中越冬，能借助灌溉水传播蔓延，一般从茎基部侵入幼苗。该病菌喜高温，但在8~9℃下也能生长。在苗床温度低，幼苗生长缓慢的情况下，若遇到高温，则感病期拉长，很容易发生猝倒病。尤其在苗期遇到阴雨天气、光照不足、幼苗生长不良时，发病严重。猝倒病主要发生在2片真叶前的幼苗期，当幼苗生长到3~4片真叶后，秧苗茎秆的木栓化程度提高，此时抗病性较强。

（3）防治技术

同立枯病。

### 3. 霜霉病

（1）发病症状

根据环境条件和发病时期的不同，可分为第1次侵染和第2次侵染。第

1 次侵染发生在秋季苗床或早春本田，冬季菌丝发展，翌年春季出现病斑。幼苗感病后生长不良，叶片扭曲没有光泽；春季转暖后病斑扩展快，并可为害新生叶，当空气湿润时，病斑生出稀疏的白色或灰紫色霉状物。病株作为发病中心继续蔓延，形成再次侵染。主要为害叶部和采种株的花薹。

症状表现有 5 种类型：

①叶片被害部位的表面覆有淡紫色绒状霉。

②叶部发生长卵形或椭圆形淡黄绿色病斑，表面长出白色或灰紫色霜霉，经雨水冲刷后病斑变为灰白色叶片枯死。

③产生大小不同形状的黄色病斑，但不着生霉状物。

④椭圆形病斑周围有宽 2~3mm 稍凹陷的灰白色圈带。

⑤在持续干旱的条件下，呈现灰白色小病斑。后期往往在病部又被灰霉病、黑斑病等半腐生菌侵染而产生灰色或黑色霉状物。鳞茎受害后，外部鳞片变软、皱缩，有时混发软腐病。本病的特征为病斑较大、长椭圆形、黄白色，雨后病斑变为灰白色，潮湿时病斑上长出稀疏白霉，高温时长出灰紫色霉。

（2）病原传播途径和发病条件

本病由鞭毛菌亚门霜霉属葱霜霉菌侵染引起。主要以卵细胞随病残体在土壤中存活，秋季侵染幼苗或种株鳞茎内的菌丝体，形成系统侵染。此后，病斑上长出孢子囊借风雨传播，自气孔侵入形成再次侵染。本病遇低温、阴雨或时常出现重雾天气时，则流行较快。在重茬地、地势低洼地，以及大水漫灌、过度密植等条件下，发病也较重。

（3）防治技术

①实行 2~3 年轮作，并注意清理和烧毁病残组织。定植前严格选用健壮秧苗，淘汰病苗。

②合理密植，适量浇水，加强田间雨季排水。在发病初期，及时进行药剂防治，可用 25%氟吗啉·唑菌酯悬浮液、68.75%氟菌霜霉威水剂 800~1 000倍液、68%精甲霜·锰锌水分散粒剂 600 倍液、50%烯酰吗啉可湿性粉剂1 000倍液，或 72%锰锌·霜脲可湿性粉剂 600 倍液，或 64%噁霜·锰锌可湿性粉剂 600~800 倍液，或 72.2%霜霉威水剂 700 倍液等喷雾防治，每隔 7~10d 喷 1 次，以上药剂交替使用，连续防治 2~3 次。

### 4. 紫斑病

（1）发病症状

主要为害叶和花梗。初期呈水浸状白色小点，后变淡褐色椭圆形或纺锤形稍凹陷斑，继续扩大呈褐色或暗紫色，病部长出灰黑色具同心轮纹状排列的霉状物，病部继续扩大，致全叶变黄枯死或折断。

（2）病原传播途径与发病条件

由半知菌亚门链格孢属真菌侵染引起。借气流或雨水传播，温暖多湿的夏季发病重（阴天多雨发病最重），低于12℃不易发病。

（3）防治技术

清洁田园，实行轮作。加强管理，多施基肥，增施钾肥，雨后及时排水，使植株生长健壮，增强抗病力。生长期浇水不宜过勤，发病后控制浇水。及早防治葱蓟马，以防造成伤口，传入病害。

发病初期喷10%苯醚甲环唑水分散粒剂1 000～1 500倍液，75%百菌清可湿性粉剂600倍液，或64%噁霜·锰锌可湿性粉剂600倍液，或58%噁霜·锰锌可湿性粉剂600倍液，或50%异菌脲可湿性粉剂1 500倍液，可与防治霜霉病结合，各种药剂应轮换使用。

### 5. 菌核病

（1）发病症状

叶片发病时，初期为水渍状，而后变为淡褐色或灰白色，病斑形状不定，最后变白破裂，叶片枯死下垂。剖开病叶里面有白棉絮状菌丝体。在潮湿条件下，病部散生，先为乳白色至黄褐色，最后变为黑色的小菌核。种株的花梗上也产生同样病症，从病部折断下垂。本病以病部产生黑色小菌核与其他病害相区别。

（2）病原传播途径和发病条件

由子囊菌亚门核盘菌属大蒜核盘菌侵染引起。病原菌的菌核在病残体上或土壤中存活时间较长。春季在多湿条件下形成子囊盘和子囊孢子，借气流传播。菌核也可产生菌丝进行初次侵染，以后以菌丝扩大传染。一般4—5月间易发病，在重茬、排水不良和生长较弱的情况下发病较重。

（3）防治技术

发病严重的地段应与非葱蒜类作物实行3～4年轮作。因病菌可附着在种子上传播，播种时可用50%福美双、50%多菌灵或50%甲基硫菌灵可湿性粉剂，按种子重量的0.2%进行拌种。在发病初期，可喷洒75%百菌清可湿性粉剂、64%杀毒矾可湿性粉剂、70%代森锰锌、58%甲霜灵锰锌500倍液，或50%扑海因可湿性粉剂1 500倍液喷雾防治。

### 6. 灰霉病

(1) 发病症状

在田间发病主要为害叶鞘、花梗及鳞茎颈部，形成淡褐色的病斑，内部腐烂，潮湿时病部长满灰色粉状霉。若在叶尖发病，先为白色椭圆形斑，直径1~3mm，病斑不断扩大，能连成片而使葱叶卷曲枯死，湿度大时可发生灰霉。在花薹和小花上的病症，与叶尖发病相同。贮藏期发病，先在颈部出现舟式凹陷的病斑，而后变软，呈淡褐色，鳞片间有灰色霉层，后期产生褐色小菌核。鳞茎感病后常被软腐病菌再次侵入，导致腐烂、发臭。此病以高湿条件下发生灰色霉层、后期病部产生黑褐色小菌核为特征。

(2) 病原传播途径和发病条件

属于半知菌亚门的葱鳞葡萄孢菌。遗落于田间的病残体和土壤中的菌核可较长期地存活。初次侵染后在病斑上再产生大量分生孢子，借气流、雨水或灌溉水传播。从伤口侵入后，再蔓延到鳞茎的颈部。低温、高湿是发病和流行的条件。收获前遇雨、收获后不能充分晾晒，也会导致发病。

(3) 防治技术

在栽培管理方面，要注意清除病残体和适时收获。病害发生初期可用43%氟菌·肟菌酯悬浮剂1 000倍液，50%腐霉利可湿性粉剂25~33g，或50%异菌脲可湿性粉剂15g，或50%嘧霉胺悬浮剂25~33g，或50%腐霉利可湿性粉剂25~33g+50%嘧霉胺悬浮剂20~25g，或50%异菌脲可湿性粉剂15g+50%嘧霉胺悬浮剂，兑15kg水喷雾，每隔7~10d喷1次，连续防治2~3次。

### 7. 疫病

(1) 发病症状

洋葱的幼苗期、成株期均可发病，最易感病生育期为成株期至采收期。植株染病后，叶鞘、叶身出现不明显的油渍状暗绿色病斑，病斑扩展很快，逐渐扩大为5cm左右的大型油浸状青白色大病斑，病斑中央白色至灰白色，造成整个叶片或半个叶片萎蔫下垂。湿度大时病斑腐烂，其上产生稀疏灰白色霉层。同一植株不同叶片上的病斑，在发病初期多在同一高度，这是区别于灰霉病的明显特征。

(2) 病原传播途径与发病条件

病原菌为葱疫霉，属鞭毛菌亚门真菌。

病原菌以卵孢子、厚垣孢子或菌丝体在病残体内越冬，翌年条件适宜时产生孢子囊及游动孢子，借风雨传播，孢子萌发后产出芽管，穿透寄主表皮直接侵入，后病部又产生孢子囊进行再侵染，扩大为害范围。高温高湿的环境，即12~36℃、空气相对湿度90%以上时易发病。地势低洼，田间易积水，阴雨连绵，种植密度大，田间通透性差，管理粗放，偏施氮肥，植株徒长，或经常缺肥、缺水，植株长势较弱，其抗病能力低，发病重。

（3）防治技术

①轮作倒茬。发病地块2~3年内不要种植葱蒜类蔬菜，以减少菌源，降低田间发病率。

②加强水肥管理。洋葱进入鳞茎膨大期需水量较大，应小水勤浇，以免造成田间湿度过大。基地周围要开挖排水沟，5—6月如遇大雨，及时排水防涝。选择排水良好的地块栽植，合理密植，雨后及时排出积水，加强栽培管理，合理采用配方施肥，增强寄主抗病力。收获后及时清除田间病残体。

③药剂防治。可选用72%霜脲·锰锌可湿性粉剂800~1 000倍液、72.2%霜霉威水剂800倍液、58%甲霜灵·锰锌可湿性粉剂800倍液、69%烯酰吗啉·锰锌可湿性粉剂1 000倍液喷雾，重点控制发病中心，每隔7~10d喷药1次，视病情连喷2~3次。由于洋葱叶外表皮覆盖蜡质，较为光滑，药液不易附着展布，施药时可加入有机硅，从而提高药剂的防治效果。

### 8. 软腐病

（1）发病症状

田间多在鳞茎膨大期发病。在外叶下部产生灰白色、半透明的病斑，使叶鞘基部软化而倒伏，鳞茎颈部出现水浸状凹陷，不久鳞茎内部腐烂，有汁液溢出并有恶臭。贮藏期多从鳞茎颈部开始发病，手压病部有软化感，鳞片呈水浸状并流出白色带有臭味的汁液。本病的特点是鳞茎颈部呈水浸状凹陷，并引起腐烂发臭。

（2）病原传播途径和发病条件

病原菌为细菌胡萝卜软腐欧氏杆菌。在病残体及土壤中长期腐生或在鳞茎中越冬，通过雨水、灌溉传播，经伤口侵入。葱蓟马、种蝇等昆虫也可传播。栽培管理粗放、植株生长不良、连作、低洼地遇雨容易发病。

（3）防治技术

注意肥、水管理，防止氮肥过量，防治害虫以减少侵染条件。发病前或发现零星病株后，及时将其拔除，并用25%络氨铜水剂悬浮剂兑15kg水喷淋。重点喷洒植株基部。结合灌水，每 667m$^2$ 冲施 30%甲霜·噁霉灵悬浮剂 500ml 和 25%络氨铜水剂 200ml。在田间发病初期，喷洒 50%琥胶硫酸铜、46%氢氧化铜水分散粒剂1 000～1 500倍液、20%噻菌铜悬浮剂 500 倍液或硫酸铜钙 600 倍液或新植霉素4 000倍液，视病情连续防治 2～3 次。

#### 9. 锈病

(1) 发病症状

主要发病部位是叶和花薹，很少在花器上发病。发病初期病部表面稍凸出，中心带有橙黄色的病斑，以后表皮破裂散出橙黄色粉末即夏孢子堆和夏孢子。秋后的疱斑变为黑褐色，破裂后散发出暗褐色粉末即冬孢子堆和冬孢子。

(2) 病原传播途径和发病条件

病原菌为葱柄锈菌和香葱柄锈菌，前者多在寒冷地带致病。两者均属于担子菌亚门柄锈菌属。主要以冬孢子在病残体上越冬，而后冬孢子萌发可产生担子和担孢子，借气流传播。南方地区以夏孢子或菌丝体在田间病株上越冬，第 2 年春季以夏孢子飞散传播。在春、秋两季低温多雨时期容易发病。肥力不足、生长不良的植株发病较重。

(3) 防治技术

增施有机肥、磷、钾肥，培育健壮植株，增加抗病性。发病初期，喷施 15%三唑酮可湿性粉剂1 500～2 000倍液，或 40%氟硅唑乳油8 000～10 000倍液，或 12.5%烯唑醇可湿性粉剂2 000～3 000倍液+70%代森锰锌可湿性粉剂 800 倍液，或 30%氟菌唑可湿性粉剂2 000～3 000倍液+50%克菌丹可湿性粉剂 400～600 倍液等，以上药剂交替使用，隔 7d 喷 1 次，连续防治 2 次。

### (二) 洋葱主要虫害

#### 1. 葱蓟马

葱蓟马属缨翅目、蓟马科，是为害洋葱的主要害虫之一。

(1) 为害特点

成虫和若虫均以锉吸式口器为害洋葱的叶部和嫩芽，使之形成黄白色斑纹。严重时，叶片生长扭曲、枯黄。

(2) 形态特征与生活习性

幼虫期 6～7d，成虫寿命 8～10d。雌虫可行孤雌生殖。以成虫越冬为主，尚有少数蛹在土中越冬。初孵幼虫集中在叶基部为害，稍大即分散。成虫极活泼，善飞、怕阳光，在早、晚或阴天取食强烈。气温25℃、空气相对湿度在60%以下时，有利于蓟马的发生。暴风雨可降低发生量。高温高湿不利于其发生为害，雨水较多也能降低虫口密度，田间干旱、经常不浇水或浇水较少的地块发生偏重。

（3）防治技术

在若虫发生高峰期，喷洒10%吡虫啉可湿性粉剂2 000～2 500倍液、2.5%多杀霉素悬浮剂1 200倍、2%甲维盐乳油2 000倍或50%巴丹可溶性粉剂1 000倍液，每7～10d喷1次，交替使用，连续防治2～3次。在蓟马发生高峰期利用蓟马的趋蓝色习性，在田间设置蓝色黏板，诱杀成虫。

### 2. 葱潜叶蝇

（1）为害特点

幼虫在叶组织中蛀食形成灰白色曲线状蜿蜒潜道，严重时成乱麻状，潜道彼此串通，遍及全叶，致使叶片枯黄。

（2）生活习性

幼虫在蛀食的隧道中化蛹，成虫活泼，在植株上栖息。以蛹越冬或越夏，成虫白天活动，趋糖性强。

（3）防治技术

做好田园卫生，及时清除残株、杂草，可压低下代及越冬的虫源基数。越冬代成虫羽化盛期，利用其趋糖性，可用甘薯、胡萝卜汁按0.05%的比例加晶体敌百虫制成诱杀剂，按每平方米1个诱杀株的比例喷布诱杀剂，可每隔3～5d喷1次，共喷5～6次。当幼虫开始为害时，及时用40%辛硫磷乳油1 000倍液、1.8%阿维菌素乳油1 500倍液或10%吡虫啉乳油1 500倍液喷雾防治。

### 3. 葱地种蝇

（1）为害特点

葱地种蝇属双翅目、花蝇科，俗名葱蛆或根蛆。主要以幼虫为害为主，幼虫从苗期开始为害，蛀蚀鳞茎，引起腐烂。并导致地上部叶片枯黄乃至枯萎死亡，严重的造成植地缺苗断垄以至毁种，常被迫改种。

（2）形态特征与生活习性

1年发生3～4代，以蛹在地下或粪堆中越冬。5月上旬成虫盛发，在叶部或植株周围约 1cm 深的表土中产卵，孵化的幼虫很快入土为家，老熟幼虫在土中化蛹。以滞育蛹及少量幼虫在葱、蒜等根际附近 5~10cm 深处越冬，成虫在温室里也可越冬。翌年 4—6 月越冬蛹羽化为成虫。山东第 1 代幼虫发生盛期 5 月上、中旬；第 2 代幼虫发生盛期 6 月上、中旬；第 3 代幼虫发生盛期 10 月上、中旬。

（3）防治技术

提倡使用绿色生物技术综合防治葱地种蝇。

①加强水肥管理，不使用未腐熟的有机肥。在葱蛆已发生的地块，要勤灌溉，必要时可大水漫灌，能阻止种蝇产卵，抑制葱蛆活动及淹死部分幼虫。

②成虫发生盛期，可用糖醋液诱杀成虫。诱杀液用红糖 0.5kg、醋 0.25kg、酒 0.25kg、清水 0.5kg，加少量敌百虫混匀即可。选择背风向阳地段，每隔 8~10m 放一大碗，每 667m$^2$ 放 10~15 个碗，诱杀并作为虫情预报。成虫发生盛期后 10d 内，进入防治卵和幼虫适期。可用 40%辛硫磷乳油 1 000倍液或 25%噻虫嗪水分散粒剂5 000~6 000倍液或 75%灭蝇胺可湿性粉剂3 000倍液或 25%噻虫胺水分散粒剂 1 250倍液灌根。也可每 667m$^2$ 用 1.8%阿维菌素乳油 300~400ml、40%辛硫磷乳油 700~1 000ml，随浇水灌根。

# 第七章　韭菜栽培技术

韭菜（学名：*Allium tuberosum* Rottler ex Sprengle）原产我国，为多年生宿根蔬菜。由于它既耐寒又耐热、适应性广，因此在我国南北各地均普遍栽培，栽培方式多样，周年都有多种产品上市，在调节市场供应上起着重要作用。其产品鲜嫩、营养丰富，含有丰富的维生素以及矿物质。

## 一、韭菜植物学特征

### 1. 根

韭菜根为弦线根的须根系，没有主侧根。主要分布于30cm耕作层。根长20~30cm，根粗1.5~3.0mm。较粗的须根中部以下可发生3~5条细弱的侧根，多无二级侧根。须根的寿命1~2年、一般2年后逐渐衰亡。3年生韭菜的须根垂直分布可达50cm、水平分布可达30cm。

韭根除具有吸收功能外，还有贮存营养的功能。在生育期间不断进行新老根系的更替，以保证根系的活力。新的根系呈层状向地表上移，称为跳根。韭菜的根系以须根为主，根毛稀少，吸收能力较差。因此韭菜栽培要求土壤肥沃、养分充足、保水保肥能力强。

### 2. 茎

韭菜茎分为营养茎和花茎。

一二年生营养茎短缩变态呈盘状，称为鳞茎盘，由于分蘖和跳根，短缩茎逐渐向地表延生生长，平均每年伸长1.0~2.0cm，鳞茎盘下方形成葫芦状的根状茎。鳞茎不但是叶、茎、根的分引器官，也是贮存养分的重要器官。鳞茎中贮存的养分越多，鳞茎的个头越大而且坚实，这是植株健壮的标志。鳞茎里贮藏的养分是越冬的保证，也是恢复再生长的主要养料来源。鳞茎的大小、肥壮程度决定着韭菜、韭黄、韭薹、韭种产量的高低，也决定着韭菜的抗寒性、生长势和食用品质。因此，韭菜栽培必须努力培育肥壮的鳞茎。

韭菜具有了一定营养基础，经过低温和长日照条件，即进入生殖生长阶段，顶芽发育成花芽，花芽不断伸长增粗形成韭薹。抽出的韭茎又称韭菜的花茎。花茎顶端着生伞状花序。只要满足低温和长日照条件，每年均可抽薹开花形成种子。韭菜的品种不同，花茎的高低、粗细、颜色也各不相同，抽茎期也不同，最早的为 4 月，最晚的为 9 月。

### 3. 叶

韭菜叶子由叶片和叶鞘组成。叶片长条形，扁平实心，叶宽 0.4～2.3cm，叶长 20～70cm，叶厚 1～2mm。品种和栽培条件不同，叶片的宽窄、长短、厚薄、颜色差别很大。叶片表面有蜡质层，其内是一层较厚的角质层，气孔陷入角质层内，由此减少水分蒸腾，这是韭菜植株耐旱的特征。

叶片是韭菜的主要食用器官，是构成产量和商品质量的主要因素，其功能主要是进行光合作用，叶片内含有叶绿素和叶黄素。在光照充足的条件下，叶绿素可充分发育，制造有机物质，供应植株生长发育。如果光照不足，不能满足叶绿素发育的需要，叶黄素开始发育，此时可利用韭菜根系和根茎内贮藏的养分生产韭黄或韭白，即遮光栽培和软化栽培。

### 4. 花

花着生在花茎顶端，为伞形花序，球状或半球状。开放前，由苞片裹着。总苞开裂后，小花即散开。每个总苞有小花 20～50 朵，最多可达 170 朵。花为两性，雄蕊 6～9 枚，列为 2 轮，基部合生。花丝等长，花药椭圆形，向内开裂，中央有雌蕊 1 枚。子房上位，3 室。雌蕊顶端是柱头，柱头 3 裂，有利于授粉。

### 5. 果实种子

韭菜的果实为蒴果，黑色，三棱形，由 3 片隔膜分成 3 室，每室有种子 2～3 粒。果实成熟时，蒴果开裂，露出种子。

种子黑色，盾形扁平，一面凸出叫做背面，一面凹陷的叫做腹面。无论背面和腹面表皮皱纹均细密。不同的品种，其种子大小、形状、表皮皱纹多少、深浅也有差别。

韭菜种子的寿命较短，一般不过 2 年，生产上都用当年的新种子。经

0℃以下低温贮藏的种子，第 2 年发芽率 70%左右，也能在生产上应用。陈旧种子即使发芽、苗期生长也不旺盛，往往中途枯死。

中国韭菜品种资源十分丰富，按食用部分可分为根韭、叶韭、花韭、叶花兼用韭四种类型。

根韭。根韭主要分布在中国云南、贵州、四川、西藏等地，又名苤韭、宽叶韭、大叶韭、山韭菜、鸡脚韭菜等。主要食用根和花薹。根系粗壮，肉质化，有辛香味，可加工腌渍或煮食。花薹肥嫩，可炒食，嫩叶也可食用。根韭以无性繁殖为主，分蘖力强，生长势旺，易栽培。以秋季收刨为主。

叶韭。叶韭的叶片宽厚、柔嫩，抽薹率低，虽然在生殖生长阶段也能抽薹供食，但主要以叶片、叶鞘供食用。我国各地普遍栽培。软化栽培时主要利用此类。

花韭。花韭专以收获韭菜花薹部分供食。它的叶片短小，质地粗硬，分蘖力强，抽薹率高。花薹高而粗，品质脆嫩，形似蒜薹，风味尤美。我国甘肃省（主要是兰州市）和台湾省栽培较多。山东等地也有零星引种栽培。花韭有很多品种，如小叶种：抽薹和分蘖性强，叶狭短，色较浓，叶鞘细而色微绿，叶及叶鞘质较硬，早熟，叶花兼用，品质中等；年花韭菜：抽薹性特强，花茎长大，叶幅中宽而长，浓绿色，叶鞘大，呈微黄赤色。叶与叶鞘较硬，抽薹期长，周年都能抽薹，叶部不宜食用，以采薹为主；年花 2 号：花茎粗大，品质优良，耐低温。

叶花兼用韭。叶花兼用韭的叶片、花薹发育良好，均可食用。国内栽培的韭菜品种多数为这一类型。该类型也可用于软化栽培。

## 二、露地韭菜栽培技术

### 1. 品种选择

选用抗病、耐寒、分蘖力强和品质好的品种，生产上常用有雪韭 791、汉中冬韭、寿光独根红、平丰 2 号、平韭 3 号、平丰 6 号、韭宝、航研 998 等优良品种。

### 2. 播种

（1）适期播种

一般为春季播种，播种时间为 3 月中下旬至 5 月上旬。也可在初夏、秋季播种。

（2）播种方法

韭菜可用干种子直播或浸种催芽后播种，春季气温较低，蒸发量小，多用干种子播种。初夏播种气温升高，蒸发量大，为使种子趁墒萌芽出土，以浸种催芽播种为宜。

（3）种子处理

浸种催芽播种的，可用40℃温水浸种12h，去除杂质，将种子冲洗干净，包到干净湿毛巾里，于16~20℃条件下催芽。每天用清水冲洗1~2次，60%~70%种子露白即可播种。

（4）直播

整地施肥。选择土壤疏松肥沃、灌溉方便、排涝好的地块种植韭菜。整地前每667m$^2$撒施充分腐熟有机肥4 000~5 000kg，三元复合肥（16-8-18）30kg，深翻细耙，起埂做成1.2~1.5m宽的平畦，畦内每平方米撒施50%多菌灵可湿性粉剂0.02kg，整平畦面。直播方式则一般每667m$^2$播韭菜种1.5~2.0kg。

直播分为干播法和湿播法。干播法，按沟距18~20cm，深2~3cm开沟，将种子撒在沟内，用铁耙轻轻耧平压实，然后浇水。湿播法，播前将种植沟内浇透水，水渗后，将种子掺2~3倍沙子或过筛炉灰渣，均匀撒播在沟内，覆盖过筛细土厚1.0~1.5cm，用铁耙耧平。每667m$^2$选用33%除草通乳油150ml或48%地乐胺200ml，加水50kg均匀喷雾处理土壤。然后覆盖地膜或草苫，保湿提温，待70%幼苗顶土时除去苗床覆盖物。

（5）育苗移栽

育苗移栽的，一般每667m$^2$播韭菜种5~6kg，移栽面积3 300~4 000m$^2$。选择土层深厚，土地肥沃，3~4年内未种过葱蒜类蔬菜的土壤作为育苗地。整地前，每667m$^2$撒施充分腐熟有机肥4 000~5 000kg，三元复合肥（16-8-18）30kg，深翻细耙，做宽1.2~1.5m的育苗床，长度依地块而定。一般采用湿播法，即播前将育苗畦内浇透水。水渗后，将种子掺2~3倍沙子，均匀撒播在畦内，覆盖过筛细土1.0~1.5cm厚，用铁耙耧平。每667m$^2$选用33%除草通乳油150ml或48%地乐胺200ml，加水50kg喷雾处理土壤。然后覆盖地膜或草苫，保湿提温，待70%幼苗顶土时除去苗床覆盖物。

### 3. 苗期管理

韭菜苗期为从长出第1片真叶到长出5片真叶，苗龄为50~60d。

（1）水肥管理

出苗前 2~3d 浇 1 水，保持土表湿润，以利出苗。齐苗后至苗高 15cm，根据墒情 7~10d 浇水 1 次。结合浇水苗期追肥 2~3 次，每 $667m^2$施尿素 6~8kg。雨季排水防涝，防止烂根而造成死秧。立秋后、处暑前 5~7d 浇一水，结合浇水追施氮肥 2~3 次，每次每 $667m^2$追尿素 6~8kg。

（2）除草

出苗后应人工拔草 2~3 次。用 50%扑草净可湿性粉剂 80~100g，兑水 30~45kg，叶面喷雾，防治阔叶杂草。

（3）查苗补苗

直播韭菜如果播种后出苗不好，还需进行补苗。补苗根据实际情况而定，一般在韭菜长到 5 片叶、高度 20cm 时即可进行移栽。补苗宜早不宜迟，补苗过晚会影响韭菜产量。补苗后应对补苗区域及时浇 1 次水，以促进缓苗。

（4）松土

每次雨后或浇水后，及时浅松沟帮土，注意不要过深以防盖苗。

（5）防倒伏

夏季为加强韭菜植株培养，积蓄养分，一般不进行收割。为防止倒伏后植株腐烂引起死苗，根据实际条件选择铁丝、竹竿材料，将韭菜叶片架离地面，保持韭菜畦内良好的通风透光条件，控制追肥、减少浇水、及时除草，雨后排水防涝，防止烂秧。

（6）养根除薹

韭菜在夏季抽薹开花，以生产青韭为主的韭菜，如果在夏季开花结实，会消耗植株大量的养分，从而影响冬季产量。因此，要在韭薹细嫩时及时摘除，以利于植株养分积蓄，保证冬季韭菜旺盛生长。

### 4. 适时移栽

对露地育苗移栽的韭菜，一般在苗高 18~20cm 时移栽，韭苗叶色浓绿，无病虫斑，根系发达。春分至清明播种的，夏至后定植；谷雨至立夏播种的，大暑前后定植；秋播的，翌年清明后定植。大暑前后定植时，尽量避开高温雨季。

（1）整地

选择土壤疏松肥沃，灌溉方便，排涝好的地块种植。整地前每 $667m^2$施充分腐熟有机肥4 000~4 500kg、过磷酸钙 100kg、磷酸二铵 20~30kg，翻耕整地，做成 1.2~1.5m 宽的平畦。

（2）移栽

定植密度根据栽培方式和品种的分蘖能力来确定，沟栽，行距 30~40cm、穴距 15~20cm，每穴 20~30 株；畦栽，行距 15~20cm、穴距 10~15cm，每穴 6~8 株。定植深度以不埋没叶鞘为度，深约 3cm，过深生长不旺，过浅“跳根”过快。定植后四周用土压实，浇透缓苗水。

## 5. 秋后管理

秋天天气转凉后，韭菜进入营养生长盛期。从白露开始，根据土壤墒情每 7~10d 浇 1 次水，结合浇水追肥 1 次，每 667m$^2$追三元复合肥（16-8-18）30kg。寒露后开始减少浇水次数，防止植株贪青，以促进养分向根部回流。旬平均气温降到 4℃时，浇防冻水，浇防冻水前结合中耕清除田间枯叶，每 667m$^2$撒施充分腐熟有机肥1 000kg 或饼肥 100~200kg。

## 6. 收割

当年种植的韭菜一般不收割，第 2 年以后正常收割。露地直播栽培韭菜主要在春秋两季收割，夏季韭菜品质差，一般不收割。当株高 30~35cm，平均单株叶片 5~6 片，即可收割。一般晴天清晨收割，收割时刀口距地面 3~4cm，以割口呈黄色为宜，割口应整齐一致。一般抗寒性强的品种，如雪韭 791，萌发早，产量形成早，春季可收割 2~3 茬，秋季再收割 2~3 茬；抗寒性较弱的品种，如平韭二号，萌发较晚，春季可收割 2 茬，秋季收割 2~3 茬。

## 7. 收割后的管理

每次收割后，待 2~3d 后韭菜伤口愈合、新叶快出时，进行浇水、追肥。每 667m$^2$施充分腐熟有机肥 400kg、尿素 10kg、三元复合肥（16-8-18）10kg。浇水施肥后 4~5d 浅锄一遍。从第 2 年开始，每年要培土 1 次，以解决韭菜跳根的问题。

## 8. 病虫害防治

（1）农业防治

实行轮作换茬。防止大水漫灌，雨季及时排涝，减轻疫病发生。每次收割 2~3d 后，每 667m$^2$顺水冲施沼液2 000kg，或在韭菜根部撒草木灰 300kg，对预防韭蛆有一定的防治效果。

（2）物理防治

①灯光诱杀。依据迟眼蕈蚊成虫具有趋光的习性，可在韭菜地中直接安装日光或专用诱杀灯来诱杀成虫。将水盆置于灯下，诱使成虫逐光扑灯后落水死亡。

②糖醋液诱杀。依据韭菜迟眼蕈蚊成虫的趋化特性，可用糖醋液进行诱杀，糖醋液配置比例为糖：醋：水＝0.5：1：7.5，同时加入敌百虫晶体30g，每667m$^2$设置15个直径为20cm的小坑，将配好的糖醋液倒入，及时添加新液。

③覆盖防虫网。在韭菜未受韭蛆为害前，覆盖50目以上的防虫网可有效预防韭蛆的发生，减少农药的用量的同时不会影响韭菜的产量。另外，臭氧对韭蛆具有一定的防治效果。

（3）生物防治

①苏云金芽孢杆菌。苏云金芽孢杆菌（简称Bt），防治韭蛆有一定的效果，每667m$^2$可用8 000IU/ml苏云金杆菌可湿性粉剂5～6kg。

②球孢白僵菌。每667m$^2$用150亿个/g球孢白僵菌颗粒300g撒施根部，防治效果较好。白僵菌的速效性差，韭蛆在感染白僵菌死亡的速度缓慢，经4～6d后才死亡，因此需要提前防治。

③昆虫病原线虫制剂。将昆虫病原线虫制剂用水稀释进行灌根，每667m$^2$使用量1亿条，间隔7d，连续灌根3次。注意在阴天或晴天上午9：00以前或下午16：00（或17：00）以后施用。

（4）化学防治

①灰霉病。发病初期，可用50%嘧菌酯水分散粒剂1 500～2 000倍液，或50%腐霉利可湿性粉剂1 000倍液，或50%异菌脲可湿性粉剂1 000～1 500倍液，喷雾防治。

②疫病。收割后，喷洒45%微粒硫磺胶悬剂400倍液。发病初期及时喷药，可用40%乙磷铝可湿性粉剂150～200倍液，或18.7%烯酰·吡唑酯水分散粒剂600～800倍液，或72%霜脲·锰锌可湿性粉剂600～800倍液，或25%丙环唑乳油3 000倍液，喷雾防治。栽植时，选用上述药液蘸根均有效果。

③韭蛆。防治韭蛆成虫：在迟眼蕈蚊始盛期，可用4.5%高效氯氰菊酯乳油在行间喷雾防治，每667m$^2$用量10～20g，在韭菜上的安全间隔期为10d，每季最多使用2次。防治韭蛆幼虫：每667m$^2$用70%辛硫磷乳油350～

550g，发现韭菜叶尖发黄、植株零星倒伏时，用卸去喷片的手动喷雾器将药液顺垄喷入韭菜根部，也可以随灌溉水施药，安全间隔期14d，每季最多使用1次。也可每667m$^2$用20%吡虫啉·辛硫磷乳油500~750g，稀释后的药液浇灌韭菜根部，可视土壤墒情来确定用水量，安全间隔期10d，最多施药2次，施药间隔7d。

④斑潜蝇。成虫盛发期，及时喷药防治成虫，防止成虫产卵。成虫主要在叶背面产卵，应喷药于叶背面。在产卵盛期至幼虫孵化初期，可用50%灭蝇胺可湿性粉剂2 500~3 500倍液，或10%吡虫啉可湿性粉剂1 000倍液喷雾防治，防治幼虫要连续喷2~3次。

## 三、小拱棚韭菜栽培技术

### 1. 选地

选择地势平坦、排灌方便、地下水位较低、土层深厚、肥沃疏松的地块。

### 2. 设施要求

根据实际地块大小设置拱棚规格。冬季夜晚覆盖保温被以提高棚温。

### 3. 品种选择

选择抗寒性强、耐高温、耐高湿、分蘖力强、叶片宽厚直立、休眠期短、萌发早的优质丰产品种。如汉中冬韭、平韭二号、平韭四号、雪韭791和富韭8号等。

### 4. 播种育苗

采用一次播种、露地养根、冬季生产、连年管理、多年受益的生产方式。小拱棚栽培一般采用育苗移栽法。

（1）整地施肥

选择土层深厚、土地肥沃、3~4年内未种过葱蒜类蔬菜的土壤作为育苗地。整地前每667m$^2$撒施充分腐熟有机肥4 000~5 000kg、三元复合肥（16-8-18）30kg，深翻细耙，做宽1.2~1.5m的育苗床，长度依地块而定。

（2）播种

一般采用湿播法，即播前将育苗畦内浇透水。水渗后，将种子掺 2～3 倍沙子，均匀撒播在畦内，覆盖过筛细土 1.0～1.5cm 厚，用铁耙耧平。每 667m$^2$选用 33%除草通乳油 150ml 或 48%地乐胺 200ml，加水 50kg 喷雾处理土壤。然后覆盖地膜或草苫，保湿提温，待 70%幼苗顶土时除去苗床覆盖物。

### 5. 整地定植

（1）整地

选择土壤疏松肥沃，灌溉方便，排涝好的地块。定植前结合深耕 20～40cm，每 667m$^2$ 施充分腐熟的优质有机肥 5 000～6 000 kg、三元复合肥（16-8-18）30kg。深翻、耙细，将土、肥调匀，整平，起埂做成 3m 或 2m 宽的平畦。畦向一般东西走向，以利于扣棚后韭菜受光均匀，棚内增温效果好。为预防韭蛆，可每 667m$^2$用 40%辛硫磷乳油 2 000ml，掺沙土 30kg，均匀撒在畦内。

（2）定植

苗床育苗的，按行距 18～20cm、穴距 8～10cm，每穴 8～10 株定植。72 孔穴盘育苗的，按行距 18～20cm、穴距 8～10cm 定植。105 孔穴盘育苗的，按行距 18～20cm、穴距 4～5cm 定植。栽培深度以不埋住分蘖节为宜。定植后，四周用土压实，浇透缓苗水，隔 4～5d 浇一水，以促进缓苗。

### 6. 定植后管理

早春播种韭菜扣棚前不收割，以养根为主。雨季排水防涝，防止烂根死秧。韭菜定植 1 周后，新叶长出后浇 1 次缓苗水，促进发根长叶，并及时划锄中耕 2～3 次，然后进行“蹲苗”。从白露开始，根据土壤墒情每 7～10d 浇一水，结合浇水追肥 1 次，每 667m$^2$追三元复合肥（16-8-18）30kg。寒露后开始减少浇水次数，防止植株贪青，以促进养分向根部回流。旬平均气温降到 4℃时浇防冻水，浇防冻水前，当年移栽的韭菜每 667m$^2$撒施腐熟有机肥 1 000kg 或饼肥 100～200kg，往年移栽的韭菜每 667m$^2$撒施充分腐熟有机肥 3 000kg 或饼肥 200～300kg。

### 7. 适时扣棚

一般当旬平均温度降至 0～1℃时，选择透光性好、保温性好的紫色韭菜专用膜进行扣棚。11 月上中旬上冻前用长度 4m 的竹片作拱架，拱架间距 0.5~0.7m，拱架前后各用一道拉杆固定，在拱架间用 0.7m 左右的木杆从畦的内侧交错支撑两道拉杆，以增强棚架的牢固性。

### 8. 扣棚后管理

（1）温湿度和光照管理

扣棚后，25d 左右就可以出苗。扣棚初期和每次收割之后，保持白天 20~24℃，夜里 12~14℃。苗高 10cm 以上时，保持白天 15~20℃，空气相对湿度 60%~70%，夜间 8~12℃。第一茬韭菜的生长期正值低温阶段，应该加强防寒保温。冬至到大寒期间气温低，管理以保温为主，夜间棚外用草苫或保温被覆盖。为保证光照，阴雪天要及时清除积雪，注意适时揭盖草苫，阴雪天在中午前后拉下草苫。

（2）通风管理

大雪至冬至期间不放风或少放风，只揭草苫透光增温。立春以后，草苫或保温被早揭晚盖，加大放风量。3 月中旬外界气温回升后，当棚内最低温度稳定在 0℃以上时，开始大放风，不再覆盖草苫。当旬平均气温在 12℃以上时，继续加大放风量或揭掉薄膜通风。

（3）肥水管理

扣棚后至割头刀韭菜前，不浇水，以免降低地温。待二刀韭菜长到 6cm 高时，结合浇水，每 667$m^2$追三元复合肥（16-8-18）20~30kg，在收割前 4~5d 再浇水。以后每割一茬，都要在新叶长出后，结合浇水进行追肥，每 667$m^2$追三元复合肥（16-8-18）20~30kg。

### 9. 收割

小拱棚韭菜一般收割时间为元旦至 3 月底，当年定植的收割三刀，二年生韭菜收割四刀。韭菜株高在 25cm，扣棚 40d 左右时可以割第一刀，一般在晴天清晨收割。收割时要留茬 1~2cm，留茬高度要一致。

### 10. 病虫害防治

（1）农业防治

实行轮作换茬。防止大水漫灌，雨季及时排涝，减轻疫病发生。每次收割 2~3d 后，每 667$m^2$顺水冲施沼液2 000kg，或在韭菜根部撒草木灰 300kg，对预防韭蛆有一定效果。

（2）物理防治

①灯光诱杀。依据迟眼蕈蚊成虫具有趋光的习性，可在韭菜地中直接安装日光或专用诱杀灯来诱杀成虫。将水盆置于灯下，诱使成虫逐光扑灯后落水死亡。

②糖醋液诱杀。依据韭菜迟眼蕈蚊成虫的趋化特性，可用糖醋液进行诱杀，糖醋液配置比例为糖：醋：水=0.5：1：7.5，同时加入敌百虫晶体30g，每667$m^2$设置15个直径为20cm的小坑，将配好的糖醋液倒入，及时添加新液。

③覆盖防虫网。在韭菜未受韭蛆为害前，覆盖50目以上的防虫网可有效预防韭蛆的发生。另外，臭氧对韭蛆也较好的防治效果。

（3）生物防治

①苏云金芽孢杆菌。苏云金芽孢杆菌（简称Bt），防治韭蛆有一定的效果，每667$m^2$可用8 000IU/ml苏云金杆菌可湿性粉剂5~6kg，或5亿/ml微保久悬浮液10L灌根。

②球孢白僵菌。每667$m^2$用150亿个/g球孢白僵菌颗粒300g撒施根部，防治效果较好。白僵菌的速效性差，韭蛆在感染白僵菌死亡的速度缓慢，经4~6d后才死亡，因此需要提前防治。白僵菌与低剂量化学农药混用有明显的增效作用，但不能与化学杀菌剂混用。

③昆虫病原线虫制剂。将昆虫病原线虫制剂用水稀释进行灌根，每667$m^2$使用量1亿条，间隔7d，连续灌根3次。注意在阴天或晴天上午9：00以前或下午16：00（或17：00）以后施用。

（4）化学防治

①灰霉病。发病初期，可用50%嘧菌酯水分散粒剂1 500~2 000倍液，或50%腐霉利可湿性粉剂1 000倍液，或50%异菌脲可湿性粉剂1 000~1 500倍液，喷雾防治。重点喷洒在新叶及周围土壤上，每隔7d喷1次，连喷2~3次。

②疫病。收割后喷洒45%微粒硫磺胶悬剂400倍液。发病初期及时喷药，可用40%乙磷铝可湿性粉剂150~200倍液，或18.7%烯酰·吡唑酯水分散粒剂600~800倍液，或72%霜脲·锰锌可湿性粉剂600~800倍液，或25%丙环唑乳油3 000倍液，喷雾防治。栽植时选用上述药液蘸根均有效果。

③韭蛆。防治成虫，在迟眼蕈蚊始盛期，可用4.5%高效氯氰菊酯乳油在行间喷雾防治，每667$m^2$用量10~20g，在韭菜上的安全间隔期为10d，每季最多使用2次。防治幼虫，每667$m^2$用70%辛硫磷乳油350~550g，发现

韭菜叶尖发黄、植株零星倒伏时，用卸去喷片的手动喷雾器将药液顺垄喷入韭菜根部，也可以随灌溉水施药，安全间隔期 14d，每季使用 1 次。也可每 667m$^2$用 20%吡虫啉·辛硫磷乳油 500~750g，稀释后的药液浇灌韭菜根部，可视土壤墒情来确定用水量，安全间隔期 10d，最多施药 2 次，施药间隔 7d。

④斑潜蝇。成虫盛发期，及时喷药防治成虫，防止成虫产卵。成虫主要在叶背面产卵，应喷药于叶背面。在产卵盛期至幼虫孵化初期，可用 50%灭蝇胺可湿性粉剂 2 500~3 500倍液，或 10%吡虫啉可湿性粉剂 1 000倍液，喷雾防治，防治幼虫要连续喷 2~3 次。

## 四、中拱棚韭菜生产技术

### 1. 品种选择

种植中拱棚韭菜应选用品质好、叶宽、直立性强、耐低温弱光、抗病、丰产、不倒伏、休眠期短、耐寒力强的优良品种，如汉中冬韭、阜丰一号、791 雪韭、寿光独根红、韭宝、航研 998、格林缘 6 号等。这些品种休眠时间短、生长旺盛、耐寒力强，低温下生长速度较快。扣棚后第 1 至第 2 茬产量比较高，适合保护地栽培。生产用种应选用新种子，其颜色漆黑、光泽明亮，种脐部有一乳白色小点。

### 2. 播种

(1) 播前准备

播前施足基肥，一般每 667m$^2$施优质有机肥 4 000~5 000kg、氮磷钾复合肥 25kg，深翻入土。其次，要作畦，畦向东西延长，以利于增温保温，畦面要整平，畦宽一般为 3m，长度以地块而定。

(2) 播种

以当地 10cm 地温稳定达到 10~15℃时为宜，一般在 4 月上中旬进行。韭菜栽培，养根是关键。播种可采用干籽条播法，每 667m$^2$播种量 4~5kg。播前浇小水，水渗透后，每畦内种 8 垄，垄宽 20cm，垄间距 20cm，播后覆细潮土 2cm 左右。为了防止韭菜出苗后滋生杂草，播种后出苗前可用 50%扑草净可湿性粉剂 100g 兑水 50kg，或 30%除草通乳油 100~150ml 兑水 50kg，或 48%地乐胺 200ml 兑水 50kg，在地面上均匀喷雾，不要重喷或漏喷，药量和水量要准确，以免产生药害或无药效。

（3）苗期管理

出苗期间2~3d浇1次小水。齐苗到苗高16cm时，7d左右浇1次小水，每667m$^2$追尿素5kg。

### 3. 定植

（1）整地施肥，适时定植

前茬收获后，每667m$^2$施优质土杂肥4 000~5 000kg，深耕25~30cm，耙细，整成宽1.6~2.0m、长20~25m的平畦。当株高长到20cm或发现幼苗拥挤时，要抓紧定植，一般在出苗后50~60d即达定植标准。定植不能晚于7月上旬，否则不能避开7、8月的高温多雨，不利于幼苗成活。

（2）合理密植

适宜的行距为20~25cm，墩距15cm左右，每墩韭苗25株左右。也可适当缩短墩距，每墩苗数相应减少，保持每1m实栽800株左右为宜。韭菜苗要随刨随栽，不要长时间堆放。刨出幼苗后，将须根先端剪去，仅留2~3cm，再将叶片先端剪去一段，减少叶面蒸发。按计划墩行距挖穴或开沟，每穴栽的韭苗，鳞茎要齐，株间要紧凑。鳞茎顶部埋入土中3~4cm，韭墩四周用土压实。

（3）栽后管理

为保证幼苗成活，栽后立即浇水。到新叶出现、新根发生时，每667m$^2$冲施尿素25~30kg。夏季要做好控水蹲苗，及时除草防涝。如果苗弱，要补一些肥。8月中旬，每667m$^2$追饼肥200kg或腐熟的厩肥1 000~1 500kg，肥土应混匀，随即浇水，以后5~6d浇水1次。9月中旬，每667m$^2$追尿素25~30kg或三元复合肥50~60kg，保持土壤见干见湿。10月中旬后停止追肥浇水，以防贪青徒长，如长势过旺，可喷适量矮壮素。

### 4. 扣棚生产

（1）扣棚前管理

①清洁韭畦。10月底至11月上旬，韭菜的营养物质已进入鳞茎内，开始枯叶。此时应把韭畦中的秸秆、死叶、杂草等清理干净，以减少韭畦内潜伏的有害病原，降低发病程度。

②扒韭墩。清理韭畦后，将韭墩鳞茎以上的表土挖出畦外，使之露出鳞茎，进行日晒、夜冻，这样可提早打破休眠，使出韭整齐，同时还可消灭潜

入韭墩越冬的害虫，扒韭墩时注意不要伤根。

③灌韭根，以防韭蛆危害。

④及时追肥。灌根3~4d后，可在行间开沟施肥，一般每667m$^2$施腐熟的优质有机肥2 000~3 000kg或饼肥250~300kg，施后覆土与韭墩相平，然后浇水，待覆土下沉后，再盖1次细土埋严韭墩。

（2）搭建棚架，扣棚

11月上中旬上冻前，用长度8m的镀锌钢架做拱架，拱架间距1m，拱架前后各用一道拉杆固定。扣膜前，备好长4m、宽1.2~1.5m、厚5cm的稻草苫。在立冬至小雪，韭菜叶全部干枯后，割去地上部枯叶，并用耙子清除干净，用高压喷雾器顺垄喷50%速克灵可湿性粉剂800~1 000倍液，以防灰霉病。然后拱棚扣膜，扣膜时间在春节前70d左右最好，以使头茬韭菜正好在春节前上市。

（3）扣棚后管理

①温湿度管理。韭菜扣棚后，一般25d左右即可出苗。扣棚初期和每次收割之后，为加速韭菜萌发出土和新叶迅速生长，一般保持白天18~24℃、夜间8~12℃。出苗后至苗高10cm，保持白天15~20℃、空气相对湿度60%~70%，冬季小拱棚内夜温保持在5℃以上。第1茬韭菜生长期正值低温阶段，应加强防寒保温。为争取光照，阴雪天及时清除积雪，注意适时揭盖草苫，阴雪天在中午前后拉下草苫。扣棚初期不放风，只揭草苫透光增温，收割第2、第3茬的头几天中午，当棚温高达30℃时，由棚的顺风一端揭开通风口，适当放风；3月中旬外界气温回升后，开始大放风，并逐步撤去草苫；4月上旬加大放风量或揭掉薄膜通风。

②水肥管理。扣棚后至割头茬韭菜前不浇水，以免降低地温。待二刀韭菜长到6cm高时，结合浇水每667m$^2$追复合肥20~30kg，在收割前4~5d再浇水。以后每割一茬都要扒垄，晾晒鳞茎，待新叶长出后，结合浇水追肥并培土。

### 5. 收割

扣棚后50~55d可收割第1茬，株高20cm左右。晴天清晨收割，要留茬2cm左右，以防止削弱长势。留茬高度要一致，以利于下茬整齐生长。随着气温升高，生长速度加快，收割时间随之缩短，第2茬需要25d左右，第3茬需要20d左右。一般当年韭菜收割2茬，二年生韭菜收割3茬。

### 6. 收割后管理

应注意培土养根，一般 3 茬后，当韭菜长到 10cm 时，逐步加大放风量，撤掉棚膜。每 667m$^2$施腐熟圈肥4 000kg，并沿着韭菜沟培土 2~3cm 高，防止韭根上移老化。

### 7. 病虫害防治

（1）病害防治。韭菜典型的病害有灰霉病和疫病。

①灰霉病防治。

注意清洁田园：扣棚前或每次收割韭菜时，及时把烂叶、病叶收集到一起，带出田外深埋或烧掉。

严格控制温湿度，合理灌水，防止湿度过大：注意棚室通风排湿，减少叶面结露。温度低更易发病，如果出现连续几天低温，就会发生灰霉病，故天气变化时要特别注意防寒保温。

药剂防治：头茬韭菜长到 3cm 左右，二茬韭菜收割后 6d 左右是用药的最佳适期，可每 667m$^2$用 50%地扑海因可湿性粉剂 1 000~1 500倍液，或 50%速克灵可湿性粉剂 1 000~1 500倍液，或 50%异菌脲可湿性粉剂 1 000~1 600倍液喷雾，每隔 7d 喷 1 次，连喷 2 次。扣棚阶段也可用 10%速克灵烟剂防治。

②疫病防治。注意防止田间积水，仔细平整土地，雨季来临前修好排灌系统，保证及时排水。注意轮作倒茬，避免在同一地块上连续多年种植。及时清洁田园。

药剂防治：可用 60%甲霜铜可湿性粉剂 600 倍液，或 72%霜霉威水剂 800 倍液，或 58%甲霜灵锰锌可湿性粉剂 500 倍液，或 64%杀毒矾可湿性粉剂 400~500 倍液，或 72%霜脲锰锌可湿性粉剂 600 倍液，或 5%百菌清粉尘剂 1kg，间隔 7~10d 喷 1 次，交叉使用 2~3 次。

（2）虫害防治。韭菜最主要的害虫有韭蛆和烟蓟马。

①韭蛆防治。

消灭虫源：冬灌或春灌可消灭部分幼虫，如果加入适量农药，效果更佳。

扒土晒根：韭菜生长期或设施韭菜扣棚前扒开土壤晒根，可以降低韭蛆的羽化率和卵孵化率，并且能阻止产卵。韭蛆成虫一般于韭菜收割后将卵产在韭菜根部，为阻止成虫产卵，可在韭菜收割后每 667m$^2$撒施草木灰 20~

30kg 或覆盖地膜，待伤口愈合后及时揭膜。

药剂防治：苦参碱防治韭蛆的效果较好。另外，要注意选用高效、低毒、低残留的农药品种。可在成虫盛发期（4 月下旬），9：00~11：00，用4.5%高效氯氰菊酯2 000倍液喷雾杀灭成虫，注意韭菜收割前 8~10d 一定要停止用药。

②烟蓟马防治。

可用 10%吡虫啉4 000倍液或 2.5%溴氰菊酯1 500倍液喷雾防治。

## 五、日光温室韭菜有机基质型无土栽培技术

无土栽培是指不使用天然土壤，使用基质或不使用基质，用营养液灌溉植物根系或用其他方式来种植植物的方法。韭菜是多年生宿根蔬菜，根、叶鞘和茎原基能贮存营养，因此，利用韭菜根可进行无土栽培。有机基质型无土栽培是一种新型的农作物栽培方式，该技术是利用天然材料，如稻壳、草炭、蛭石和发酵的动物排泄物及发酵的植物秸秆等按一定比例复配成合理的栽培基质，作物生长所需的养分来自栽培基质，具有成本低、技术简单、易于进行标准化管理的优点，不仅能够解决日光温室生产中存在的土壤障碍问题，还可以在盐碱荒滩、山岭薄地上建造日光温室发展设施蔬菜生产。该栽培技术能有效减轻病虫害的发生及为害，使日光温室韭菜生产实现优质、高产、高效。

### 1. 无土栽培系统

（1）挖栽培槽

将地表活土移除，然后平整，喷湿，按 140cm 间隔，挖深 20cm、宽 100cm 的栽培槽，槽背宽 40cm，栽培槽南北向，稍倾斜，以利于排水。

采用半封闭式栽培，即在栽培槽两侧铺 0.1mm 厚的塑料薄膜，栽培槽底部不铺，再填充基质即可。

（2）栽培基质

韭菜栽培基质采用的配方：①发酵稻壳：腐熟牛粪：腐熟鸡粪：河沙=4：5：1：1；②发酵稻壳：腐熟牛粪：腐熟鸡粪：河沙=4：4：1：1；③玉米或小麦秸秆发酵物料：腐熟鸡粪：河沙=4：2：1。将基质充分混匀后填入栽培槽内，压实后厚度为 18cm，每 667$m^2$ 基质用量 85~95$m^3$。

（3）供水系统

采用微喷系统，微喷直径 10~15mm，顺槽（一般南北向）间隔 2m 设

置一个喷头；亦可采用微滴灌系统，每槽铺 3~4 条直径为 25mm 的微滴灌带，带上每 30cm 有 3 个以上的排水孔。

### 2. 品种选择

选择适合保护地栽培的耐低温、耐弱光和抗病的韭菜品种，如平韭 4 号、平韭 5 号、韭宝、航研 998、久星 10 等。

### 3. 育苗

（1）育苗地选择

选择符合有机蔬菜生产条件、能灌能排、通风透光、土壤肥沃的沙壤土作育苗地，前茬作物不能是葱蒜类。也可采用育苗基质育苗。

（2）苗床准备

先精细整地，达到土肥均匀，土壤细碎，然后做床。育苗床宽 1.2~1.5m、长 7~10m，床高可视气候情况和水利条件而定。床内每 667$m^2$ 施腐熟筛细的农家肥 4 000~5 000kg，深翻掺匀耙平，以便播种。采用基质育苗的，育苗槽宽 1.0m、深 8~10cm。

（3）种子准备

选用当年的韭菜新种子，春季采用干播法用干种子直接播种，秋季则要先催芽再播种。

催芽方法：播种前 4~5d，将种子放在温度为 30~40℃ 的水中用力搅拌，清除瘪籽，再换同样温度的水浸种 24h，然后搓洗种子，将种子捞出稍晾干后用湿布包裹，放在温度为 15~20℃ 的条件下进行催芽。催芽过程中，每天用清水淘洗 1 次，2~3d 后胚根伸长，立即播种。

（4）播种

①播种期。韭菜种子发芽适温为 10℃，幼苗生长适温为 15℃，一般平均气温达 6~15℃，幼苗就能健壮生长。春播、秋播均可，春播在清明至谷雨期间进行，秋播在立秋后至 10 月进行。

②播种方法。有撒播和条播两种。撒播是将种子均匀地播在苗床内，其特点是幼苗分布均匀，长势好；条播是将种子播在行距 10~12cm、深 1.0~1.5cm、宽 2cm 的浅沟里，条播的幼苗生长略显拥挤，但便于管理。

根据播种时苗床内浇水的先后，又可分为干播和湿播 2 种。干播是先播种，覆土镇压后浇透水，幼苗出土前保持床面湿润；湿播是先浇苗床底水，待水下渗后播种，播种后覆土 1cm 左右，2~3d 后再盖细土 0.5cm。

③播种量。一般每 667m$^2$苗床用种量 7.5～10.0kg，可供 10×667m$^2$大田栽植。

（5）苗期管理

①设置覆盖物。为防止迟眼蕈蚊（韭蛆），每 100m$^2$苗床可设置防虫网一个（网眼密度 30～50 目）。幼苗出土前，春播的气温低时，可覆盖地膜；秋播的气温高时，可覆盖遮阳网。

②水肥管理。一般播种后 7～10d 幼苗出土。干播的需经常浇水，保持土面湿润。幼苗出土后要“先促后控”，其主要措施是浇水、追肥。促：幼苗出土后要轻浇勤浇水，保持地面湿润，并结合追施腐熟的稀粪尿或沼液 2～3 次，以促进幼苗生长；控：当苗高 12～15cm 时，控制水肥进行蹲苗，若雨水多要加强蹲苗。

③除草。采用人工拔草。

### 4. 定植

（1）定植时期

一般苗高 18～20cm 为定植适宜苗龄，要求叶色浓绿，无病虫斑，根系发达。春播的在 6 月初至 8 月定植，秋播的在翌年春季定植。定植时注意避开高温高湿时期，以利缓苗，但定植不可过晚。

（2）秧苗处理

育苗田在定植前 1d 浇 1 次透水，以便于起苗。起苗时要少伤根，大小苗分开，剪去须根末端，留须根 5～6cm，剪去叶尖端，留叶片 8～10cm，然后移栽定植。

（3）定植方法

定植前 3～4d 将栽培槽浇透水，定植时按南北向行、株（穴）距开沟，栽植深度以埋至叶鞘与叶片交接处为准，栽植后及时浇水。

采用单株密植或小丛密植定植法：

①单株密植。采用等行距种植，行距 20cm、株距 1～2cm，每槽栽植 5 行。这种栽植法的优点是植株生长强壮、产量高，但栽植、管理费工，杂草较多。

②小丛密植。每丛 4～5 株，行距 20cm、丛距 4～5cm，每槽栽植 5 行。这种栽植法的优点是省工，但产量略低。

### 5. 定植后管理

（1）定植至立冬主攻方向：养根壮茎，一般不收青韭

①罩防虫网。扣棚前铺罩防虫网，网眼密度30~50目。

②补栽及除草。若缺苗，应及时补栽。及时人工拔除杂草。

③水肥管理。有机基质容易失水落干，可根据情况随时补充水分。基质养分充足，一般立秋前不施肥，之后可随水追施腐熟人粪尿或沼液3~4次，亦可重追1次生物有机肥，10月中旬以后停止追肥。

④绑架防倒。根据韭菜长势，在栽培槽两侧设置栏架，防止韭菜倒伏。

⑤清理枯叶。霜降后，韭菜叶片枯萎，要及时清理枯萎叶片。

（2）扣棚后管理主攻方向：生产青韭

①扣棚时间。韭菜生长发育所需的适宜温度为白天17~23℃，夜间10~12℃。日光温室从扣棚至收割需40~50d。如果元旦前后开始上市，一般在11月中下旬至12月上旬扣棚。

②温度管理。韭菜萌发长出后，在第一刀韭菜生长期间，白天温度应保持在17~23℃，夜间温度10~12℃。白天温度尽量不超过24℃，不允许有2~3h的时间超过25℃或1~2h的时间超过27℃。在以后各刀的生长期间，控制的温度上限均可比上一刀高2~3℃，但最高不得超过30℃。

控温措施：在严寒季节，扣严塑料薄膜，白天不通风或少通风，傍晚及早覆盖草苫。在早春温度升高后，逐渐加大通风口，增大通风量，早揭，晚盖；随着外界气温继续升高，夜间可不盖草苫；当夜间外界气温在12℃以上时，可全天敞开上下通风口。

③湿度管理。韭菜适于干燥的空气环境，适宜的空气相对湿度为60%~70%。湿度超过85%，易感染叶部病害。

控湿措施：在严冬季节，如棚内湿度过大，可在清晨出太阳前开放上通风口10~15min，散湿后关闭；浇水应在下午16：00（或17：00）后进行，切忌大水漫灌。

④光照管理。越冬韭菜要保证绿色鲜艳，必须适当的光照。为保证充足的光照，要保持棚膜光洁，改善透光性；适当早揭、晚盖草苫，延长见光时间；阴雨、雪天也应在中午揭苫见光，尽量改善光照条件。

⑤水肥管理。韭菜需要较高的土壤湿度，可视基质墒情，及时补充水分，但在生长期间，只要不是特别干旱都可不浇水。第一刀收割前2~3d，灌足1次增产水，随水重施1次肥，肥料种类：沼液、腐熟人粪尿、有机肥

等；以后每刀收割前均重施 1 次水肥。韭菜收割后 3~5d 内，伤口未愈合，不可浇水。

⑥培沙。第一刀韭菜收割后，当苗高 10cm 左右时，取无菌细沙（或土杂肥）培到韭根基部，可培两次，每次厚度 3cm。以后每刀可从行间取沙培根。

### 6. 收割

（1）收割次数

越冬栽培的韭菜第一刀收割完后，如果当年冬季不需要利用其韭根进行下一次越冬栽培，可连续收割 5~6 刀，直至植株生长衰弱，产量很低时结束；如果当年冬季需要利用其韭根进行下一次越冬栽培，则要严格控制收割次数，以便夏季养根、壮棵，这种情况下一般收割 3~4 次，随韭菜价格下降可停止收割。

（2）留茬高度

一般在鳞茎以上 3~4cm 处收割为宜。适宜的刀口为黄白色。如刀口为白色或呈“马蹄”状，表明割得太深；如刀口为绿白色，表明割得太浅。

（3）间隔时间

日光温室大棚第一刀韭菜生长期需 40~50d，以后几刀韭菜生长期为 30~40d。

（4）收割时间

早上收割有利于保持韭菜鲜嫩，水分含量高，品质好。

## 六、韭菜漂浮板水培绿色生产关键技术

韭菜漂浮板栽培属于深液流水培，相对于露地栽培具有较多优势：不受土地限制，无论是在盐碱地、重金属污染地区，还是戈壁海岛均可进行生产；特殊的水培环境使韭菜主要虫害之一的韭蛆无法生存、繁衍后代，从根本上减少农药使用，可实现韭菜的绿色生产；生产管理方式简单易懂，只需定期检测和补充营养液即可；省去田间除草、施肥、灌溉工作，减少用工成本。鲜韭产量可观，设施条件好的环境中可一年收割 8~10 刀，年每 667m$^2$ 产 1 万 kg 以上。

### 1. 适宜水培的韭菜品种

韭菜在我国栽培历史悠久，经过长期生产实践，形成了许多品性优良的栽培品种，人工育成韭菜新品种就多达 100 多个。因水培环境相比土壤较为特殊，所以在品种选择上应该注意应选取长势强、分蘖慢、直立性好、耐低温弱光、耐热耐寒性强的不休眠品种，如 791、韭宝、平丰 8 号、航研 998。

### 2. 栽培系统组成

此栽培系统主要包括基质育苗及成苗移栽、栽培池及营养液池构建、营养液配制、日常管理与收获 4 个部分。

（1）基质育苗及移栽

每年的 3—4 月或 8—9 月为韭菜最适播种期。在保护地内播种更有利于出齐苗。选用 72 孔穴盘和普通育苗基质即可。基质装盘前需用清水拌匀，当基质手握成团时含水量为宜。当年收种子每穴播种 5~6 粒，一年陈种子每穴播 8~9 粒，播完种子上面覆盖拌好的基质，盖严刮平，覆盖保温地膜。整盘出苗达到 90%以上，即可揭去地膜。

棚内放置温度计，温度最高不能超过 30℃，以防止烧苗。当棚内气温达到 20℃时，注意通风，以降低湿度，防止灰霉病发生。出苗后需保持基质湿润，穴盘苗长至 15cm 左右开始蹲苗，管理以穴盘基质见干见湿为准。穴盘苗长至 2~3 叶施第一次肥。肥料使用复混肥，比例为 1 份尿素和 2 份三元复合肥（15-15-15），每 667$m^2$用量 5~8kg。待叶片长至 4~5 片时，可以进行移栽。

移栽时将幼苗根部的基质用水冲洗干净，在多菌灵或百菌清1 000倍水溶液中浸泡 5min 后进行移栽。移栽时将长势一致的 3~5 株幼苗用定植棉包裹住茎基部放入定植篮，保证根部自然下垂，然后插入浮板定植孔。

（2）栽培池及营养液池构建

栽培池整体设计为长方体，长宽比约 4 : 1，深 30~40cm，池边缘高出地面 5cm，池底平整夯实，向南放坡约 0.5%，池内可铺黑白膜防渗水或者做防水处理。池南端底部设置可调高回流管，回流管与营养液池相连通，回流管旁下挖直径 15cm、深 10cm 圆柱形坑穴以利于清理水池时下泵抽净池水。栽培用漂浮板常选用聚苯板，栽培孔错穴排列，直径 4~5cm，孔距 10cm；营养液池采用下挖式，内做防水处理，体积设计约为栽培池体积的1.5倍；用PVC管道将营养液池与栽培池回流管相连接，营养液池回流口设置在池口下沿但水平高度要低于栽培池底部，这样的回水落差可保证回水顺畅和自然落差给营养液充氧。供水管道同样略高于栽培池。

（3）营养液配制

用来配制营养液的营养液肥可分为1号肥和2号肥。1号肥以钙盐为中心，包括：硝酸钙（472mg/L）、螯合铁（30mg/L）。2号肥以磷酸盐和硫酸盐为中心，包括：磷酸二氢钾（100mg/L）、硫酸铵（44mg/L）、硝酸钾（334mg/L）、硫酸钾（58mg/L）、硫酸镁（246mg/L）以及其他微量元素（参考微量元素通用配方）。配制所用的水需经过滤，若直接用地下水配制则需根据地下水成分检测结果调整钙、镁用量。

营养液配制时需将两种肥分开加入，具体步骤如下：①提前在营养液池内放入池容积1/3~1/2的清水。②将1号肥和2号肥分别倒入标有1号、2号标记的桶内。③向1号桶内加入清水，充分搅拌后静置片刻，将上清液倒入营养液池内。反复操作，直至肥料溶解完全。在配制的同时打开水泵，使营养液在池子内充分混匀。④按照步骤3的方法配制2号肥。⑤配制好1、2号肥后，根据所配营养液的量，以140ml/1 000L的标准加入磷酸并继续向池子内加入清水至预定的位置，同时用水泵进行内部循环。⑥当所加水量接近预定量时，测定EC值（2.2~2.5）和pH值（6.0~6.5），根据测定结果调整继续加水和磷酸的量。⑦当EC值和pH值均在规定范围内，即可向栽培槽内输送营养液。

（4）日常管理与收获

①日常管理。韭菜定植前1周营养液EC值调至1.8mS/cm左右，缓苗1周后可调至2.0mS/cm，进入旺盛生长期可调至2.0~2.4mS/cm，在生产过程中根据EC值及时补充肥料。营养液是通过抽水泵将其输送到栽培池中，为了保证营养液的溶氧量和每株韭菜根部营养充足，营养液需要具有一定的流动性。通过研究发现营养液白天需循环8次，每次30min，夜间循环4~5次。连续中午温度较高时增加1~2次循环次数。夏季和冬季可根据设施保温条件适当增加或减少循环次数，这样既可保证韭菜正常生长又起到了节能环保、降低生产成本的作用。

②收获。由于水培方式供养充足，韭菜一年内可连续收割多茬。春、秋季节可每20~25d收割1次；夏季高温韭菜生长旺盛可调低营养液浓度并进行设施遮阳控制长势并减少收割次数，重在养根；冬季气温和水温相对较低，可适当使用增温设备给营养液加温，保证韭菜正常生长，实现周年供

应。收割时可将漂浮板整张拿出，方便操作，然后用锋利的剪刀沿着定植杯上沿进行收割。

收割后漂浮板入池要注意防止营养液溅到韭菜刀口上滋生病菌。连续收获2~3年后，由于韭菜已分蘖多次，定植篮空间严重限制了韭菜的正常生长，影响了韭菜产量和品质。此时可将韭菜整丛拔出分栽到露地，同时将提前育好的韭菜基质苗重新栽种到定植篮中进行不间断的生产。

## 七、"日晒高温覆膜法"防治韭蛆新技术

"日晒高温覆膜法"防控韭蛆的技术由中国农业科学院蔬菜花卉研究所张友军研究员团队研发，针对韭蛆不耐高温的特点，在地面铺上透明保温的无滴膜，让阳光直射到膜上，提高膜下土壤温度，当韭蛆幼虫所在的土壤温度超过40℃，且持续3h以上，则可将其彻底杀死。

### 1. 割除韭菜

若韭菜生长稀松，直观很容易看到韭菜的根部和土壤，则可以不割韭菜，直接在地面支起30cm高的棚架，再在棚架上覆膜。若韭菜生长旺盛，为了不让韭菜叶片遮阴，影响阳光照射土壤升温，建议在覆膜前1~2d割除韭菜，韭菜茬不宜过长，尽量与地面持平。若地面留茬太长，新生韭菜不易顶掉老茬，导致生长缓慢，甚至有些较弱的韭菜植株因顶不破老茬而死亡。另外，当膜内高温将老茬蒸熟，揭膜后，老茬散发较浓的气味，容易引来大量苍蝇产卵。

### 2. 覆膜压土

在4月下旬至9月中旬，选择太阳光线强烈的天气（当天最大光照强度超过55 000lx）覆膜。最好选择透光性好，膜上不起水雾，厚度为0.10~0.12mm的浅蓝色无滴膜。覆膜后四周用土壤压盖严实。由于膜四周与土壤交汇处温度较低，若韭菜根系恰好在膜边缘，可能有少量韭蛆不易杀死。因此，建议膜的面积一定要大于田块面积，膜四周尽量超出田块边缘50cm左右。

### 3. 去土揭膜

待膜内地表下5cm深处土壤温度持续在40℃以上且超过4h（即当天上

午8：00前覆膜，下午18：00左右揭膜）揭开塑料膜，韭蛆的卵、幼虫、蛹和成虫均可全部死亡，甚至还可以杀死一些其他的病虫害。若覆膜后突然遇到阴天或土壤温度不足以将韭蛆杀死，可以延长覆膜时间，直到土壤温度提升至40℃以上将韭蛆杀死后再揭膜。光照特别强时，地表下5cm处土壤最高温度低于53℃，对韭菜根系生长无影响。

### 4. 浇水灌溉

揭膜后，待土壤温度降低后及时浇水缓苗，生长过程中保持土壤湿润，有条件的地方可以配施有益生物菌肥。覆膜处理后的韭菜地下根部不受伤害，5~8d后长出新叶。与未覆膜处理的对照组韭菜相比，覆膜处理后韭菜前期生长缓慢，后期生长速度加快，20d后与对照组韭菜生长高度无显著差异。夏季养根期的韭菜，建议在5月底前采用“日晒高温覆膜法”进行治蛆处理，以避免影响韭菜养根。夏季收割韭菜时，可以随时割随时覆膜杀蛆。若计划新种植或新移栽作物的田块，建议事先采用“日晒高温覆膜法”处理。若地块不急于马上种植，可以覆膜多日，彻底杀死土壤中的其他病虫害。

“日晒高温覆膜法”不需要任何化学农药，只需要借助自然界中强烈的太阳光线与薄膜联合作用，提高土壤温度杀死韭蛆。具有操作简单、当日见效、杀韭蛆彻底、防虫成本低（薄膜洗干净后可反复多年利用）、省工省时、绿色环保、持效期长，以及无任何药剂残留等优点。

## 八、韭菜集约化育苗关键技术

### 1. 品种选择

育苗应选择具抗寒、抗病虫，耐热、分蘖能力强，叶片宽厚、直立性强的高产品质，如韭宝、航研998等。

### 2. 播期

韭菜在温室穴盘育苗中可周年播种。

### 3. 播前准备

苗床可以选择架床或者地床，如果选择地床，应在地面平铺透水性较好的地布或者编织袋等，避免根系长入土中。

育苗基质可选用草炭：蛭石：珍珠岩=2：1：1或草炭：蛭石：珍珠岩=3：1：1（体积比），1m$^3$基质添加15~20kg烘干鸡粪，并添加200g百菌清进行消毒，搅拌均匀后可直接用于育苗，也可选用商品基质。

根据播种粒数和苗龄时间的长短选择合适穴孔的育苗穴盘，但为保证韭菜幼苗对养分的需求，建议使用128穴和105穴的穴盘，每穴播20~25粒种子为宜，从播种算起50~60d，小苗长到4~6片真叶便可定植。旧穴盘重复利用，应注意消毒，可采取石灰水消毒法，也可选用0.1%高锰酸钾溶液喷雾或者浸泡消毒。

韭菜种子种皮坚硬，吸水困难，播种前可用30~40℃温水浸泡12h，清除杂质与瘪粒，将种子上的黏液洗净后催芽。将浸好的种子用湿布包好放在16~20℃条件下催芽，每天用清水冲洗1~2次，60%以上的种子露白时即可播种。

### 4. 播种

基质按照上述比例掺匀后装盘，基质装到穴盘的2/3处，即穴深1.0~1.5cm，每穴播20~25粒。将穴盘整齐摆放在一起，采用蛭石覆盖，覆盖厚度应均匀一致，以使出苗整齐。浇足底水，以穴盘底部有水滴渗出为宜。

### 5. 苗期管理

韭菜生长要求光强适中，高温期间育苗应注意遮阴降温。为获得合适的地上部和根部的比率，需要对穴盘苗的生长进行控制，应该根据生产计划调整韭菜的生长情况，或促进根的生长或促进苗的生长。韭菜对湿度的要求比较严格，要保持基质湿润，出苗后，适当减少浇水次数，保持床面见干见湿，如缺水则及时浇水，水流不要过急过大，以免幼苗溢出导致不必要的损失，浇水最好选在晴天的上午，浇水后若室内湿度过大，可酌情通风排湿，以减少病害发生。韭菜苗期应注意补充肥料，补肥浓度以0.1%的尿素和0.1%的磷酸二氢钾为宜，后期可稍加大磷酸二氢钾浓度。喷水喷肥一定要喷透，喷肥后最好再喷一遍水，以减小叶面肥的浓度，避免在叶片上形成肥害点，如春季气温骤变有时会造成磷吸收障碍，造成植株缺磷现象，初期叶背发紫，生长点生长缓慢，叶片无光泽，后期生长点停滞生长，个别苗株叶片脱落，遇此情况，可用惠满丰500倍液和磷酸二氢钾500倍液喷施予以补救。

### 6. 病虫害防治

猝倒病、冠腐和根腐病是穴盘苗生产中最常见的病害，也有可能出现真菌或细菌引起的叶斑病，霉菌引起的白粉病、霜霉病等。虫害主要有蚜虫、菜青虫、蜗牛、潜叶蝇等，在育苗前和苗期管理期间应加强病虫害的防治。

# 第八章　芥菜栽培技术

芥菜（*Brassica juncea*）是原产于中国的古老十字花科芸薹属重要蔬菜，在中国起源历史悠久，种类繁多，栽培也十分广泛。在漫长的自然演变进化及人们的选择驯化栽培过程中，芥菜的各器官特别是各营养器官产生了多向而强烈的分化，形成了今天的包括根、茎、叶、薹四大类16个变种以及众多的变异类型，在秦岭淮河以南特别是长江流域及以南地区的栽培种植及分布表现尤为普遍突出。芥菜类蔬菜产品除长期供作生产当地市民和“南菜北运”的时鲜特色蔬菜外，目前已经形成了以四川盆地（含重庆市）、长江中下游（华中、华东）地区为中心，并向四周迅速扩散的芥菜类蔬菜种植及众多的“名特优”农副产品商品化生产加工基地。

芥菜类蔬菜作为重要的鲜食蔬菜和精深加工蔬菜种类之一，除高寒山区（西藏）外在全国各地均有栽培，其中以西南、华中、华东、华南地区的15个省（市、区）分布种植最为集中。据2019年国家特色蔬菜产业技术体系调研统计，目前我国芥菜类蔬菜栽培面积约1 500万亩，产量约450亿kg，产值约2 000亿元，在蔬菜产业及人民日常生活中占有十分重要的地位，更是区域性、现代特色高效农业创新发展的重要抓手。

山东地区芥菜栽培面积约为2万亩，主要栽培区域有济南、泰安、潍坊、淄博、菏泽、枣庄、德州等地。山东省的芥菜栽培种类主要是根用芥菜，根用芥菜，又名大头菜、大头芥、辣疙瘩、芥菜疙瘩等。属十字花科芸薹属芥菜种中以肉质根为食用器官的变种。一二年生草本植物，原产于中国，南北方均有栽培。食用的肉质根有圆锥形、圆柱形和扁圆柱形。以腌渍加工为主，制成腌大头菜，有名的山东五香疙瘩、玫瑰大头菜等就是用它加工而成的。农户自己也可将大头菜加工成咸菜，味道鲜美。

# 一、芥菜植物学特征

## 1. 根

芥菜的根分为两大类：一类是根用芥菜的肉质根及其上面的须根；一类是非根用芥菜的根。这两类根在植物学形态上差别很大。根用芥菜的根分为两部分：一部分是肉质根，一部分为吸收根——须根。其中肉质根的形态有圆柱形、圆锥形和近圆球形之分。肉质根分为根头部、根颈部和真根部，其中根头部和根颈部都在地面上，只有真根位于地下。真根部分的下半部分周围着生须根，以吸收水分和营养物质。

根用芥菜的根较深，根群主要分布在30cm的土层内。根头较大，上面着生叶片，根部灰白色，侧根较多。肉质根有圆锥形、圆柱形和扁圆柱形等类型，长10~20cm，横径7~11cm，上粗下细。肉质根有些全部埋入土中，有些大部分露在地面。露在地面的部分为淡绿色，埋入土中的部分为灰白色。肉质根膨大要求月平均温度10~20℃和较大的昼夜温差，肉质根根系发达，较耐旱，属半耐旱性蔬菜。对土壤要求不严格，除沙性过重的土壤外，一般均可栽培，以富含有机质的黏壤土为最好。

## 2. 茎

芥菜的植株一般高30~150cm，常无毛，有时幼茎及叶片具有刺毛，有辣味，茎直立，有分枝。

茎用芥菜生长初期茎短缩，生长中、后期茎伸长、膨大，并在节间形成瘤状突起。瘤茎扁圆形，横径8~9cm，纵茎9~11cm，单茎重0.50~0.55kg，皮色鲜绿，每叶基外侧着生肉瘤3个，中瘤稍大，间沟较浅，晚熟。

薹用芥菜的主要特征是花茎或侧薹发达，抽生早，肉嫩多汁，为主要的蔬食部分。分类按花茎和侧薹的多少及肥大程度，可分为2个基本类型：多薹型，顶芽和侧薹发达，呈多薹状，如四川省的小叶冲辣菜、贵州省的贵阳辣菜；枇杷叶型，顶芽抽生快，形成肥大的肉质花茎，侧薹不发达，呈单薹状。

### 3. 叶

基生叶宽卵形至倒卵形，长15~35cm，顶端圆钝，基部楔形，大头羽裂，具2~3对裂片，或不裂，边缘均有缺刻或牙齿，叶柄长3~9cm，具小裂片；茎下部叶较小，边缘有缺刻或牙齿，有时具圆钝锯齿，不抱茎；茎上部叶窄披针形，长2.5~5.0cm，宽4~9mm，边缘具不明显疏齿或全缘。

叶用芥菜就是吃叶或柄的芥菜，如大叶芥、细叶芥、雪里蕻、皱叶芥、包心芥等，其基本特征是叶片或叶梗肥厚，可鲜食，也可以加工成各种特殊风味的咸菜。叶用芥菜的茎是短缩茎，叶着生在短缩茎上，叶有椭圆、卵圆、倒卵圆、披针等形状。叶色有绿、深绿、浅绿、绿色间血丝状条纹、紫红色等颜色。叶面平滑或皱缩；叶缘锯齿状或波状，叶基部浅裂或深裂；叶片全缘或具有不同深浅的裂片。喜冷凉湿润的气候条件，不耐霜冻，也不耐炎热和干旱，易遭受病毒病的危害。生长适温15~20℃，散叶型对较高温的适应性强。

叶用芥菜有5个主要变种：大叶芥（var. *foliosa*）的植株和叶片均较大，叶缘波状或钝锯齿状，少有缺裂，叶柄狭长或较宽；花叶芥（var. *multisecta*）的叶缘有明显缺裂，其细裂程度因品种而异；瘤叶芥（var. *strumata*）的叶柄发达，其上具有不同形状的突起或瘤状物；包心芥（var. *capitata*）的叶柄和中肋增宽，中心的叶片包心成为叶球；分蘖芥（var. *multiceps*）通称雪里蕻，其短缩茎上侧芽发达，形成分蘖。

### 4. 花

花序为总状花序，顶生，花后延长；花黄色，直径7~10mm；花梗长4~9mm；萼片淡黄色，长圆状椭圆形，长4~5mm，直立开展；花瓣倒卵形，长8~10mm，宽4~5mm，花期3—5月。

### 5. 果实

长角果线形，长3.0~5.5cm，宽2.0~3.5mm，果瓣具1突出中脉；喙长6~12mm；果梗长5~15mm，果期5—6月。

### 6. 种子

种子圆或椭圆形，直径约1mm，紫褐、红褐、暗红或红色，千粒重1g

左右。

## 二、根用芥菜栽培技术

### 1. 品种选择

选择耐霜冻、抗病虫、耐抽薹、抗重茬、商品性好的品种，如山东光头芥菜、济南辣疙瘩、诸城大辣菜等。

### 2. 种子处理

（1）清水选种

选择籽粒饱满、色泽橘红鲜亮的芥菜种子，放入清水中轻轻搅拌，捞去飘浮杂物和秕粒，沥去清水，留取沉底饱满种子作种。

（2）药剂浸种

用20%噻菌酮可湿性粉剂1 000倍液，或77%可杀得悬浮剂800~1 000倍液浸种20min左右，期间要不断搅拌，能有效降低软腐病和黑腐病的发病率。

（3）催芽

可选择低温催芽或浸种催芽，低温催芽将种子放入3~6℃的环境中2~3d，浸种催芽将消毒后的种子在清水中浸泡3~4h。

### 3. 直播或育苗移栽

（1）直播

根用芥菜直播的播种时间具有地域差异，南方地区四季均可播种，北方地区主要以秋播为主。山东地区一般于8月中下旬播种。

直播可选用条播或穴播。条播时顺垄背划沟，顺沟撒播；穴播时开穴深度2~3cm，每穴播3~4粒。播后覆细土1.5~2.0cm，不宜过厚。一般每667m$^2$播种100~150g。直播后一般3~5d即可出苗，幼苗长到2片真叶时进行间苗，每穴留苗2~3株；待幼苗3叶1心时进行定苗，除弱留壮，每穴留1株。直播的幼苗定苗时保留多余的壮苗用来补苗。补苗时带土补穴，提高补苗成活率。

（2）育苗移栽

针对同一品种，选择育苗移栽的根用芥菜播种期比直播早10d左右。

山东地区根用芥菜的育苗播种时间一般在7月下旬至8月上旬，8月下旬至9月上旬定植。育苗时注意适当稀播和间苗，在出苗20d左右时，间苗1~2次，除弱留壮。定植前苗床先浇透水，移苗时带土移栽并按一定的株行距（根据不同品种株型和开展度来确定株行距，例如光头芥菜的种植株距为35cm、行距50cm）定植于大田。定植时按该品种的株行距开穴定植，每穴定植1株壮苗，定植后一定要浇透定根水，到缓苗前浇水1~2次至全部成活。

### 4. 科学整地

（1）地块选择

选择地势平坦、排灌方便、疏松肥沃、pH值6.5~7.5的土壤为宜。避免与十字花科作物或当年种过芥菜的土地连作，前茬作物以豆类、瓜类、马铃薯、麦茬为宜，且前茬为喷施过对十字花科蔬菜有药害的化学除草剂。

（2）整地施肥

前茬作物结束后及时整地，整地时要求：土地平整、土壤细碎，不能有板结坷垃。结合旋耕深翻每667m$^2$施入农家肥3 000kg、过磷酸钙50kg、草木灰150kg。采用小高垄栽培，垄高15cm左右，垄宽20cm左右。

### 5. 大田管理

（1）肥水管理

根用芥菜的施肥坚持基肥为主，追肥为辅的原则。芥菜种子较小，出苗前保持土壤湿润，出苗后浇水掌握轻浇、勤浇的原则，土壤见干见湿，肉质根膨大至拳头大时，需水量较多，应适当灌溉。整个生长期一般追肥3次，第1次追肥于直播田定苗后，移栽苗成活后进行，每667m$^2$施硫酸铵10~15kg；间隔7d后用稀释有机肥液浇施（每667m$^2$追施粪水比1：5的稀粪尿800kg）进行第2次追肥；第3次为根茎膨大期，每667m$^2$随水冲施腐熟人粪尿1 500kg或复合肥30kg。追肥时尽量早施，追肥过晚地上部营养生长过旺，不利于肉质根膨大。

（2）摘心

秋播的根用芥菜常发现有未熟抽薹现象，如遇这种现象，需把心摘掉。否则将影响肉质根的膨大。摘心时用锋利的小刀尽量靠基部把花薹割掉，使断面略呈斜面，防止积水腐烂。摘心愈早愈好，摘掉后根用芥菜肉质根仍然可以膨大。

### 6. 病虫害防治

（1）物理防治

利用太阳能频振式杀虫灯防治斜纹夜蛾、甜菜夜蛾、跳甲、金龟子等趋光性害虫。利用黄板防治蚜虫、飞虱、跳甲成虫等，黄板设置数量为每667m²放置20~30块，放置高度以高出芥菜叶面10~15cm为宜。

（2）化学防治

软腐病和黑腐病：发病初期要及时拔除软腐病和黑腐病病株并深埋，用含菌量15亿/g的枯草芽孢杆菌可湿性粉剂200g兑水100L灌根，或用20%叶枯唑可湿性粉剂600倍液，或30%乙蒜素乳油500~1 000倍液，或77%氢氧化铜可湿性粉剂500~800倍液喷雾防治。

病毒病：用种子重量0.4%的50%多菌灵可湿性粉剂或50%福美双可湿性粉剂拌种，或12.5%烯唑醇可湿性粉剂4 000倍液，或75%百菌清可湿性粉剂600倍液，或25%甲霜·霜霉威可湿性粉剂1 500~2 000倍液等喷雾防治。

霜霉病：发病初期，选用25%甲霜灵可湿性粉剂800倍液、57%烯酰·丙森锌水分散粒剂2 000~3 000倍液，或25%甲霜·霜霉威可湿性粉剂1 500~2 000倍液喷雾防治。

小菜蛾：用2%甲氨基阿维菌素苯甲酸盐水分散粒剂5.5g/667m² 喷雾、1.8%的阿维·高氯45ml/667m² 喷雾、300g/L的氯虫·噻虫嗪悬浮剂30ml/667m² 喷淋或灌根、苏云金杆菌可湿性粉剂65g/667m² 喷雾、5%的氯虫苯甲酰胺悬浮剂45ml/667m² 喷雾。

蚜虫：用15%的啶虫脒乳油10ml/667m²喷雾、25%的噻虫嗪水分散粒剂6g/667m²喷雾、或用8 000IU/μL的苏芸金芽孢杆菌悬浮剂1 000倍液喷雾防治，也可在芥菜收获前的20d内使用25%的吡虫啉可湿性粉剂800~1 000倍液等一些药效持效时间不长的药物进行防治。

黄曲条跳甲、黄宽条跳甲、猿叶甲：可用300g/L氯虫·噻虫嗪30ml/667m² 喷雾或灌根、20%的联苯·噻虫胺55ml/667m² 喷雾、10%的溴氰虫酰胺可分散油悬浮剂26ml/667m² 喷雾，发生早期可用32 000IU/mg的苏云金杆菌G033A可湿性粉剂150~200g/667m² 喷雾，发生中期可用50%哒螨灵悬浮剂26ml/667m² 喷雾或0.2%的呋虫胺悬浮剂6L/667m² 冲施。

### 7. 采收

根用芥菜喜冷凉湿润气候，不耐霜冻。山东地处我国华东地区，属暖温带季风气候类型，雨热同季，冬季寒冷，根用芥菜自播种到肉质根收获一般在 90d 左右，采收时间一般在 11 月上中旬。在肉质根充分膨大，基部已变圆，叶色变黄时及时采收。收获后用刀在根茎处将叶片削下，同时削去须根。收获后的根用芥菜根据需要，以散装、筐装、麻袋或编织袋包装运输。

# 第九章　水生蔬菜栽培技术

山东水生蔬菜食用和种植历史悠久，现存大明湖畔的“藕神”祠也是佐证。由于地理环境和种质资源的不同，山东省多地出产的水生蔬菜品质独特，备受人们喜爱，其中大明湖产的白莲藕、茭白和蒲菜被誉为“明湖三白”，汶上大莩荠、微山湖和东平湖产的莲藕、芡实等也名扬国内。马踏湖的白莲藕曾是清代皇室贡品。另外，由于饮食文化的因素，山东省水生蔬菜食用方法也别具特色，拥有多种风味独特的菜品，如“凉拌藕”就是鲁菜中的名菜之一。由于历史文化底蕴深厚和品质独特，山东省的“明水白莲藕”（济南章丘）、“沙河莲藕”（济南商河）、“八湖莲藕”（临沂河东区）和“孝河白莲藕”（临沂兰山区）已荣获国家农产品地理标志认定。

## 一、莲藕栽培技术

莲藕属睡莲科植物，莲的根茎肥大、有节、中间有一些管状小孔，折断后有丝相连。分为红花藕、白花藕、麻花藕。红花藕瘦长，外皮褐黄色、粗糙，水分少，不脆嫩；白花藕肥大，外表细嫩光滑，呈银白色，肉质脆嫩多汁，甜味浓郁；麻花藕粉红色，外表粗糙，含淀粉多。藕微甜而脆，可生食也可做菜，而且药用价值相当高，它的根叶、花须果实无不为宝，都可滋补入药。用藕制成粉，能消食止泻，开胃清热，滋补养性，预防内出血，是妇孺童妪、体弱多病者上好的流质食品和滋补佳珍，在清咸丰年间，被钦定为御膳贡品。藕原产于印度，后来引入中国。

山东省莲藕种植业发展较快，且具有一定规模，近十年来的种植面积一直稳定在27.6万亩以上，占全国栽培面积的6.8%，平均产量2 533～5 000 kg/667m$^2$，高于全国平均水平。产品以其良好的品质和口感热销全国20多个大中城市，并远销海外。

山东省莲藕主要集中分布在东营、济宁、枣庄和临沂等市的沿黄、滨湖地区和低洼地，主栽品种为美国雪莲3号、北京落花、南斯拉夫雪莲系列、太空莲3号、鄂莲4号、鄂莲5号、鄂莲6号等。各主产区由于不同的自然资源条件，形成了不同特色、符合当地发展情况的莲藕产业。

## (一) 莲藕植物学特征

### 1. 根

莲藕地下茎各节均发生不定根，从表土20~30cm的土层中吸收营养。从种藕到长出莲鞭1~2节的这段时间根群较短而细弱。出现了立叶之后，其以后各节以上的根群就较长而粗。根群对莲藕营养的吸收和植株的固定起着重要的作用。如果根系不断地被移动或被踏伤，藕的生长和形状都会受到影响。

### 2. 茎

供食用的部分称为藕，是莲藕的变态茎。茎先端为喙状物，是由鳞片包住的，其中由顶芽、幼叶和侧芽组成，称为藕苫；嫩叶向上延伸，浮出水面，展开了为荷叶，顶芽及副芽在泥中横向生长，称莲鞭。有的节位上还有分化出来的花芽。莲鞭长到6节后，随着荷叶的增加，所制造的碳水化合物相应增多，加上来自根部吸收来的营养物质均流向顶端，顶端各节便膨大成为新藕。藕的主藕一般3~5节，也有7~8节，先端一节称为藕头，中间几节称为主藕，尾端一节称为藕梢。一般藕梢品质较次，早熟藕如延迟收获，藕梢常有干缩现象。主藕的侧芽可长子藕，子藕的侧芽还可膨大成为孙藕。茎中有许多通气孔，与根、叶、花相连，形成一个通气系统，这也是水生蔬菜的结构特点。在折断时有许多丝状物相连，这是带状螺旋导管及管胞的次生壁抽长而成的，这些并行排列由带状螺旋体构成的组织，在叶柄和花柄上也有，但在藕及莲鞭上最长，相连不断，故称藕断丝连。

### 3. 叶

莲藕的叶称为荷叶，从种藕抽出的初生叶，浮在水面上，称之为浮叶。后面的叶伸出水面，称为立叶，立叶之后一片片增高增大，故有人称之为上升梯叶。莲鞭与开始膨大成藕节上的叶，称之为后栋叶。再向前骑在新藕一片较小的柔软且刺毛较少的叶子，称为终止叶，这是莲藕的最后一片叶子，形态与众不同。故挖藕时，常以后叶与终止叶的方向作为挖藕的标记。叶面上有放射状叶脉19~23条，叶中心有一灰色小区，称为叶脐或莲鼻，既可通气，多余水分还可以从此排出体外。叶面表皮细胞上有细微的突起，可阻止水分停留在叶表面上，水滴又由于表面张力而形成球状，随风滚动，十分好看。荷叶既是制造营养的器官，又起着交换气体的作用。因此对藕的生长发育关系很大。保护好荷叶，是夺取莲藕高产的关键。如在生长盛期，荷叶遇大风吹坏过多，就会造成藕的大量减产。

#### 4. 花、果实、种子

莲藕的花称为荷花，是由茎端花芽伸长发育而成。荷花的发生，因品种而异有的品种花多，有的花少，甚至有的基本无花，但花的多少也受环境条件影响。花单生，花萼与瓣外形相仿，总称花被。在花莲中，按花瓣多少，分单瓣、复瓣与重瓣，花色有红、白、黄、绿及洒金等，一般莲藕多白色、单瓣，也有的为粉红或红色，在花被内有多数雄蕊和雌蕊，各心皮分离散生，陷入平顶倒锥状的肉质花托内。雌蕊受精后，当果实已相当膨大而子房壁尚为绿色、未硬化时，可作水果吃，称为莲蓬。老熟后子房壁变为黑色硬壳，其内白色的莲肉，在植物学上称为子叶，是具有较高营养价值的食品。莲子中绿色的莲心是植物学上的胚芽，是一种中药材。莲子为果实与种子的总称。其果皮极坚硬，表皮下面是坚固而致密的栅栏组织，其内是一层厚壁组织。气孔通过栅栏组织形成一条气孔道。每千克莲子有600~1 000粒。

### （二）种植方式

目前，以硬化藕池栽培、大棚种藕为代表的莲藕种植新方式和新技术迅速发展，改变了过去莲藕栽培多以坑塘和藕田为主的单一种植方式。

硬化藕池栽培具有投资小、成本低、见效快、效益高等特点。硬化藕池将水田表面80cm左右的泥土挖去，做成水泥池，不仅保水保肥，而且由于有水泥池底，莲藕只能横着长在泥土表面，采收时既省力又不伤莲藕，这种种植方法比普通模式增产1 000 kg/667m$^2$左右，产量达到3 000 kg/667m$^2$以上。

大棚种藕，即在棚中下挖60~70cm，铺上塑料膜，再垫土、灌水，然后种藕。大棚种藕可节约用水，有利于克服重茬病害等旱田病害，并能提高土壤腐殖质含量，有利于下茬其他蔬菜的种植生长，并且巧妙地利用了日光温室的闲置期，提早上市，经济效益十分可观。大棚种藕在大面积的盐碱地区尤其值得推广。

## （三）种植模式

随着品种的更新和种植技术的改进，栽培技术呈现多样化发展，莲藕的产值效益倍增，而且能周年供应。

### 1. 旱地节水池藕栽培模式

旱地节水池藕，即在旱地原有被丢弃的废坑塘、废烧窑坑、废盐碱地（滩）、废公路沟及低洼易涝沼泽地，进行人工挖整，做成0.8～1.0m深的池。旱地池藕不仅可节水、产量高、品质好、效益佳，而且还可美化环境，又能充分利用土地资源，值得推广。

### 2. 浅水藕生产模式

浅水藕生产是一种莲藕入泥浅、方便收挖、品质好、产量高、效益好的栽培方式。主要优势：种植浅水藕不受地形的限制，而且节省土地，甚至可以充分利用村头巷尾废弃的土地，使之变废为宝、合理利用；浅水藕池一次性投资，经久耐用；种植浅水藕节约用水、用电；浅水藕种植能有效利用肥料。莲藕是喜肥的作物，种植在深水中，肥料容易流失，而种植在浅水池中，肥料都集中在池内，可以高效利用；浅水藕管理方便。

### 3. 稻田藕栽培模式

目前，市场莲藕销路好，经济效益高，一些农民利用低洼稻田积极发展莲藕生产，稻田种藕面积达4.65万亩，一般每667m$^2$产量达2 000～2 500 kg。稻田种藕已成为稻区农民增加经济收入的有效途径之一。

### 4. 作物秸秆养藕模式

作物秸秆养藕技术就是利用作物秸秆（主要是玉米秸秆）作基料，以秸秆分解产生的$CO_2$作气肥来养藕的栽培方式。近几年，该技术在淄博市发展很快，利用该技术不仅能大幅度提高池藕的产量和品质，还可充分利用大量的农作物秸秆，有效解决秸秆焚烧引起的资源浪费和环境污染问题。该技术适合浅水池藕种植，可提高莲藕产量，提升产品质量，降低生产成本，经济效益显著，同时还能改善池藕生长环境和采收条件。每667m$^2$藕池平均产鲜藕2 500kg，比传统种植方式增产25%～50%，每667m$^2$纯收益达5 200元，同时将过去废弃的玉米秸秆变废为宝，每667m$^2$玉米秸秆可使农民收入增加

120~160元。

### 5. 池藕立体高产高效栽培模式

池藕立体高产高效栽培，形成了藕池养泥鳅、藕池+泥鳅+龙虾、鱼藕混养、大棚池藕+鱼+瓜菜等多种立体种养模式。

（1）藕池养泥鳅

藕田养泥鳅节约了土地，藕田中的害虫成为泥鳅的“美餐”，可控制害虫对莲藕的为害，而荷叶又为泥鳅遮阳，起到了调节水质的作用。另外，泥鳅的粪便为莲藕生长提供优质肥料，二者互惠互利。

（2）藕池+泥鳅+龙虾立体种养模式

该模式目前已在山东济宁市鱼台县推广，成为农民增收的新途径。

（3）鱼藕混养

山东淄博市高青县科学利用资源优势，大力发展鱼藕混养，成效显著。

（4）大棚池藕、鱼、瓜菜立体种养

大棚池藕、鱼、瓜菜立体种养是极具开发潜力的高效种养模式。利用大棚栽藕，可使藕的成熟期提前2个月，产量增加20%~30%，经济效益提高2~3倍。藕池养鱼，鱼的生长期延长了3个月，再加上轮作种植瓜菜，综合经济效益较高。

## （四）浅水藕高效高产栽培技术

济宁地区莲藕栽培历史有1 200多年，现种植面积约13万亩，年产量超过2.2亿kg，是北方重要的莲藕主产区之一。优越的地理、气候、水资源条件，形成莲藕产业发展优势和成熟的种植技艺，使济宁地区的莲藕产业颇具规模和影响力，“微山湖莲藕”“黄沟池藕”获得国家农产品地理标志认证，“连心藕”商标通过了农业部池藕无公害食品质量安全的认证。

### 1. 藕种选择

根据市场行情和降低劳动力成本的需要，优先选择中早熟、入土浅的品种，要求种藕纯度高、无病虫害、藕节粗壮、无损伤、顶芽饱满完整。目前，济宁地区主栽浅水藕新品种有：鄂莲5号、鄂莲6号、鄂莲7号（珍珠藕）。鄂莲系列莲藕品种具有产量高、环境适应性强、抗病性强等优点。

### 2. 藕田选择

浅水藕栽培多以大田植藕为主。一般选择地势平坦、土质肥沃、水源丰富的稻茬田，要求耕作层厚度在 30cm 左右。使用旋耕机旋耕整地，不施基肥。藕种萌芽到抽生立叶前，植株对养分的吸收能力较弱，藕种自身的营养物质完全能够满足植株的生长需求。栽前向藕田灌水，保持水层 3~5cm。

### 3. 定植技术

定植时间宜选择在 4 月下旬，日平均气温保持在 13℃以上，藕种每 667m$^2$用量为 300~350kg，栽植行株距为 2.5m×1.5m。定植前，将藕种放于塑料薄膜上，人工拖拽在田中行进，按照株行距要求直线排列藕种。定植时，藕头与水面呈 15°~20°角，埋入泥中 10cm 深，以防止藕种漂浮，藕梢露出少许，翘于水面以上，以便于借助光照提高温度，促进萌芽。行与行间的藕种植株错列呈三角形分布，以充分利用藕田空间，使藕鞭均匀分布生长。藕田四周边行的藕头一律朝向田内，防止藕鞭长出田外。

### 4. 田间管理

（1）水深管理

莲藕在定植初期水深宜保持在 5~10cm，以利于提高藕田温度，促进发芽。立叶长出后，莲藕进入旺盛生长期，需逐渐加深水位至 15~20cm，以强化植株的健壮、直立生长。结藕期宜保持水深 5~10cm，抑制立叶生长，促进地下茎膨大。越冬期间水深宜在 10cm 以上，保护莲藕不被冻伤。排灌水时要涨落缓和，水深管理应该遵循前期浅、中期深、后期浅的原则。

（2）合理追肥

莲藕在生长期间需进行 3 次追肥。第 1 次是追施发棵肥，当莲藕开始生长出立叶时，每 667m$^2$施尿素 10kg、施控释复合肥 50kg；第 2 次在莲藕生出 6~7 片立叶并进入旺盛生长期时，每 667m$^2$施尿素 10kg、施控释复合肥 50kg；第 3 次是追施催藕肥，每 667m$^2$施尿素 20kg、高钾肥 20kg。施肥应选择无风、晴朗天气进行，每次施肥前放掉积水，以便让肥料充分吸入田中，然后再灌溉至原来的水位。追肥结束后，泼浇清水冲洗掉荷叶上面的肥料残渣。

（3）除草

在旋耕整田前，进行全面彻底清除杂草。定植后至封行前，进行人工拔草，每月除草 1~2 次，除草时应注意在卷叶的两侧进行。封行后，进入结藕期，停止下田除草，以免碰伤藕身。

（4）调整植株

莲藕进入旺盛生长期后，藕鞭生长迅速，应及时将近田埂的藕梢向田内小心拨转。生长盛期 2~3d 拨转 1 次，生长缓慢期 7~8d 拨转 1 次，共拨转 5~6 次。转梢宜在中午茎叶柔软时进行，将梢头托起按拨转方向埋入土中即可。

（5）轮作倒茬

莲藕不宜连作，种植 3~5 年时，易发生病害，应该实行轮作倒茬，选择远缘科属的作物，如水稻、荞麦、茭白等，轮换周期一般需要 2~3 年。

（6）病虫害防治

贯彻“预防为主，综合防治”的植保方针，考虑到水生蔬菜的食品安全问题，及其构建的水生生态系统的敏感性，应该优先采用农业防治、物理防治及生物防治措施，尽量避免采用化学防治，更不得使用国家禁止在蔬菜上使用的高毒、高残留农药。

莲藕腐败病俗称藕瘟，是对莲藕危害最为严重的病害之一，发病后一般减产 20%~30%。防控措施主要有：①选用无病健康种藕。种藕带菌是腐败病菌传播的最主要途径，应避免从有病藕的田中选择种藕，切断菌源。定植前要对种藕进行消毒，用 50%甲基托布津 800 倍液喷雾后，覆膜密封闷种 24h，揭膜晾干后定植。②土壤处理。整地前每 667m$^2$ 撒施 50~100kg 生石灰，或用 50%多菌灵可湿性粉剂 2kg 拌细土 20kg 撒于地表。③药剂防治。选用 50%多菌灵可湿性粉剂 600~800 倍液，或 50%托布津可湿性粉剂 800~1 000倍液喷雾，喷洒叶面或叶柄，每隔 7~10d 喷 1 次，连喷 2~3 次。

蚜虫防治：及时清除藕田的水生杂草及周边寄主植物；设置黄板诱杀有翅成虫。用 10%吡虫啉可湿性粉剂 1 500倍液均匀喷雾防治，安全间隔期为 15d，连喷 2 次；或 25%噻虫嗪水分散粒剂 5 000~6 000倍液均匀喷雾防治，安全间隔期为 7d，连喷 2 次。

斜纹夜蛾防治：利用斜纹夜蛾成虫的趋光性和趋化性，设置频振式杀虫灯、性诱剂或糖醋溶液，诱杀成虫；或用 1.8%阿维菌素乳油1 000~2 000倍液喷雾防治，安全间隔期 7d，连喷 2 次；或 4.5%高效氯氰菊酯乳油 3 000倍液喷雾防治，安全间隔期 15d，连喷 2 次。

### 5. 适时采收

当主藕长成 3 节或 3 节以上，且节间直径达 4cm 以上时开始采收。按照抽行挖取的原则，留 1/4 不挖，原地留种。采用高压水枪进行采收，根据终止叶及后把叶锁定莲藕的位置，将高压水枪对准藕秆下的泥土冲下去，冲开莲藕周围的淤泥，即可将莲藕轻轻提取出来。注意高压水枪只能冲莲藕周边泥土，而不能直接冲击藕身，不然会使莲藕破损，造成藕身发黑、进泥。采用高压水枪采收，极大提高了工作效率，确保了莲藕的完整性和商品性。

## （五）白莲藕高效高产栽培技术

临沂市兰山区孝河白莲藕以品种稀有、特征明显、风味独特，并富有药用和食疗价值，加之特定的生产环境条件和特殊的栽培管理方式及丰富的人文历史，2011 年被确认为国家农产品地理标志产品。孝河白莲藕肥、细、脆、嫩，与其他藕相比，具有节短肥大、表皮润滑有光泽、脆甜适口、细嫩无渣等特点，生食或熟食皆宜。既可炒炸蒸煮，又可凉拌冷调，花样繁多，味道各异，能上菜谱的就有 60 余种，非一般河藕、塘藕所能比拟。其叶、莲子若做成“荷叶粥”“莲子羹”，更是滋补佳品、美味佳肴。另外，孝河白莲藕还可入药，能收涩止血、凉血化瘀。

### 1. 选种

在栽植前，从留种田挖取种藕，选出符合品种特征，且藕身粗壮、整齐、节细的作为种藕。一般应以全藕或较大亲藕及子藕作种藕，种藕至少要有完整的 2 节。选出种藕后，要分大小、分区种植，使生长整齐一致，最好是随用随挖、随选随植。

### 2. 整地施肥

白莲藕延伸土中，土壤疏松有利于生长，藕田需深耕作埂，栽藕前再行耕耙整平。在湖荡种藕水位较深，耕作困难，一般不行整地。新辟藕荡可在前一年夏季水位较浅时，进行深翻，第 2 年春按栽植距离做泥墩栽植。田藕不宜连作，塘藕多行连作。白莲藕需肥量大，应施足基肥，结合整地先后施入肥料。

### 3. 选种栽植

一般在谷雨前后栽植。栽植的形式有多种，但无论田藕或塘藕，栽植时原则上要求四周留空数米，边行藕头一律朝向田内，以免走茎伸出埂外。一般早熟品种和瘦地偏密，晚熟品种和肥地偏稀。田藕一般行距 2m 左右，穴距 1.5m 左右，每穴栽植亲藕、子藕 2 支，每 667m$^2$ 用种量约 125～200kg。塘藕行距 2.5m 左右，穴距 1.5m 左右，每穴栽植亲藕、子藕 3～4 支，每 667m$^2$ 用种量 150～250kg。

### 4. 藕田管理

（1）调节水位

藕田的水位可以控制，一般在栽植初期保持 3～6cm 浅水，使土温升高，以利发芽。塘藕如能控制水位，也应掌握由浅到深，再由深到浅的排灌原则，尤其要注意防止水位猛涨。

（2）藕田除草

一般在浮叶出现就要开始藕田除草。除草时可将行间土壤搅动，并将杂草埋入土中。藕田除草一般进行 2～3 次，至荷叶布满水面为止。后期除草应注意勿踏伤藕鞭。

（3）调整藕鞭

种藕栽植后不久，就抽生藕鞭，并分枝发叶，有的藕鞭向田边伸展，须随时将其转向田内，以免伸入临田。田中过密的藕鞭，也可适当转向较稀疏的地方，以便全田分布均匀，这一工作称为转梢或回藕。转梢的时期和次数根据植株的生长情况而定。一般在出现 4～5 片立叶后，每月需转梢 1 次，操作时不可折断藕鞭。

（4）病虫害防治

白莲藕主要病害有腐烂病，主要的防治措施是忌连作，适当减少氮肥施用量，栽植前每 667m$^2$ 用 150～200kg 石灰消毒。害虫主要有蚜虫、斜纹夜蛾等。防治蚜虫可用 25%的敌灭灵可湿性粉剂 1 000倍液，或 10%的除虫精 3 000～4 000倍液、20%的速灭菊酯4 000倍液防治。

（5）摘叶

当立叶布满田面后，浮叶已被遮蔽，可以摘除，一般健全的立叶不可摘除。当新藕已充分生长成熟、叶尚完好时，可采叶晒干，用作包装材料。

### 5. 采收

白莲藕的采收是一项繁重而细致的工作，掘藕时根据其生长习性，可从终止叶及后把叶等来判断藕的位置。在后把叶和终止叶连成一线的前方，即为藕着生的位置。早期采收嫩藕可根据未开展的终止叶其所指的方向，即为新藕着生的位置，并可根据终止叶开展的大小，判断新藕的大小。收获时，浅水田可先排出积水，再挖取。深水田无法排水，则行踩藕，采收时不可将藕折断，否则既影响产品美观，又易使泥土混入藕中，降低品质。种藕及延迟上市的可留存土中，但须保持土壤湿润。

## 二、茭白栽培技术

茭白是禾本科菰属多年生宿根草本植物，又名高瓜、菰笋、菰手、茭笋、高笋。分为双季茭白和单季茭白（或分为一熟茭和两熟茭），双季茭白（两熟茭）产量较高，品质也好。古人称茭白为“菰”。在唐代以前，茭白被当作粮食作物栽培，它的种子叫菰米或雕胡，是“六谷”（稻、粱、菽、麦、黍、稷）之一。后来人们发现，有些菰因感染上黑粉菌而不抽穗，且植株毫无病象，茎部不断膨大，逐渐形成纺锤形的肉质茎，这就是现在食用的茭白。这样，人们就利用黑粉菌阻止茭白开花结果，繁殖这种有病在身的畸形植株作为蔬菜。

茭白素有“水中人参”之称，营养价值丰富，主要含蛋白质、脂肪、糖类、维生素 $B_1$、维生素 $B_2$、维生素 E、微量胡萝卜素和矿物质等。热量低、水分多、味道鲜美、口感好如食肉，可清暑清热，利尿祛水，可阻止黑色素的产生，滋润皮肤，可促进新陈代谢。但由于茭白含有较多的草酸，其钙质不容易被人体所吸收。

茭白多生长于长江湖地一带，适合淡水里生长。茭白北方亦有出产，特别是山东济南。茭白与明湖藕、蒲菜被老济南誉为明湖三美蔬。1934 年《山东通志》载：“菰即茭白，历城产者尤肥美”。据《山东省蔬菜品种资源目录》介绍，济南茭白有 2 个品种，其一为四季茭白，株高 100~130cm，生长期 3 月中旬至 10 月下旬，采收期 6 月中旬至 9 月下旬，单个净茭质量 50~100g，表皮乳白色有浅绿，肉质疏松，每 667$m^2$ 产量 450~600kg；其二为秋季茭白，株高 250~270cm，生长期 3 月中旬至 10 月下旬，采收期 10 月下旬，单个净茭质量 100~150g，表皮乳白色，肉质紧，每 667$m^2$ 产量 650~700kg。茭白在山东新泰白庄子被誉为“三好”之一（“三好”即茭白、春芽、野鸭蛋），自古流传至今。茭白在济宁微山、潍坊寿光、临沂郯城等地也有种植。

### （一）茭白植物学特征

#### 1. 根

茭白具发达的须根系，在植株的短缩茎和根状茎上分布有根系。短缩茎节有须根 10~30 条，根状茎节 5~10 条，须根长 20~70cm。新生根粗约 1mm，老根直径 2~3mm，黄褐色，具大量根毛。根系主要分布纵深 30~60cm、横向半径 40~70cm。

#### 2. 茎

茭白有短缩茎、根状茎和肉质茎 3 种。短缩茎直立生长，腋芽休眠或萌动形成分蘖，下位节着生须根。部分品种孕茭后节间变长，达 20~30cm，茎长达 50~100cm。进入休眠期后，短缩茎的地上部多死亡，地下部分保持生命力。

根状茎系由短缩茎上的腋芽萌发形成，粗度 1~3cm，具 8~20 节，节部有叶状鳞片、休眠芽、须根。根状茎一般在翌年初春向上生长，产生分株即“游茭”，3~5 株丛生或单生。

肉质茎系茭白植株茎端受黑粉菌寄生后，黑粉菌分泌吲哚乙酸刺激膨大形成，一般有 4 节。肉质茎即食用器官，其形状、颜色、光滑度、紧密度、大小等性状，是区别品种的主要特征。

#### 3. 叶

茭白的叶由叶鞘和叶片组成。叶鞘肥厚，长 50~60cm，相互抱合形成“假茎”。叶片条形或狭带形，长 150~200cm、宽 3~5cm，具纵列平行脉。叶片和叶鞘连接处的外侧叫颈，俗称“茭白眼”。栽培茭叶颈通常淡黄色，野生茭通常紫红色。在叶片和叶鞘相接处的内侧有 1 个三角形膜状突起物，称叶舌，它可防止水、昆虫和病菌孢子落入叶鞘内。

#### 4. 花、果

野生栽培茭的雄茭能在 5—8 月抽穗开花。圆锥花序，长 50~70cm。栽培茭白雄茭能开花，但不能形成种子，只有野生茭白才能形成种子。种子为颖果，圆柱形，长约 10mm，成熟后为黑褐色。

### （二）栽培技术

#### 1. 品种选择

根据市场需求情况，选择一季茭，一季茭产量稳定品质好，一般每 667m$^2$产量可达1 500kg 左右，茭白个大，一般单个茭白可达 200g 左右，大的可达 400g 以上，茭肉白皙、细嫩、纤维少、口感甜脆。

2. 整地施肥

一般选择浅水洼地或稻田栽植，水位不宜超过 25cm，最好为黏壤土。可放干水的地块，宜干耕晒垡，施入粪肥后灌水，浅水耕耙。不能放干水的低洼水田，可带水翻耕。茭白生长期长，植株茂密，需肥多。每生产 1 000 kg 茭白需氮 14.4kg、五氧化二磷 4.9kg、氧化钾 22.8kg。基肥以有机肥为主，配合氮磷钾化肥，增施磷钾肥，能提早茭白成熟，可提高其产品质量和经济效益。

3. 选种与育苗

使用优良母株进行分蘖繁殖。要求生长整齐，植株较矮，分蘖密集丛生；叶片宽，先端不明显下垂，各包茎叶高度差异不大，最后一片心叶显著缩短，茭白眼集中色白；茭肉肥嫩，长粗比值为 4~6；管短，膨大时假茎一面露白，孕茭以下茎节无过分伸长现象；整个株丛中无灰茭和雄茭。

种株选好后，作出标志，次年春，苗高超过 30cm 时，将茭墩带泥挖出，先用快刀劈成几块，再顺势将其分成小丛，每丛 5~7 株。分劈时应尽量少伤花茎。分墩后将叶剪短到 60cm 左右，减少水分蒸发。

4. 定植

定植时气温以 15~20℃为宜，5 月上旬开始定植，至 5 月底基本结束。一熟茭孕茭前要有 100~120d 生长期；定植 20~30d 后争取开始分蘖，当年能产生 10 个有效分蘖。栽植密度一般行距 60~100cm、株距 25~30cm，最好用宽窄行，两行一组。茭苗应随挖随栽，引种时，长途运输中要保持湿度，栽苗前割去叶尖。

5. 灌水

要根据生长时期和季节严格掌握水层深度。萌发期到分蘖前保持 25cm，以提高土温；分蘖后期，一般从 7 月下旬开始保持 10~12cm，以控制无效分蘖；孕茭开始后保持 20cm，使茭白浸于水中，促其软化；越冬期保持湿润。

6. 追肥和中耕

定植后 10d 左右开始施第 1 次肥。施肥后将行间泥土挖松，培于植株旁，返青期追施 1 次肥，每 $667m^2$ 施 10kg 尿素，孕茭前追 1 次肥，每 $667m^2$ 施 15kg 尿素。

7. 割墩疏苗

立秋后将植株基部的黄叶割除，以利于通风透光。次年立春前后，用快刀齐泥割低茭墩，除去母茭上部较差的分蘖芽。4 月底至 5 月初，当分蘖高 30cm 左右时，每隔 10cm 左右留一苗，将多余的苗拔除。疏墩后 10~15d 向株丛上压一块泥，使分蘖向四周散开生长改善通风透光条件。

8. 采收

茭白成熟不整齐，每隔 1d 采收 1 次。成熟的标准是：孕茭部显著膨大，叶鞘一侧裂开，微露茭肉；心叶相聚，两片叶向茎合，茭白眼收缩似峰腰状。采收时用刀从茭白下 10cm 左右处割下，从茭白眼处切去叶片，留 30cm 左右的叶鞘，装入蒲包。带叶的茭白俗称水壳，较易保持洁白、糯嫩的品质，耐长途运输和贮藏。

## （三）病虫害防治

1. 锈病

进入 7 月之后，天气湿热，容易发生锈病，叶片散生和条生黄褐色似铁锈隆起的小斑点，破裂后散发出黄色粉末，即孢子。严重时全叶枯黄。

防治方法：控制氮肥，摘除基部黄叶，增加通风透光程度；用 0. 2~0. 3 波美度的石硫合剂或 50%的胶体硫 200 倍液，或 80%的代森锌 600~800 倍液，或 250 倍敌锈钠喷洒，每隔 7~10d 喷 1 次，共喷 2~3 次。

2. 胡麻斑病

由水稻胡麻斑病的病源侵染引起，主要为害叶片，叶鞘上也可发生。叶片染病后初为褐色小点，扩大后为褐色椭圆形病斑，大小如芝麻粒，故称胡麻斑病；有时病斑似纺锤形或不规则形，个别的为条形。病斑边缘明显，深褐色，周围还可出现黄色晕，中间淡灰褐色，有时有孢纹。严重时叶片干枯，叶鞘上病斑状与叶片上的相似，但较大。多雨潮湿时，病部产生黑色霉层的分生孢子。该病以菌丝体和孢子在老株及病残体上越冬，翌年气温回升后，产生分生孢子，进而通过气流和雨水溅射进行再侵染，生长温度范围为

5~35℃，最适为28℃，孢子萌发的温度为28℃，在有水滴或水膜时发病快，病菌在干燥条件下也能存活数年，在高温多湿天气中，特别是连茬种植，土壤又缺钾和锌肥，植株生长不良时，容易流行。

防治方法：

①注意轮作，对发病地块倒茬改种其他作物。

②适当多搁田排水，增施钾肥、锌肥和磷肥。

③发病初期，用50%扑海因可湿性粉剂600倍液，或40%异稻瘟净乳油800~1 000倍液，或40%多硫悬浮剂400倍液，每隔7~10d喷1次，连喷3~5次。

### 3. 茭白纹枯病

该病主要为害叶片和叶鞘。病斑初为圆形至椭圆形扩大后为不定形，似云纹状，斑中部干后呈草黄色，湿度大时呈黑绿色，边缘深褐色，分界明显。病部有蛛丝状菌丝缠绕，或由菌丝纠结成菌核。主要由病残体或杂草上的菌核借水流传播，高温高湿、长期深灌、偏施氮肥时容易发病。

防治方法：

①加强肥水管理，增施基肥，增施磷钾肥。灌水应掌握前浅、中晒、后湿润的原则。

②及时摘除下部黄叶、病叶，增强田间通风透光性。

③发病初期喷施异稻温净或用5%的可湿性井冈霉素粉剂100~150g，兑75~100kg水喷洒于地上部。井冈霉素为内吸性抗菌素，有治疗作用，对人、畜、鱼等毒性低，有水剂和粉剂2种，可兼治立枯菌核等病。也可用5%的氨水剂400倍液，或5%甲基托布津，或50%多菌灵700~800倍液喷洒，每隔10~15d喷1次，共喷2~3次。

### 4. 大螟和二化螟

又叫紫螟、稻蛀茎叶蛾，成虫灰黄色，前翅方形，从翅基外缘有一条深灰色纵纹。卵块初为乳白色，后转淡黄至褐色。幼虫较粗壮，背皮紫红色、蛹棕色、头胸部常附有白粉，二化螟成虫黄褐色，前边长方形、淡灰褐色、外缘有7个小黑点、后翅白色、背面有5条暗褐色纵线，蛹棕黄色，原端稍尖，臀棘扁平。大螟和二化螟均以幼虫蛀食苗心叶和茭白，造成枯心苗和废品茭白。

防治方法：冬季进行烧荒，消灭越冬幼虫；夏季成虫在茭白植株上产卵，在孵化高峰前2d用50%杀螟松乳油250倍液，或90%晶体敌百虫1 000倍液喷洒；化蛹期间，结合搁田、浅灌水，使化蛹部位降低，到化蛹高峰时灌深水杀蛹。

# 第十章　德州市特色蔬菜

## 一、武城县特色蔬菜

武城县位于山东省鲁西北平原，京杭大运河东岸，素有“历史名城、运河明珠、弦歌古郡、状元之乡”的美誉，辖7镇1街，面积748km²，人口40万人，其中农业人口31万人，是典型的农业大县。耕地73.58万亩，其中省级划定粮食生产功能区45万亩、棉花保护区10万亩。已建成高标准农田面积达61.33万亩，粮食高产创建示范方30万亩，全县主要农作物耕种收机械化水平达到99.8%，“三品一标”认证产品147个，认证面积49.6万亩，认证产量63.7万t。县级以上美丽乡村示范村125个，有市级以上农业龙头企业16家，辣椒、白酒、面粉、烘焙食品等优势特色产业突出。通过不断优化调整农业种植结构，在稳定粮食生产的基础上，全力培植辣椒、棉花、食用菌等特色产业，逐步形成了以“一红（辣椒）、三白（棉花、食用菌、白酒）”为代表的农业特色产业，先后荣获“全国主要农作物生产全程机械化示范县”“全国棉花生产百强县”“全国商品粮基地县”“中国辣椒之乡”“中国食用菌之乡”“全国辣椒产业十强县”等多项国家级荣誉称号。

一方面，随着城乡居民收入水平不断增长带来了消费的升级，对特色、优质蔬菜需求量也在持续上升，特色蔬菜市场潜力有较大增长空间。另一方面，2019年中央1号文件提出“加快发展乡村特色产业”，各级部门特别是武城县委县政府坚持把特色蔬菜产业作为推进农业供给侧改革、实施乡村振兴优先选择的重要产业之一，着力推进特色蔬菜产业基地规模化、生产标准化、品种特色化、产品绿色化、服务社会化、经营产业化的集约发展，初步构建了布局合理、结构优化、有效供给、功能多样、优质高效的现代蔬菜发展新格局。武城县的特色蔬菜种类主要有辣椒、韭菜等，特色蔬菜与粮食产业、畜牧业一起构成了全县农业经济的三大支柱产业，并呈现出快速健康发展势头。

1. 武城辣椒

辣椒是武城农业的特色产业，也是传统种植作物，辣椒在武城有着悠久的种植历史，是武城的支柱产业。武城县土壤质地特别适合辣椒种植，武城辣椒具有形优、味好、营养高的特征，又因其辣椒红色素含量高的特点，深受国际市场客户喜爱。“武城辣椒”据文字记载已有近200年的历史，在《武城县志》（始于明嘉靖己酉年经屡次修缮，今日善本为清道光末修订编制）蔬之属十一中便有记载，记有“番椒，色红、鲜、味辣”且清光绪戊申九月县志也有记载“辣椒”一词。经过世代的精心栽培，凭借武城县优良的土质和协调的水、肥、气、热以及光照条件，逐渐形成独特风味的“武城辣椒”。1949年新中国成立后，武城县辣椒生产作为全国蔬菜生产的重要组成部分有了长足的发展，到2002年辣椒种植基地面积一度达到30余万亩。武城辣椒以皮薄、肉厚、色鲜、味香、辣度适中、营养物质丰富的优良品质享誉中外，产品畅销全国各地并出口韩国、日本、东南亚、墨西哥、印度、美国等20多个国家和地区，成为全县人民引以为豪的产业。2002年被中国特产之乡组委会命名为“中国辣椒之乡”和“中国辣椒第一城”，2010年武城县辣椒制品研发检测服务中心申请注册“武城辣椒”证明商标；2020年和2021年被中国蔬菜流通协会评为“全国十大名椒”和“全国辣椒产业十强县”称号；山东省辣椒协会在武城落地挂牌；以全省第二名的成绩成功获批创建省级现代农业产业园，其中产业园申报的主导产业是辣椒；武城辣椒获批山东省特色农产品优势区；武城县与山东省农业科学院蔬菜研究所达成战略合作协议，成立山东省农业科学院（武城）辣椒产业技术研究院。目前辣椒常年种植面积在15万亩左右，成为全县农民致富增收的重要产业之一。

（1）种植分布和面积

辣椒种植区域主要位于武城县南部的辣椒现代农业产业园内，种植面积达10.25万亩，占全县辣椒种植总面积的73.2%，涉及武城镇、老城镇和李家户镇等3个镇，其中武城镇和李家户镇是全县辣椒集中连片规模化种植最大的区域，老城镇是传统的“椒—粮”高效复合种植产业区。另外在郝王庄镇也有部分种植，种植面积约2万亩，占全县辣椒种植总面积的14%，其余种植分布在甲马营、四女寺镇，约占全县辣椒种植总面积的 12.8%。

（2）主要品种

种子是农业的“芯片”，辣椒种子是辣椒产业的“芯片”，武城县十分注重辣椒种质资源的保护利用，建立了种子培育基地进行辣椒品种提纯复壮，依托德州英潮红种业有限公司（简称英潮公司）先后与新疆隆平高科、湖南湘研种业、航天神州绿鹏种业、四川川椒种业洽谈育种合作，联合湖南省农业科学院、德州市农业科学研究院结成科技战略合作伙伴，建立邹学校院士工作站，开展辣椒优异种质创新和强优势杂交品种选育技术研究。按照“正本清源、提纯复壮、自繁自育、加强知识产权保护”的育种计划，启动高端育种项目，在引进推广众多外地品种的前提下，结合武城县自然条件成功选育出“英潮红”“德红”系列 10 多个品种，在全国推广辣椒标准化示范基地面积近 30 万亩，其中由德州市农业科学研究院联合英潮公司选育的“英潮红 4 号”“德红 1 号”通过了山东省农作物品种审定和国家农业农村部的非主要农作物品种登记，此外还积极引进“北京红”“朝天椒”等优良品种，建立了良种扩繁基地，推广种植辐射山东、山西、河北、河南等省部分区域，实现了良种自育、扩繁和区域推广种植，形成了“育繁推一体化”发展格局，增强了武城辣椒产业的核心竞争力。

武城县种植面积最大的品种为德红 1 号、英潮红 2 号、英潮红 4 号、英潮红 8 号，其中德红 1 号为干、鲜两用型早熟品种，果实呈羊角形，果长为 11~14cm，自然晾干速度快，商品果率高，辣味中等，耐高温、抗病毒病和疫病，每 667m$^2$ 产干椒 400kg 左右。英潮红 2 号，该品种是中椒英潮辣业发展有限公司（简称中椒英潮公司）的科研人员以优质羊角椒为母本经杂交选育而成，是优秀泡椒品种，具有皮薄、肉厚、色鲜、味香、辣度适中特性，含辣椒素和维生素 C 居全国辣椒制品之冠，是鲜辣椒加工的椒中圣品。产量高、易采摘、上色快，在最近几年得到大面积推广，满足了广大消费者对鲜椒的高品位需求，一般单株结果 50 个左右，椒长 15~20cm、宽 3cm 左右，具有广阔的发展前景。英潮红 4 号，为中早熟品种，果实呈短锥形，果长 8~10cm，鲜椒脱水快，商品性好，抗病性突出，坐果多，每 667m$^2$ 产鲜椒2 000kg 左右，干椒 350kg 左右，是提取天然色素、食品加工及外贸出口的最佳干椒品种之一。英潮红 8 号，引进日本三樱椒株式会社育种繁育而成，该品种株型紧凑，椒果向上簇生，椒形清秀，大小适中，椒皮深红、油亮，根系发达，抗旱性突出，是国内外出口加工的首选品种。该品种适应强、生育期短、成熟一致、早熟产量高，一般亩产 600kg 以上，抗性突出，抗倒伏能力强。

（3）栽培方式

栽培方式主要有大田直播栽培和温室育苗移栽。大田直播栽培是零散辣椒种植户的首选方式，一方面因为规模小，育苗移栽成本高，购买一株辣椒苗需要0.2元，每667m$^2$需定植4 000株左右，再加上使用辣椒移栽机的花费，投入比较大；另一方面采用大田直播投入则较小，每667m$^2$只需购买种子费用400元。温室育苗移栽为辣椒现代农业产业园区、辣椒规模种植园区以及种植大户的主要栽培方式，中椒英潮公司在武城县老城镇拥有2座现代化的智能温室大棚，配套遮阳保温帘幕系统、降温系统、加热系统、环流风机系统、施肥灌溉系统、自动控制系统等组成，实现传统辣椒育苗模式向现代化模式升级，年育苗量达200万株，除了供应本县订单回收辣椒种植户外，还销往临邑、高唐等地。智能温室大棚育苗具有显著的意义，可以提早播种、争取农时、延长生育期；地尽其力、缩短占地时间、增多茬口；集约管理、培育壮苗、提早上市；节约用种、减少间苗、降低成本。温室育苗后要进行移栽，移栽时要选用辣椒移栽机，将起垄、覆膜、移栽、铺设滴灌带等生产环节一次性完成，节约人工，节省时间，极大地提高了生产效率，是辣椒绿色高质高效发展的新方向。

（4）树立品牌

质量安全是品牌发展的基础。为保障辣椒质量安全，武城县针对辣椒产业制定了涵盖了生产操作规程、农事记录制度、农产品质量追溯制度、产品加工规程、出入库保管制度、产品召回制度、客户投诉处理制度等管理制度。2017年中椒英潮公司辣椒种植基地入选德州市“放心菜园”。2019年按照山东省农业农村厅《农产品质量安全监管追溯平台建设指南》投资建设了武城县农产品质量安全监管追溯平台，园区内农产品质量安全追溯管理比例达到85%。2020年武城县辣椒制品生产加工示范基地建成食品安全检测技术服务平台，可对辣椒农药残留、亚硝酸盐、硫化物等20余项进行快速检测，基地获批山东省第四批“食安山东”食品生产加工示范基地。

“三品一标”稳步推进。大力推广绿色辣椒栽培技术，制定实施了《武城辣椒栽培技术操作规程》《加工型辣椒栽培技术规程》等，在龙头企业带动下，形成统一工厂化育苗、统一机械化移栽、统一保姆式服务、统一订单式回收、统一市场化运作“五统一”的武城辣椒标准化种植技术，“三品一标”认证稳步推进，辣椒产品绿色优质安全。拥有辣椒“三品一标”认证产品19个，其中一处10万亩无公害产地认证基地，认证绿色食品6个，被认定为省级标准化基地和生态农业示范基地。2010 年“武城辣椒”通过地理标志证明商标注册，2013 年“武城辣椒”通过农业部农产品地理标志登记，2017 年中椒英潮公司辣椒种植基地入选为德州市“放心菜园”。

品牌化经营快速发展。形成了“武城辣椒”区域公用品牌，2019 年被纳入山东省知名农产品区域公用品牌，2020 年被中国蔬菜流通协会评为“全国十大名椒”，2021 年武城辣椒获批山东省特色农产品优势区，2021 年在第六届贵州·遵义国际辣椒博览会暨首届中国辣椒产业品牌大会上，武城县荣获“全国辣椒产业十强县”荣誉称号，山东多元户户食品有限公司“谭英潮”头像品牌荣获“全国辣椒产业最具影响力品牌”。2022 年武城辣椒入选第一批“好品山东”品牌名单。武城辣椒加工产品涵盖了辣椒食品、辣椒红色素、鲜椒酱等五大系列 100 多个产品，成功打造了“英潮”“辣贝尔”“多元户户”“东顺斋”“虎邦”等多个品牌，其中“英潮”“东顺斋”牌商标被评为山东省著名商标，“辣贝尔”牌麻辣花生被认定为山东名牌产品。“虎邦牌鲜椒酱”成为 2019 年度网络畅销产品，产品质量得到消费者的广泛认可。

辣椒与文旅深度融合。武城县高度重视辣椒文化的传承与弘扬，以武城悠久的辣椒种植历史和 30 余年发展辣椒产业的历程为依托，建设了山东省第一个辣椒文化展览馆。武城辣椒文化馆占地 1 600$m^2$，建设有辣椒溯源、运水润椒红、辣味满神州、武城辣椒红动世界、辣椒文化杂谈等展区，用大量图片和实物做成展板、展台，介绍了全国各地辣椒的品种、特点及辣椒的相关知识，从历史、种植、品种、技术加工、文化等多方面综合展示了辣椒在武城的文化传承及近年来武城辣椒产业取得的辉煌成就。同时，游客可以参观智能化、信息化示范加工生产线。辣椒文化馆已成为武城县重要的旅游景区之一，武城辣椒的重要展示窗口。此外，为促进辣椒文化发展，武城县已先后举办了六届辣椒文化节，推动武城辣椒与文化旅游深度融合，不断提升了武城辣椒品牌的影响力。

（5）收益状况

以辣椒种植为依托，以加工企业为龙头，武城县不断延伸辣椒产业链条，已形成从辣椒品种培育到辣椒种植、收购、加工、仓储、物流、贸易，以及辣椒制品科研、开发的全产业链发展格局。当前，武城县已发展辣椒种植基地 14.5 万亩，种植面积占德州市半壁江山，年产鲜辣椒 40 万余 t，干辣椒 5 万 t。辣椒一产产值达 6.15 亿元。武城辣椒加工实力强劲，从事辣椒产业的企业 69 家，其中有 5 家省级以上龙头企业，3 家辣椒加工龙头企业，拥有国内最大的辣椒配料生产企业——中椒英潮辣业发展有限公司、国内最大的韩式风味酱生产企业——山东多元户户食品有限公司和馨赛德（德州）生物科技有限公司3家规模以上辣椒加工企业。其中，中椒英潮辣业发展有限公司为农业产业化国家重点龙头企业，公司集辣椒育种、研发、种植、加工、仓储、销售于一体，年产辣椒制品10万t，开创了以“小锅熬制”为特色的鲜椒酱，是辣椒全产业链的领航者；山东多元户户食品有限公司为市级农业产业化重点龙头企业，是一家专门生产韩式风味辣椒酱的加工企业，年生产1万t成品辣椒酱和1万t半成品辣椒酱；馨赛德（德州）生物科技有限公司由全球最大的辣椒红色素生产商和销售商印度馨赛德私人实业有限公司投资建设，年产辣椒红素1 500t、辣椒精400t、辣椒粉2 000t、万寿菊提取物300t。在辣椒加工龙头企业带动下，辣椒加工蓬勃发展，并不断向鲜椒酱、辣椒色素等精深加工领域发展。年加工辣椒原料15万t以上，辣椒干、辣椒粉、辣椒圈等辣椒初加工能力10.5万t，鲜椒酱、辣椒色素等辣椒精深加工能力达到6.5万t。辣椒加工转化率达80%，辣椒加工产值23.88亿元，辣椒加工产值与农业总产值比达3.88∶1，远高于全省、全国平均水平。

武城县辣椒产业紧紧围绕“创业富农民、创新强企业”的目标要求，积极创新联农带农模式，建立紧密型利益联结方式，使农民能够更好地分享二三产业增值收益，带动农民增收致富。主要有三种模式：一是“企业+合作社+农户”订单农业模式，以合作社为主体流转社员土地入股企业，企业与合作社签订订单协议，并根据“五统一”的策略为签约农户提供椒种、肥料、农药、技术、管理，实现标准化种植管理，最后统一回收，再由企业通过合作社对土地进行标准化种植管理，实行收获后作为产品原料由公司进行精深加工并统一品牌销售。公司实行“保底收益+盈余分配”的利益联结模式，合作社社员除每年可获得1 000元/667m$^2$的土地保底收益外，还根据各社员地块辣椒产量，获得所产出辣椒在加工、销售过程产生利润的盈余，享受公司在加工、销售过程产生的增值收益，产量越高，分红越高。二是村党支部领办创办合作社模式，由5个村党支部领办创办了辣椒种植专业合作社，建设了1 430亩高标准辣椒示范基地，示范基地全部采用水肥一体化、工厂化育苗、机械移栽等现代化的生产方式。合作社与德州市农业科学院辣椒研究团队建立了紧密的合作关系，加强基地技术支撑，与中椒英潮公司签订协议，公司以订单式农业的方式收购基地的辣椒，保障了入社农户“种得出，卖得出，卖出好价钱”。实现了村集体收入、村民收入、村干部收人、党组织凝聚力“四个增加”。三是加工带动模式，辣椒加工业的发展，在带动辣椒种植农户增收的同时，也促进了农民在二产的就业，据统计，辣椒加工企业可常年提供13 000名工人就业岗位，为2万名农民提供季节性岗位，大幅增加了农民的工资性收入水平。四是定向扶贫模式，中椒英潮公司以优惠50%的价格为贫困农户提供高附加值的优良种苗，以成本价为贫困椒户提供辣椒专用农药和肥料，无偿提供技术服务，并以高于市场价的价格优先收购贫困椒户的辣椒，让贫困户靠种植辣椒收益实现脱贫。同时还在姜庄村、后庄村等辣椒种植专业村建立了辣椒加工厂，对辣椒原料进行去梗、挑选、分级等初级加工，新增农村就业人口2 800多人。在公司总部建立脱贫车间，实现了企业周围农民“人人有活干、天天有钱赚”。武城辣椒产业的发展和壮大，有效地破解了辣椒产业“小规模和大发展”“小生产和大市场”的矛盾，进一步促进了农业增效、企业增产和农民增收。

（6）销售方式及市场情况

2014年开始，武城县创新机制，组织农业、科技等部门大力扶持辣椒经纪人队伍，每年组织开展多种形式的创业培训，并为其发展壮大开设“绿色通道”，帮他们协调贷款、提供场所、减免各项费用等。鼓励农民依托辣椒种植基地，把资源集中起来，推广“公司+经纪人+农户”“协会+经纪人+市场”等经营模式。深挖资源，发挥辣椒经纪人产业带动作用，在发展辣椒经纪人方面，通过成立经纪人管理小组来负责经纪人的选择、培训和管理工作，通过选择把200多位经纪人分为种植基地经纪人和信息采购经纪人等，通过培训来提高经纪人的业务能力、知识水平、沟通技巧、职业道德；按照《经纪人管理办法》来统一管理辣椒经纪人，辣椒经纪人积极发挥“内引外联”，助农致富的作用。一方面专门联系广大辣椒种植农户，实现“订单销售”“以销带产”“以销定产”。另一方面，将新的辣椒品种、种植技术、田间管理方式通过集中培训的方式带给辣椒种植户，通过“公司+经纪人+农户”的现代化农业经营模式实现了公司、经纪人、农户三赢的新局面。农业经纪人的出现，在促进农业经济发展、推动农业产业化进程、加快农民增收致富等方面发挥了积极的作用。

中国武城辣椒城交易主体是由辣椒经纪人在基地进行辣椒收购。辣椒交易市场布局有鲜椒市场、交易中心、冷链仓储区、物流配送区及综合配套区，有几千人从事辣椒交易、仓储和运输工作。在辣椒收购季节，武城县辣椒经纪人为椒农与客商穿针引线，收购、调运辣椒10万t。每年中椒英潮公司建的冷库干辣椒入库上万吨，郝王庄镇御马园冷库存放1 000多吨，甲马营镇银山冷库、博新冷库等存放干鲜辣椒1万多吨。武城辣椒经纪人交易范围遍布全国，大户交易区的专业辣椒商户有100多家，经销大户年可流转辣椒高达万吨。

中国武城辣椒城电子商务，以中椒英潮、东顺斋等公司为龙头，积极创新辣椒营销模式，利用大数据、"互联网+"新思维，构建"线上+线下"营销模式。一是建立线上销售渠道，发展辣椒电子商务，在云栖小镇打造了"中椒英潮天猫官方旗舰店"，自有品牌"英潮"牌、"辣贝尔"牌、"户户"牌等多种辣椒加工产品实现了在"天猫""京东"等网络平台线上销售；组建营销团队，与"饿了么"对接，成功开辟"互联网+外卖"销售渠道；龙头企业建设综合门户网站，并采用B2C电子商务模式，实现自有品牌辣椒制品线上销售；为发挥"社群经济"作用，构建了"社区微商"等。英潮虎邦辣酱成为中国外卖配餐第一品牌，初步形成了"电商+外卖平台+影视院线+网红基地+动漫网游"多元化的销售模式。二是增强线下体验，购置流动销售车，通过进乡镇、进社区，打造了"一车一店，一店一商"模式。在"线上+线下"销售的带动下，武城辣椒品牌知名度和影响力不断提升。

（7）市场占有率及知名度

武城县辣椒市场繁荣活跃，拥有武城镇尚庄大辣椒交易市场和郝王庄镇后玄小辣椒交易市场两大交易市场，经多年发展已成为长江以北最大辣椒集散地之一。两个市场内有交易门店500余间，经销商200余家，贩运户800余户，从业人员1 500余人，带动就业2万余人，辣椒及辣椒制品年交易量2亿kg，交易额19亿元左右，占山东省四大辣椒交易市场（德州市武城县尚庄辣椒市场、后玄辣椒市场、济宁市金乡县辣椒交易市场、青岛胶州于家村辣椒交易市场）交易总额的1/3。尚庄辣椒城占地500亩，拥有交易区、仓储区、加工区、服务区等多功能区，布局合理，设施完备，管理规范，功能齐全，被授予"中国辣椒第一城""全国最具影响力的市场"等称号，是农业农村部农产品定点批发市场。辣椒专业市场吸引了河北、浙江、内蒙古、四川等20多个省（自治区、直辖市）的辣椒商前来交易，辣椒及辣椒制品80%实现出口，产品远销韩国、日本、美国、澳大利亚、东南亚等国家和地区，其中，农业产业化国家级重点龙头企业中椒英潮辣业发展有限公司开发的鲜椒酱系列和干椒调味系列产品，在国内市场上的占有份额曾一度达到了35%，成为山东省同行业中的龙头大户，在全国范围甚至在国际上都有一定知名度，形成了"买全国、卖全国、连国外"的市场格局。

在辣椒专业市场建设发展的基础上，武城县与山东省发改委联合编制辣椒价格指数。辣椒价格指数涵盖8个省12个辣椒专业市场19个品种，设立了100余个辣椒采价点。2018年8月武城辣椒价格指数被列入全省价格指数体系并在山东省价格指数平台上发布运行，成为全国唯一一支辣椒价格指数。2020年“中国·武城英潮辣椒价格指数”在国家发改委价格监测中心平台同步发布，增强了武城辣椒抵御市场价格风险的能力，提升武城辣椒市场的影响力和武城辣椒的市场竞争力，武城辣椒市场已成为中国辣椒的晴雨表，武城辣椒价格已成为中国辣椒价格的风向标。

### 2. 武城拴马棚韭菜

武城拴马棚韭菜，是山东省德州市武城县武城镇前马村的特产，也是武城县的名优特产之一。前马村是武城县有机蔬菜第一村。“拴马棚”韭菜获得国家有机食品认证。“拴马棚”韭菜具有悠久的栽培历史。拴马棚又名御马棚，相传乾隆皇帝下江南，路经该村驻马歇息，见田间稼禾碧绿、香气扑鼻，询问当地人，答曰乃当地韭菜散发香气之故。既食之，龙心大悦，曰：天赐之物。此后，该村改名为御马村，时间既久，为留住龙气，改为拴马棚。由此，拴马棚韭菜名扬四方。前马村远离城市水源及土壤污染，土质肥沃、空气清新、水质优良，自然条件优越，是德州市农业科学研究院科研示范基地和武城县有机蔬菜示范基地。生产过程严格遵循国家有机食品生产标准，不施任何化肥和农药，不使用任何除草剂和转基因技术及制品，以发酵有机肥和沼渣、沼液及生物肥料。防虫采用防虫网及黏板、杀虫灯。使用地下深井灌溉，水中含有多种人体必需的矿物质。拴马棚牌韭菜已通过北京五洲恒通认证中心的有机认证。2010年10月被推上中央荧屏。近年来，韭菜因其风味独特、辛香鲜美、营养丰富，深受广大消费者的喜爱，同时也是增加农民收入的优质作物，种植面积逐年扩大。

## 二、齐河县特色蔬菜

### 1. 齐河大蒜

大蒜是齐河县种植面积最大的特色蔬菜。齐河县栽培大蒜有悠久历史，农民种植经验丰富。历年来种植面积稳定在8万亩。大蒜主要以露地种植为主，种植地区主要集中在齐河县西南部，包括潘店镇和仁里集镇及赵官镇西部、胡官屯镇西南部、马集镇西北部等乡镇，该地紧靠黄河，水浇条件得天独厚，土壤以沙质土和混合土为主，远离县城，工业污染小，非常适宜大蒜生长和收获。

齐河县潘店镇是大蒜种植基地的核心区域，有20多年种植大蒜的丰富经验，以前以人工种植为主，费时费工、效率低下，现已逐步走向以机械化播种、采收为主、人工为辅，大大提高了工作效率。种植面积常年稳定在3万~5万亩，辐射带动周边5万亩。种植品种为“干红皮杂交胡蒜”，当地俗称“红皮蒜”，注册品牌为“联五红牌”。集中种植在“联五庄”及周边区域，沿大官路、扬水站路形成长达15km的大蒜长廊，辐射全镇4个管区、40余个村庄。该品种品质独特，功能特殊，具有蒜头大、蒜香浓、抗寒能力强等优势，有一定认知度，深受广大消费者欢迎。主要销往济南、北京、河北等地。

### 2. 齐河黄河莲藕

齐河县沿黄有60多千米，沿黄村镇历史上自然形成低洼坑塘较多，种植莲藕成为一种习惯，经济效益一直较好，发展莲藕产业成为乡村振兴的一个产业。利用废旧坑塘发展莲藕产业在齐河形成一种共识。经过近几年的发展，莲藕种植主要分布在齐河的马集镇、赵官镇、胡官镇、焦庙镇、祝阿镇、晏城开发区、表白寺镇等沿黄的主要乡镇；发展面积有5万亩左右，主要集中在马集镇、赵官镇、胡官镇。食用莲藕的品种很多，按对水层深浅的适应性可分为浅水藕和深水藕。在齐河主要种植浅水藕，品种主要有鄂莲九号、鄂莲十号、红莲3号、新6号、3735等。

### 3. 存在问题

（1）生产技术总体水平不高

蔬菜生产技术含量与发达地区还存在较大差距，造成蔬菜生产的总体产量水平较低。同时分散种植比重大，规模化生产的面积仍然较小，标准化生产技术难以推广。缺乏专业育苗企业或合作社，工厂化育苗技术和嫁接育苗技术力量不足。基层农技推广服务人员不足，缺乏蔬菜专业技术人员，乡镇专职蔬菜技术人员少，有待提高全面的蔬菜生产技术指导和服务。蔬菜生产的标准化技术规范不健全，制约了蔬菜生产的健康发展。

（2）产业化、品牌化发展有待提高

龙头企业总体不是很多，蔬菜精、深加工水平低，以出售初级产品为主，产品附加值较低。蔬菜合作社总体规模偏小，对农户的带动能力较弱。物流产业发展滞后、冷藏运输配套设施不完善、流通渠道狭窄等限制了蔬菜产业规模的进一步扩大与发展。蔬菜品牌建设有待提高，缺乏具有市场影响力的蔬菜品牌。

### 4. 特色蔬菜产业发展的对策与建议

（1）加强政策支持力度，加大扶持资金投入

加强政策支持力度，加大财政扶持资金投入，建立蔬菜产业发展专项资金；加强蔬菜产业基础设施建设，重点抓好标准化蔬菜生产示范基地的开发建设，加快建立工厂化育苗基地。加大对基层农技推广部门的支持与投入，建立专业技术服务队伍，广泛开展蔬菜生产的技术指导和服务工作。

（2）加强产业化、品牌化建设

加快引进有实力的农业企业进入齐河发展蔬菜生产，鼓励和引导有条件的现有龙头企业发展蔬菜精、深加工，延伸蔬菜产业链，提高蔬菜产业水平，提高产品加工附加值和市场竞争力。加快土地流转进程，大力培育新型生产模式，如农民土地入股、种植大户+企业（专业合作社）等生产经营新模式，鼓励种植大户发展蔬菜生产家庭农场，提高组织化经营水平，不断壮大蔬菜产业规模。大力推进蔬菜市场流通体系建设，加强蔬菜批发市场基础建设，建设现代化的蔬菜农产品物流中心，建立完善的蔬菜农产品物流供应链，促进蔬菜产业持续健康发展。加大品牌创建力度，加快开展优势特色蔬菜产品的无公害、绿色、有机产地认定和产品认证、品牌注册、地理标志登记。加大整体宣传力度，加强对外交流与合作，鼓励蔬菜生产加工企业外出参加各类交易会、展览会，提高齐河蔬菜产品的市场影响力。

（3）实行标准化生产与管理，提高产品质量安全水平

无公害蔬菜生产过程就是标准化实施过程。按产品标准和生产技术规程组织生产，确保蔬菜质量安全。实行标准化生产，一是完善标准体系；二是推广标准化生产技术。因地制宜地解读已经制定的产品标准和无公害生产技术规程，建立标准化生产示范基地，组织培训农民，指导农民切实按照无公害蔬菜生产技术规程进行田间管理和采后处理，推进无公害蔬菜生产过程标准化。建立从田头到市场的全程质量控制体系，对基地环境、投入品、生产过程、产品检测等关键环节进行监督管理，切实保障无公害蔬菜的质量安全。严格禁止销售和使用高毒农药；规范农药使用技术，解决加大农药使用剂量和不严格执行安全间隔期造成农药超标等问题。无公害蔬菜生产企业、

专业合作经济组织要坚持采前自检、安全期采收、产地准出制度，做到不合格不采收，使产品的质量问题解决在萌芽状态。

（4）建立档案管理和质量追溯制度，提高蔬菜制品的监管能力

要加强对产地环境和基地产品的例行监督和检测，对出现问题的基地要限期整改。建立档案管理制度，做到初级产品生产者有农事作业档案，蔬菜制品生产者有原料来源和工艺流程档案，蔬菜运销者有货源和流向档案，并逐步建立无公害蔬菜产加销全过程的质量追溯制度。

## 三、禹城市特色蔬菜

### 1. 禹城大蒜

20 世纪 80 年代，禹城市依靠优越的自然条件，迅速发展起大蒜产业。近年来面对激烈的市场竞争，禹城市率先提出改善大蒜品质，初步叫响“禹城无公害大蒜”称号。

（1）禹城大蒜发展现状

禹城大蒜在 2005—2011 年的种植面积得到了长足发展，由 1 万亩增加至 1.5 万亩，产量也由 1.2 万 t 增加至 1.8 万 t。其中 2007—2009 年大蒜价格较低，导致禹城市大蒜种植面积下降至 1 万亩左右，比 2007 年减少了近 0.5 万亩。2009 年下半年起大蒜价格一路狂升，激发了蒜农的种植积极性，2010 年的种植面积恢复到了 2005 年的水平，但由于天气原因产量低于 2009 年。2010 年大蒜价格一直高位运行，使得 2011 年的种植面积和产量都达到了历史最高水平。2013—2015 年大蒜价格又在低位徘徊，面积有所下降。2016 年年底至 2017 年 5 月，大蒜价格居高不下，此后价格一路下滑，面积又有所下降。目前每年稳定在 1.2 万亩左右。

目前，禹城大蒜冷藏企业发展到 12 家，贮藏能力 0.5 万 t，年销售收入 0.35 亿元。禹城市拥有由 3 个大蒜专业批发市场和十几个大蒜批发点组成的大蒜销售网。

（2）禹城大蒜产业发展中存在的问题

①大蒜地块重茬连作，影响大蒜质量。禹城耕地面积 80 万亩，其中大蒜年均种植面积 1 万亩。由于土地面积有限，大蒜的重茬连作导致土壤中同一种营养元素消耗较多，病菌逐年增加。同时，过量施用化肥造成土壤物理性质恶化，土地板结、碱化、盐渍化加重，严重影响大蒜生长。大蒜的长年

连作已经成为制约禹城大蒜产业可持续发展的难题。

②价格不稳定，影响了大蒜产业健康持续的发展。从近年来我国大蒜市场价格走势来看，价格变化幅度较大，大蒜市场一直没有走出暴涨暴跌的怪圈。2006 年 5—11 月大蒜价格大起大落；2008 年大蒜价格一直在 1 元/kg 左右徘徊，而 2009 年 5 月起大蒜价格一路飙升，2010 年 9 月上升到 13 元/kg，“蒜你狠”成为普通老百姓的口头禅；2011 年上半年大蒜价格又一路狂降，7 月时降到 2 元/kg；之后价格走势基本保持稳中有所上升的趋势。大蒜价格波动使禹城大蒜种植也出现了“价格上涨—跟风种植—价格下跌—种植减少”的恶性循环局面，阻碍了大蒜产业健康持续的发展。

③以初级产品为主，大蒜深加工产品较少。禹城市大蒜加工企业以蒜片、蒜粉、蒜粒等初级产品为主，并且加工工艺简单，科技含量低，经济附加值低，创汇水平偏低。经调研得知，目前禹城市已研制开发出蒜油、硒蒜胶囊、大蒜多糖等深加工产品，尚未进行批量生产，仅处于刚刚起步状态，还未能为企业带来可观利润。

（3）禹城大蒜发展建议

①实施规范化种植，克服重茬带来的土壤问题。大蒜是禹城农民的主要经济作物，由于多年的种植习惯，全部从轮作换茬方面来解决问题已不现实，因此，对于重茬连作应该从改进种植方式上来寻找出路。政府应规范大蒜生产，在播种、施肥、管理、收获方面给予正确科学的指导，为农民提供知识讲座和技能培训，引导农民采用标准化种植模式规范大蒜生产。农户应加大种植标准化力度，改旋耕为深耕来增加土地肥力，选取优良品种，采用高畦栽培和起垄栽培等方式，科学施肥，增施有机肥、生物肥、绿肥等，改善蒜田土壤环境。

②建立完善的农业信息系统。目前大蒜价格剧烈变动的一个重要原因，是农民面临市场信息不对称的难题。为使蒜农获得更多的经济效益，政府应建设完善的涉农信息系统，为蒜农和大蒜加工企业提供方便快捷的信息服务。首先，规范信息统计系统和检测指标体系，强化信息采集和处理人员的责任意识，确保信息发布的真实性、及时性和实用性。其次，开发新的价格信息发布渠道。我国农民获取信息的传统方式主要是电视、报纸和公开栏三个渠道，随生活水平的提高，网络已被广大农民所接受，因此，新的发布渠道应主要发展网络。另外，还要对相关涉农网站进行维护和更新，及时发布数据，让农民得到最新最快的价格信息。

③促进大蒜加工由粗加工向深加工发展。企业应注重加大科技投入，研

发大蒜深加工产品，加强与科研机构的交流与合作，集中力量开发经济附加值高的大蒜医药品、大蒜保健品等高端产品，促使大蒜加工向深加工转变，拉长产业链，实现蒜农和企业的利润增长。地方政府应积极引导和扶持大蒜加工企业的发展，培育龙头企业。

2. 禹城韭菜

韭菜作为禹城市的特色农产品，已经成为禹城市农业增效、农民致富的支柱产业。主要分布在十里望、禹兴办、辛寨等乡镇，种植面积常年稳定在8 000亩左右，其中盖韭面积5 000亩，主要分布在十里望回族镇郭庄周围。年收获韭菜3.5万t，其中春节前后收获盖韭2万t，占全市韭菜总产量的近60%。韭菜价格（特别是盖韭）较为稳定，年成交额稳定在1.5亿元上下，从业人员0.8万人。韭菜基本实现了规模化种植，产业化经营。

与小麦、玉米、棉花等农作物相比，韭菜具有明显的经济优势，在市场和效益的双重引领下，禹城市在韭菜（十里望镇）种植区域内，逐渐发展起10多家特色蔬菜种植园区。如清香园无公害韭菜种植园等。禹城市把提高特色蔬菜产品质量作为蔬菜产业发展的根本来抓，鼓励蔬菜企业和农民合作社组织进行“三品一标”认证，加快产品无公害、绿色认证，加大品牌创建力度，促进特色蔬菜种植区域化、蔬菜生产标准化、产品培育品牌化。截至目前，建立起具有较强辐射带动能力的特色蔬菜园区10家，为发展特色蔬菜产业奠定了良好基础。

（1）主要经验

禹城市委、市政府对发展特色蔬菜高度重视，不断加大科技培训力度，全面提升群众特色蔬菜种植水平。

①重视技术培训。结合农时不定期邀请山东省农业科学院、山东农业大学、德州市农业科学研究院的专家为菜农举办培训班、科普讲座；在韭菜重点管理期，启动“特色蔬菜培训村村到”工程，全方位为菜农搞好服务，平均每年举办培训班30多期，开展科普讲座10多次，先后累计1万多人次参加了培训活动，年增加科技示范户120户，辐射带动500余户。

②创新服务方式。充分发挥现代科技的优势，利用E-mail、微信、QQ等平台，为菜农及时提供低成本、个性化的特色蔬菜生产信息服务，在全市建立起“科技人员直接到户、良种良法直接到村、技术要领直接到人”的科技服务体系。

③加强产销对接。经过市、镇两级政府的不断努力，全市建成了以特色

蔬菜批发市场为核心，农贸市场为依托的城乡特色蔬菜流通体系。特色蔬菜流通体系促进了其产业化的快速发展。同时，全市转变产业发展思维定式，以招商引资为契机，积极探索“招商资金注入”“工商资本转移”“项目资金扶持”等多种发展模式，全面推进现代特色蔬菜产业发展。

（2）存在问题

①整体水平不高。全市韭菜新基地发展迅速，但普遍存在生产设施简陋，科技水平不高现象。主要表现是：优良品种覆盖率不高、新型实用技术应用不够、科技推广的示范作用没有充分发挥等。

②园区规模偏小。禹城市特色蔬菜园区整体数量较多，大多园区特色蔬菜面积较小。多数园区管理机制不完善，盈利运行模式尚未形成。部分特色蔬菜园区，注重形象工程，重展示、轻实效，表面风光，但实际上运转困难，违背了特色蔬菜园区的建设初衷，更难以实现持续发展。

③产品质量不高。经过二十几年的发展，韭菜产区的土壤环境有逐步恶化的趋势，禹城市特色蔬菜产品总量，特别是大蒜总量大幅度增长，而产品质量依然不高，这是影响产品竞争力最重要的因素。主要表现在：产品的外观品质不高，多数上市的产品未能进行分级；产品的营养和风味品质不高，口感一般；产品整理、包装等滞后，保鲜运输措施不力，降低了在销区市场的商品质量。

④贮藏加工企业少。禹城市特色蔬菜销售主要以地头销售为主，冷链物流建设缺失，导致韭菜在市场价格低的情况下被迫销售，出现了菜贱伤农的现象。同时，蔬菜贮藏加工企业发展滞后，蔬菜深加工产品、二次增值产品少；加工能力与农业龙头企业带动力不强，导致特色蔬菜生产的风险增加，丰产不丰收。拉长产业链，实现菜农和企业的利润增长。地方政府应积极引导和扶持冷链物流企业的发展，培育龙头企业。

（3）韭菜发展的对策建议

韭菜种植是禹城农业经济发展的主要增长点，针对存在的问题，特提出以下对策建议。

①加强韭菜生产方建设。按照“交通便利、合理布局、因地制宜、科学发展”的原则，根据乡镇特色蔬菜产业发展实际，继续做好十里望盖韭方特色蔬菜产业。

②打造特色蔬菜制高点。经过调研发现，十里望镇清香园韭菜园区的发展模式已比较成熟。以创办合作社的方式，实现了统一土地流转、统一建棚标准、统一管理经营、统一收购销售，走出了一条稳步扩张、有序发展之

路。全面提升园区建设水平，打造特色蔬菜制高点。

③加大“三品一标”认证力度。对韭菜蔬菜园区、基地“三品一标”认证情况进行细致梳理，加强重点引导，鼓励其经营主体积极进行“三品一标”认证。

④创建知名品牌。重点打造“清香园韭菜”等原有品牌，积极创建省级乃至国家级知名蔬菜品牌，逐步推进禹城市特色蔬菜实现全产业品牌发展，为禹城市蔬菜产业向纵深发展奠定基础。

⑤落实奖励政策。对特菜种植获得国家有机食品、绿色食品、无公害农产品及国家地理标志产品的，给予一定奖励，通过奖励政策，积极推广特菜种植，带动特菜产业发展。尤其是已形成规模的特菜产业，再通过品牌建设做强该产业。

⑥推广生态环境友好型栽培模式，实现可持续发展。随着特色蔬菜面积的不断扩大和长期连作，菜田土壤环境恶化、病虫害（尤其是土传病害）发生日趋严重、特色蔬菜产品受到污染，产品质量不高，成为制约禹城市特色蔬菜可持续发展的障碍性因素。必须高度重视存在的问题，大力推广生态环境友好型栽培模式，全面普及特色蔬菜无公害标准化生产技术，推广机械化农事操作和管理。在病虫害防治上，严格贯彻“以防为主，综合防治”的原则，采用农业措施、生态控制、物理防治、生物防治和高效、低毒、低残留化学防治相结合的综合控防措施。在施肥技术上，严格控制氮素化肥的用量，增施有机肥，实行配方平衡施肥或测土施肥，实现特色蔬菜可持续发展。

⑦加大科技推广力度，推进特色蔬菜科技示范点建设。一是强化技术培训。通过印发明白纸、举办技术讲座、进行现场指导等多种形式开展科技咨询和技术培训。二是加大科技推广力度。结合禹城市蔬菜种植习惯，在特色蔬菜重点园区基地，积极推广虫害物理防治、土传病害综合防治以及主要病虫害高效安全药剂防治等适用技术，全面提升科技种菜水平。三是打造品质韭菜基地。以辛寨镇王庄盖韭基地为试点，开展微生物菌剂、臭氧水防治韭蛆等生物、物理防控技术，打造全市安全、优质韭菜生产基地。

⑧扶持壮大新型经营主体。推进产业化经营，扶持壮大新型蔬菜经营主体是推进特色蔬菜产业化经营的重要渠道。一是培育特色蔬菜龙头企业。大力培育特色蔬菜种植专业合作社和家庭农场等新型蔬菜经营主体，不断强化“六统一”服务（统一品种、统一投入品供应、统一技术标准、统一检测、统一标识、统一销售），逐步形成“经营主体+基地+农户”的产业化经营格

局。二是建设规范运营的特色蔬菜批发市场。加强禹城市蔬菜批发市场管理，借鉴寿光蔬菜批发市场的先进经验，协调十里望镇选址建设一处蔬菜批发市场，健全制度，规范管理，切实提高菜农的销售价格，促进产销对接。三是发展特色蔬菜加工企业。加大招商引资力度，引进和创办特色蔬菜加工贮藏企业，开发冻干、酱菜、脱水蔬菜加工及净菜加工上市，平衡周年供应，充分发挥蔬菜产后效益，增加产品附加值，提高产业综合效益。四是突出产业融合。注重发展农业服务业，深入挖掘特色蔬菜产业的生态、休闲、文化价值，通过“接二连三”，大力发展生态观光、生产体验、休闲旅游等新兴业态，延伸产业链、提高附加值，促进一二三产业深入融合发展。

## 四、平原韭菜

平原县位于山东省西北部、德州市中部。辖 8 镇 2 乡 2 个街道办事处和 1 个省级经济开发区，总面积 1 047km$^2$，180 个农村社区，46 万人，85 万亩耕地，是国家大型粮棉生产基地县、京津蔬菜园区、畜牧业强县、全国平原绿化达标县和全省基层党建工作先进县。平原县北接京津、南融济南，是山东的“北大门”，是南方入京、北方赴沪的必经之地，境内交通“四通八达”，京沪高铁、京台高速、国道 105、省道 101、315、318 等纵横交错，具有优越的地理位置和便利的交通优势。地处北纬 37.1°附近，地形自西南向东北缓慢倾斜，气候属北温带大陆性季风气候，土壤肥沃、四季分明，光照资源充足，为平原县韭菜产业的健康发展提供了便利的运输条件和自然条件。

### 1. 韭菜产业发展历程

1993 年，平原县委、县政府根据发展农业产业化的要求，确立实施“蔬菜产业带动”战略，以发展蔬菜生产为突破口，调整农村产业结构，全县韭菜产业有了较快发展。韭菜生产保护地栽培从同年开始起步，实现了由单一露地种植到反季节种植的转变。

1994 年 4 月，平原县建立蔬菜局，属县政府行政序列，为县政府发展全县蔬菜生产和技术推广的职能部门。蔬菜局与蔬菜生产的重点乡镇密切配合，为发展全县蔬菜生产，制定了京津蔬菜园区建设规划，在种植上实行了“四化”生产，即全县蔬菜种植方式多样化，乡镇蔬菜种植规模化，乡村蔬菜种植品种区域化，农户蔬菜种植要求专业化。以王打卦镇、原张士府 2 个乡镇为主的越冬韭菜生产基地逐渐形成。

1996年，全县进一步发展韭菜产业，不断上规模、上档次，扶持高产、优质、高效韭菜种类生产，使县域韭菜呈现出产销两旺的局面，产区农民收入大幅度增长。王凤楼镇、恩城镇、王打卦镇、桃园街道办事处等乡镇中拱棚韭菜迅速发展，并取得了良好的经济效益。

进入2000年，全县按照“三化”（产业化、一业化、一品化）要求，大力发展多种经营，加快蔬菜发展步伐，重点发展保护地蔬菜。县蔬菜局以此为契机，大力开展蔬菜专业村建设，通过广泛宣传蔬菜生产的高效益，激发农民发展蔬菜生产的积极性。全县保护地韭菜生产稳步发展。出现了王打卦镇打渔李村、夏家口村、原张士府乡徐庄村、高庄村、寇坊乡大芝坊村等一批设施韭菜专业村。

2005年，根据上级农业部门无公害蔬菜标准，制定了《平原县无公害韭菜技术操作规程》，使全县韭菜标准化生产有了依据和方向。平原县蔬菜局多次邀请省、市专家就韭菜标准化生产举行专题技术讲座，让广大菜农掌握无公害韭菜的生产技术，同时宣传无公害韭菜生产发展前景和意义，提高菜农对无公害化的意识。2007年，平原县王打卦镇打渔李村韭菜协会注册了“打渔李”韭菜商标，提高了平原韭菜的知名度。

平原县委、县政府注重科技兴菜，引进优良品种。到2008年共计引进包括韭菜、黄瓜等十一大类200多个国内领先、世界一流的品种。推广新技术成果。对于一些新技术成果，先做对比试验，试验成功后再向菜农大面积推广，先后试验推广了叶面施肥、遮阳网、防虫网、生物农药、微生物应用等新技术成果50多项（次）。举办多种形式的培训班。技术人员利用办电视技术讲座和经常深入蔬菜种植区的机会，送科技、送技术到菜农手中。建立健全技术推广网络。各乡镇建立健全蔬菜技术推广站，在韭菜种植面积较大的村设立一名科技主任，负责韭菜技术服务，形成了上下贯通的技术推广网络，做到技术推广由县培训到乡镇，乡镇推广到村、户，同时建立了各级技术推广工作制度，确保新技术、新品种及时推广应用到生产中去。同年，全县韭菜生产已形成以王打卦镇打渔李村为中心以及王凤楼镇徐庄村为中心的越冬韭菜生产基地；建立了王打卦镇打渔李韭菜市场，王凤楼镇徐庄韭菜专业批发市场。

2010年，平原县财政列支100万元专项资金支持蔬菜生产发展，年终进行考核奖励，重奖蔬菜生产先进乡镇。各乡镇也结合各自实际，对新增规模大、标准高的设施蔬菜棚区给予片、社区数额不等的奖励，激发干部群众发展蔬菜生产的热情。同年，成立由县长任组长，各乡镇长及县直有关部门负责人为成员的“优质安全蔬菜基地建设”领导小组，制定2011—2015年优质安全蔬菜基地发展规划，并以平原县人民政府文件形式出台了“平原县人民政府关于优化种植结构加快发展优质蔬菜业的意见”（平政发〔2010〕49号文），负责基地建设的组织实施、工作部署、管理协调工作，对基地建设情况进行检查、督导，推动了全县韭菜生产更好更快发展。

2017年至今，平原县坚持科学规划、合理布局、因地制宜、精准施策的原则，以实施乡村振兴战略为抓手，以产业兴旺、农民增收为目标，大力发展韭菜产业。韭菜种植面积逐年扩大，实现了规模化、产业化发展，经济效益不断提高。借助国家特色蔬菜产业技术体系德州综合试验站这一平台，在引进、推广新品种和先进技术方面实现新的突破。通过引进高产、抗病韭菜新品种，实现了韭菜更新换代；引进了中国农业科学院蔬菜花卉研究所研制的中蔬弥粉机和中蔬微粉剂，防控韭菜灰霉病效果显著，而且有效解决了韭菜腐霉利农残超标的难题，促进了韭菜绿色高质量发展。

### 2. 韭菜产业发展现状

平原县韭菜种植主要以小拱棚为主，部分露地种植。种植区域主要分布在王凤楼镇、王打卦镇、桃园街道办事处、恩城镇。基本形成产业化经营，标准化生产。通过注册“三品一标”、使用农产品合格证制度，实现了品牌化销售。已有“韭乡缘”等商标认证和多个韭菜无公害农产品认证。

目前，平原县有韭菜批发市场2处、富硒韭菜生产基地1处。

（1）王打卦镇打渔李韭菜

王打卦镇充分利用土壤地质好的优势，积极发展韭菜种植业。为了不断提高韭菜质量，王打卦镇鼓励菜农运用新型种植技术和管理模式向无公害化种植模式发展。该镇现已建成韭菜种植基地，并建立韭菜批发市场，大大提高了菜农收入。王打卦镇打渔李韭菜基地位于王打卦镇政府驻地南6km处，以打渔李村为中心，辐射周围彭庄、张庄、夏家口三街等十几个村庄，建有小拱棚3 200余个，涉及600多户。现年产韭菜15 000余t，年产值5 000万余元。主要经营无公害韭菜，以高产、优质、口感好的“791”越冬韭菜为主。几年来，打渔李韭菜基地充分发挥龙头带动作用，产业迅速壮大，目前基地规模已达3 500余亩。2006年在镇政府的扶持下，基地建立了打渔李韭菜协会，同年注册“打渔李韭菜”品牌。在产业发展过程中，基地与协会组织密切结合，引导菜农发展无公害韭菜，严格遵循无公害食品生产规程操作，推广应用了配方施肥、韭菜大棚防虫网等新技术，完善了基地管理制度，从而确保了韭菜的产品质量，确保群众吃上放心菜。基地建有韭菜市场一处，占地1 200m$^2$，有专职管理人员3人，服务设施齐全。基地+市场+协会的运作模式，使“打渔李韭菜”的品牌效益日显突出，产品远销北京、河北、河南、江苏等10多个省（市），户均增收5 000余元，有力地促进了当地群众增收致富。

（2）平原县王凤楼镇韭菜批发市场

该市场位于王凤楼镇政府驻地，是由王凤楼镇政府投资200多万元兴建的交易市场。市场占地面积80多亩，地理位置优越，交通便利，南距318省道300m，西距京福高速3km，市场内设施一流，各种检测、交易设备齐全。市场现有管理人员20多人。市场以服务菜农和服务客户为宗旨，竭诚为广大菜农和客户提供一流的服务。市场为管理服务型交易市场，实行“随行就市、自由交易”的经营方式，为广大客商配有30多间菜店和车库，同时市场内设有旅店、饭店等便民设施，为客户提供了极大的方便。市场自开业以来，管理到位、服务到位，市场信誉与日俱增，各地客户纷纷前来交易。目前该市场已成为鲁西北蔬菜交易市场的新亮点，成为蔬菜交易的集散中心、信息中心和调剂中心。

（3）平原县恩城镇富硒韭菜

近年来，平原县恩城镇通过各项扶持政策，鼓励和引导企业、合作社、家庭农场及社会力量参与富硒农产品生产基地的建设，实现资源优势向品牌优势、产业优势转变。目前，恩城镇西刘村已建成本镇第一个富硒农产品基地。该基地现种植富硒韭菜30亩，其中包括秋棚18亩、冬棚12亩。每年的11月第一茬韭菜就会上市，每667m$^2$年产量在5 000kg以上。在富硒韭菜种植过程中，基地施用由山东省农村技术协会支持的富硒肥和碳氢核肥，使用原农业部定点生产的安全农药，符合国家规定的安全生产标准，产品无不达标的农药残留，有市（县）级出具的农业质量检验报告和第三方出具的硒元素检验报告。下一步，基地计划扩大富硒韭菜生产规模，拓展富硒品种，引进富硒西瓜、富硒甘蓝等特色农产品；开拓市场，增加销路，带动本村及周边村庄形成富硒农产品生产开发市场，扩大品牌效应。该镇将认真做好富硒农产品开发规划，加大投入力度，着力建设一批富硒农产品示范基地，扶持培育一批龙头企业，着力打造一批质量过硬、市场反响好、品牌竞争力强、受消费者青睐的富硒农产品，从而促进恩城农业特色优势产业发展，进一步提高农业种植的综合效益和农民收入。

### 3. 韭菜产业发展存在的短板与制约因素

（1）产地市场建设相对滞后

产地市场数量少，建设标准低，缺少保鲜等基础设施，生产、交易信息采集不全面，不能满足生产、经营、消费者及各级政府的信息需求，难以形成公开、公正的交易价格。

（2）营销能力不强

市场开办者、经纪人、批发商、合作社、种植经营户构成了全县蔬菜产业流通主体，覆盖了全县韭菜农产品收集、运转、批发各个环节，把生产和市场紧密结合起来，形成了目前全县韭菜经营体系的市场分工。但这些主体结构复杂，经营规模小，信息获取渠道少，组织管理效率低，议价营销、市场谈判和应对市场风险的能力弱，主体之间竞争多于协同，难以形成流通的规模效益。

（3）标准化生产水平仍然有待提高

平原县韭菜品种丰富，但标准化程度低，市场经营主体缺乏良好的农业生产规范意识，外延式、粗放式在蔬菜生产中占主导地位，内涵式、集约型的生产方式仍处于探索实践阶段。标准缺失使农产品质量安全缺乏被认可依据，成为市场拓展的瓶颈。目前，农民参与标准化生产的积极性不高，农业标准化的覆盖面有限。

（4）品牌优势不明显

平原县韭菜品牌建设与周边县市快速发展的势头相比仍显缓慢，与国家规划的“菜篮子”重点县的地位不相称，与农业现代化的发展要求仍有较大差距，多数生产经营主体重认证、轻培育，有牌无品的现象日益凸显，导致农产品品牌在消费者心目中的认可度、公信力不足，品牌困局问题是平原县蔬菜品种多而不优的总根源。

（5）质量安全有隐患

一些经营主体农安信用意识淡薄，不合理地使用农药、化肥等农业投入品，致使农药残留超标的问题时有发生；平原县韭菜生产经营散户多、规模小、生产链条长、参与主体多、污染因素杂，出现食品质量安全隐患的概率高，给韭菜种植产业可持续健康发展带来了负面影响。

（6）产业链条短，附加值低

平原县韭菜产品多数处于“原字号”初始供给阶段，精深加工少，农业资源转化率不高，没有形成以韭菜加工为引领、原料基地和加工基地资源高效配置的结构布局，农业产业链和价值链没有得到有效拓展，韭菜初加工水平整体偏低。

### 4. 韭菜产业发展对策

①在产品供给上，向优势特色转变，引进优质抗病韭菜新品种，提升韭菜品质，组织专家制定平原优质安全“菜篮子”产品稳定供应专项规划，促进适区适种，构建合理供给结构，满足市场多样化的需求，增加营养健康的产品供给。

②在推广发展韭菜露地种植的同时，大力发展设施韭菜，发展便于自动化操作的日光温室和拱圆大棚。对于棚体结构不合理、抗灾能力差的棚区要规划重建。

③在组织形式上，由分散生产向新型生产经营主体规模化、园区化转变，培育公司化的生产经营主体，发挥龙头企业在转型升级方面的带动作用；构建覆盖韭菜生产经营全过程、综合配套、便捷高效的社会化服务体系，引进以互联网、大数据、云计算等信息技术为主的管理方式，为多元化的新型生产经营主体提供有针对性的服务。

④在产业发展上，向产业链条拓展上转型，促进三产深度融合，通过韭菜产品初加工、深加工、品牌塑造、市场营销，让农民获取更多收益。加强韭菜市场基础设施建设，培育壮大经销商和经纪人队伍，逐步发展冷链物流和电子商务等现代化流通方式，充分利用平原内外两个市场，两种资源，实现生产、加工、物流、营销一体化格局，构建现代产业体系。

⑤在生产方式上，向供给质量和效率的提升上转型，落实“一控两减三基本”战略，提升源头控制能力，实现韭菜产业可持续发展。在供给质量上，加快推进标准化生产，实现平原韭菜标准化种植，全面实现种植基地生产过程标准化的要求；在效率提升上，围绕需求发展生产，使韭菜产品供给的数量、品种、质量契合消费者不断升级的需求，真正形成结构合理、保障有力的有效供给。

## 五、夏津大葱

夏津县位于山东省德州市西南部，土质为黄河冲击物，疏松肥沃，土壤肥力较高。夏津大葱种植基地主要分布在白马湖镇、雷集镇、银城街道等乡镇，面积约16 000亩，其中反季节栽培主要分布在白马湖镇，面积约

2 000亩，辐射周边约10 000亩。白马湖镇属沙质土壤，极适宜大葱生长。2000年，前梅村、后梅村搞反季节大葱种植获得成功，所产大葱脆甜微辣、葱白硕长，亩产近万斤（注：1斤=0.5kg），颇受市场欢迎，价格为传统大葱的2倍。随着葱农收入越来越高，当地种植大葱的农民也越来越多，种植面积占整个耕地面积的40%，大葱收入占农民总收入的80%，以梅庄社区为中心，辐射白庄、师堤、马堤、枣林、崔庄等十余村，成为周边省份有名的大葱专业市场。2008年，农户自发成立春雨、华昌等7个大葱专业合作社，实行“七统一”（整地、购种、购肥、播种、管理、收获、销售的统一）的经营方式。

2010年5月，白马湖镇大葱种植基地被上海世博会组委会指定为大葱供应基地，成为德州市供应世博会的唯一蔬菜品种。同年，白马湖镇获“山东反季节大葱第一镇”称号，前梅村荣获“全国一村一品示范村镇”。2018年，该镇1万亩反季节大葱，年实现产值1亿多元，白马湖大葱真正成了当地农民增收致富的支柱产业。

### 1. 主要品种

品种选用优质、高产、抗病、适应性强、耐贮藏、耐运输的品种，如：章丘大葱、中华巨葱、日本钢葱等。这几个品种属于长葱白类型，植株生长粗壮、不易倒伏、质嫩味甜、生熟食俱佳。其中：日本钢葱（天光二代）为2020年引进新品种，其特点为：产量高（5 000~6 000kg/667m$^2$）、葱白硬且紧实度高、有光泽、辣味重、商品性好；章丘大葱为传统品种，章丘大葱以其高大、脆甜、营养丰富等特性誉满天下，距今有2 000年的栽培历史。在2006年度章丘大葱状元评选中，最高的一棵大葱达到2.295m，比国际篮球巨人姚明还高。章丘大葱的生产期长达13个月，历经春夏秋冬4个季节，品种的遗传性、独特的栽培技术和相应的风土条件，决定了章丘大葱独特的风味。

### 2. 栽培方式

中国北方大葱产区多育苗移栽。黄河中下游主产区多为秋季播种，但要严格控制冬前幼苗不超过3个叶；黄河以南多为春播，当地温达到7℃时应抓紧时间播种。大葱适于pH值6.5~7.5的壤土栽培。育苗地要求肥沃疏松，底墒充足。出苗期要防止表土板结，幼苗开始迅速生长时追肥1次，定植前10~15d，控制土壤水分，防止徒长倒伏。6—7月定植，长白型品种行距70cm，短白型和鸡腿型品种行距50cm左右，株距均为5cm左右。为了增加假茎入土深度，长白型品种开沟深（地平面以下）15cm，短白型品种开沟深10cm左右，刨松沟底，葱苗栽于沟内，入土深5~7cm，正常生长的大葱1 000kg需吸收氮2.7kg、磷0.5kg、钾3.3kg。生长期间土壤水解氮低于80mg/kg时需追施速效氮肥。补充磷、钾肥可提高产量和改进品质。高温季节的管理，主要是防涝和除草保苗，旺盛生长季节要求充足的土壤水分。培土防止葱棵倒伏、软化假茎，是大葱栽培管理的重要环节。植株开始旺盛生长，假茎高度超过地平面时，结合追肥进行壅土平沟。当假茎高于地面10cm左右时培土。长白型品种培土两次，假茎入土30~40cm。短白型和鸡腿型品种培土1次，假茎入土20cm左右。如果生长期间没有培土，可在收后将植株直立排放在软化床内，从假茎间隙填撒沙土，床底保持湿润，上部防雨淋。温暖季节25d，冷凉季节40d左右即可完成软化。此法软化损耗较大，但栽培期间可以密植，易获高产。

大葱反季节栽培技术，即大葱由麦前栽植改为麦后栽植，由秋后收获改为来年春天收获，错开了普通大葱上市时间。反季节蔬菜栽培，是指某种类蔬菜相对于主要生产季节的提前或延后栽培。一是通过塑料大棚的应用，提高栽培环境的温度，实现春季蔬菜的提早栽培。二是夏秋季节用遮阳网膜覆盖或在较高海拔的低山区域冷凉的环境，实现春夏蔬菜延后、秋冬蔬菜提前的栽培。麦收后，每667m$^2$施腐熟有机肥4 000kg、三元复合肥50kg，翻耕20~25cm深，使土肥充分混合，按80cm的行距开好定植沟，沟深40cm、宽20cm，沟内集中施入腐熟粪干和过磷酸钙，再将沟底刨松，而后定植。按株距6cm单株深插，将叶面与栽植沟呈垂直方向排列，利于密植与管理。定植深度以不埋没葱心为宜，过深不宜发苗，过浅影响葱白长度。避免葱苗折断，定植后将葱株两边的松土压实，随后浇透水。定植后进入炎夏季节，缓苗较为缓慢，如天气不十分干旱，一般不宜再浇水，应加强中耕除草、疏松表土、蓄水保墒，以促进根系生长。遇大雨要注意排水，防止葱沟积水，造成高温高湿、土壤通气不良，导致烂根、黄叶和死苗。立秋后，大葱对水肥需求增加，结合浇水进行第一次追肥，每次施硫酸铵15kg/667m$^2$。处暑时进行第2次追肥，在立秋至白露之间，浇水掌握轻浇、早晚浇的原则。白露以后，大葱开始旺盛生长，需在白露节和秋分节进行追肥，以速效肥为主，每次施硫酸铵20kg/667m$^2$、复合肥10kg/667m$^2$，浇水掌握勤浇、重浇的原则以满足葱白生长的需要。

### 3. 品牌宣传

夏津县春雨葱业农民专业合作社每年组织葱农到章丘、寿光等地参观学习，借鉴经验，并于2010年初春注册了“前后梅”牌蔬菜商标。2010年4月，由于“前后梅”牌反季节大葱产量高、品质好，被上海世博会指定为大葱专供基地，刚出土的大葱卖到了2元/kg，大葱收入1万多元/667m$^2$，“前后梅”牌大葱成功进军世博会，标志着反季节大葱生产实现了新的跨越，成为合作社发展的重要里程碑。2012年5月，合作社大葱顺利通过绿色食品认证，并获得绿色食品认证证书。合作社建立了完善的质量管理五项制度，反季节大葱产品符合绿色食品标准，在省、市蔬菜农药残留例行监测时，抽检合格率100%，从未发生大葱农产品质量安全事件。

### 4. 收益状况

目前，夏津县春雨葱业农民专业合作社人均2亩葱，仅此一项全村人均增收2万元。近几年来，为了能够抵御大葱价格波动带来的冲击，合作社摸索出了多种发展模式。一是大葱收获后，利用土地空闲时机带领社员种植西瓜、豆角、西红柿、茄子、西兰花等其他蔬菜，每667m$^2$增加收入3 000多元，仅此就增加效益3 000多万元。二是2014年以来，建设高标准大拱棚24个和高标准温室4个，带领社员开始保护地栽培西瓜、辣椒、西兰花等瓜菜。2020年合作社还探索了新的种植模式：在塑料大棚冬季休棚期（一般指12月初至翌年2月底，这个时期温度低，塑料大棚内已不适合喜温蔬菜生长）采用四膜覆盖技术种植球生菜，2月中旬球生菜上市了，每667m$^2$产4 000kg以上，此时正值春节，球生菜平均价格4元/kg，亩纯效益1万多元，由于事先留足了早春西瓜定植行，一点也没耽搁西瓜的定植，额外增加了一季球生菜的收益。

### 5. 销售方式及市场情况

大葱销售以批发为主，每年3月底的反季节大葱一上市便吸引了上海、内蒙古、四川、陕西、河南、河北、东三省等地的大量客户前来抢购，目前地头批发价4.6元/kg，每667m$^2$经济效益突破2万元。同时建设了一处占地30亩的大葱专业批发市场，并与安丘临福食品有限公司联系合作，成功施行了订单农业，同时修建了大葱包装加工车间和1 000t恒温库一座，打造产、加、销一体化的加工型蔬菜产业，确保了万亩大葱货畅其流。

### 6. 夏津大葱的市场占有率及知名度

2010年“前后梅”牌反季节大葱种植基地被上海世博会指定为大葱专供基地，通过种植销售反季节大葱，夏津县春雨葱业农民专业合作社多次受到上级相关部门的表彰和奖励。合作社先后入选国家级首批农民专业合作社示范社、“中国50佳合作社”、合作组织创新试点，被中国科协、财政部评为“全国科普惠农兴村”先进单位、“山东省农民乡村振兴示范站”、市级“放心农场”等。前梅村荣获“全国一村一品示范村”，白马湖镇也因春雨合作社发展大葱产业成绩突出被授予“山东反季节大葱第一镇”荣誉称号。